着るものの
きほん100

LifeWear Story 100

松浦弥太郎

装丁・デザイン　櫻井久
　　　　　　　　中川あゆみ（櫻井事務所）
　　　　写真　松浦弥太郎
　　　　　　　　清水健吾

まえがき

ユニクロには、

流行に左右されず、

長い間、作り続けている普通の服がある。

品揃えの中では、とても地味で目立たない存在である。

コマーシャルにもあまり出てこない。

けれども、決して古びることのない服がある。

それらは、ユニクロが、

もっと快適に、もっと丈夫に、

もっと買いやすい価格で、もっと上質であることを、

長年、愛情を込めて追求し、

LifeWear と名付けた服だ。

LifeWear は、ユニクロのヴィジョンが、

目に見えて体験できるものであり、

昨日よりも今日を、今日よりも明日と、

延々と丹精に育てている服だ。

手にとり、着てみると、

あたかも友だちのように、

その服は、こう問いかけてくる。

豊かで、上質な暮らしとは、

どんな暮らしなのか？

どんなふうに今日を過ごすのか？

今日、何を着るのか？ と。

そんなふうに対話ができる服が、
今までこの世界にあっただろうかと驚く自分がいる。

これは僕の勝手な解釈だけど、
LifeWear は、誰にでも似合う服。
そして、不思議と誰とも違って見える服。
どんなふうに組み合わせてもバランスがとれる服。
そんな日常着だ。
ユニクロのきほんとは何か？
ユニクロは、なぜ服を、
LifeWear と呼んでいるのだろう？
LifeWear とは、どんな服なのだろう？
本書は、ユニクロのオフィシャルサイトにて、
その LifeWear の本質を探すかのように、
僕自身にまつわるおとぎ話のような体験と重ねあわせて、
二年に渡って書き綴った連載をまとめたものだ。

物語の間には、
LifeWear アイテムの知られざるこだわりを記してある。
合わせてお読みいただきたい。
LifeWear Story 100 は、
LifeWear と僕の長い旅の物語だ。

松浦弥太郎

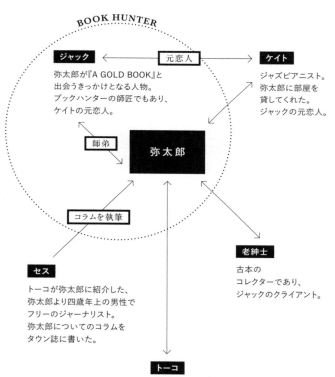

BOOK HUNTER

ジャック
弥太郎が『A GOLD BOOK』と
出会うきっかけとなる人物。
ブックハンターの師匠でもあり、
ケイトの元恋人。

元恋人

ケイト
ジャズピアニスト。
弥太郎に部屋を
貸してくれた。
ジャックの元恋人。

師弟

弥太郎

コラムを執筆

老紳士
古本の
コレクターであり、
ジャックのクライアント。

セス
トーコが弥太郎に紹介した、
弥太郎より四歳年上の男性で
フリーのジャーナリスト。
弥太郎についてのコラムを
タウン誌に書いた。

トーコ
弥太郎に声をかけ、
弥太郎の価値観を称賛した老婦人。
レストランビジネスをしており、
自分の大切におもっていることなどを
話して弥太郎を励ます。

ストーリー相関図【2】

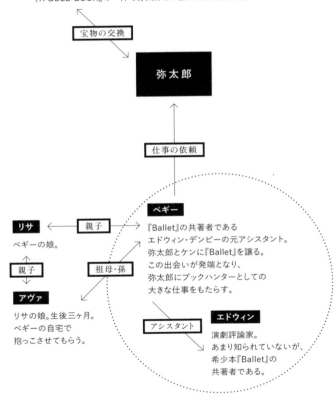

ケン

『Ballet』という希少な本を探しているコレクター。
『A GOLD BOOK』を弥太郎から譲り受ける代わりに
弥太郎に一九二六年製のマーティンの0-45を贈る。
『A GOLD BOOK』の一件で弥太郎との強い絆が生まれる。

宝物の交換

弥太郎

仕事の依頼

ペギー

『Ballet』の共著者である
エドウィン・デンビーの元アシスタント。
弥太郎とケンに『Ballet』を譲る。
この出会いが発端となり、
弥太郎にブックハンターとしての
大きな仕事をもたらす。

リサ — 親子

ペギーの娘。

親子

祖母・孫

アヴァ

リサの娘。生後三ヶ月。
ペギーの自宅で
抱っこさせてもらう。

アシスタント

エドウィン

演劇評論家。
あまり知られていないが、
希少本『Ballet』の
共著者である。

「コーヒーショップ」で出会った二十二歳のアシャに恋をし、
ふたりは恋人になる。
アシャに出会ってたくさんの経験をし、
ブックハンターとしても着々と成果を上げていく。
パリに行くことを決めたアシャと
五年後再会する約束をし、送り出す。

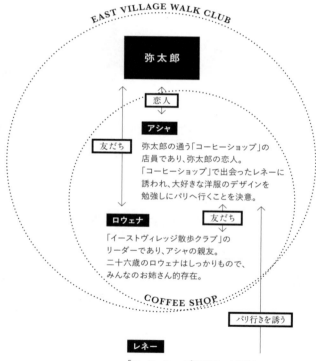

EAST VILLAGE WALK CLUB

弥太郎

恋人

アシャ

友だち

弥太郎の通う「コーヒーショップ」の
店員であり、弥太郎の恋人。
「コーヒーショップ」で出会ったレネーに
誘われ、大好きな洋服のデザインを
勉強しにパリへ行くことを決意。

ロウェナ　　　友だち

「イーストヴィレッジ散歩クラブ」の
リーダーであり、アシャの親友。
二十六歳のロウェナはしっかりもので、
みんなのお姉さん的存在。

COFFEE SHOP

パリ行きを誘う

レネー

「コーヒーショップ」でアシャと出会い、
亡き娘を思い出しアシャに感謝をする老婦人。
アシャの夢を聞き、いとこがパリでアパレル会社を
経営しているからパリに一緒に来ないか？と誘う。

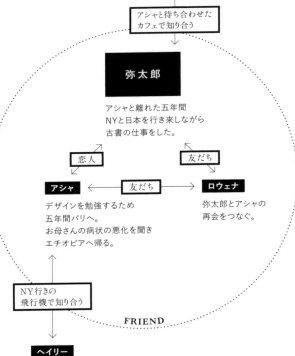

「コーヒーショップ」の老人

若いころに訪れた上海で恋に落ちた
中国人女性との出会いのエピソードは、
弥太郎とアシャの関係と重なっていた。

アシャと待ち合わせた
カフェで知り合う

弥太郎

アシャと離れた五年間
NYと日本を行き来しながら
古書の仕事をした。

恋人　　　友だち

アシャ　　←　友だち　→　**ロウェナ**

デザインを勉強するため　　弥太郎とアシャの
五年間パリへ。　　　　　再会をつなぐ。
お母さんの病状の悪化を聞き
エチオピアへ帰る。

NY行きの
飛行機で知り合う

FRIEND

ヘイリー

有名なベストセラー作家。NY行きの飛行機で
アシャと出会い、自らの身の上を話す。
アシャからの言葉をうけ
もう一度挑戦することを決める。
アシャと再会し、一緒に仕事をしようと提案する。

ストーリー相関図【5】

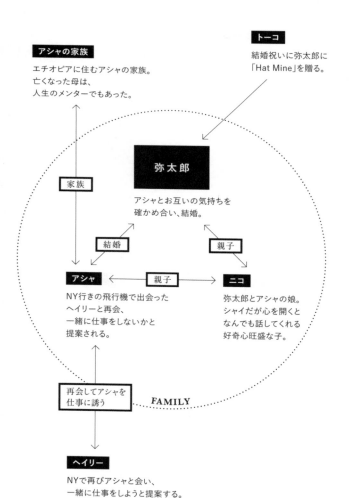

アシャの家族
エチオピアに住むアシャの家族。
亡くなった母は、
人生のメンターでもあった。

トーコ
結婚祝いに弥太郎に
「Hat Mine」を贈る。

弥太郎
アシャとお互いの気持ちを
確かめ合い、結婚。

家族

結婚

親子

アシャ
NY行きの飛行機で出会った
ヘイリーと再会、
一緒に仕事をしないかと
提案される。

親子

ニコ
弥太郎とアシャの娘。
シャイだが心を開くと
なんでも話してくれる
好奇心旺盛な子。

再会してアシャを
仕事に誘う

FAMILY

ヘイリー
NYで再びアシャと会い、
一緒に仕事をしようと提案する。

LifeWear Story 100

001

目をつむると涙が溢れ出た。

旅のはじまり

　父も母も大好きだったけれど、いつか家を出ようと思っていた。それは大海原で浮き輪から手を離して泳ぎ出すような無謀なことだとわかっていた。けれども、大人へのあこがれと、自分はもう一人で生きていけるんだということを世界に証明したかった。

　サンフランシスコに着いた日の夜、公衆電話に鎖でつながれた電話帳から、ホテルを探して電話をかけた。英語が通じなくて電話は切られた。マーケットストリートを歩くと、いくつかホテルの看板を見つけたが、ドアマンがいるようなホテルに泊まるお金は、僕にはなかった。

　いつしか強い雨が降ってきた。鮮やかな色をしたネオン管に二十四時間と書いてあったドーナツ屋に入り、コーヒーとシナモンドーナツを注文し、カウンターに座って食べた。

　ジーンズのポケットから小さなノートを出して、「エクスキューズミー」と言ってから、ホテル、安い、探している、と単語を書いて、それをひとつひとつ指差しながら、カウンターの中にいた、カーディガンを着たウエイトレスに見せた。

　女性は最初、手であしらうような仕草をしたが、小さな声で、僕が「プリーズ」と言うと、足を止め、両手を腰に当てため息をついて、床に置いた僕の大きなダッフルバッグをじっと見つめた。

　女性は僕の手からペンを取り、ノートの余白に、二十ドル？
五十ドル？　百ドル？　と書いた。僕は二十ドルに丸をした。
女性は、天井を見て「うーん」と顔をしかめた。

　壁に掛けてあった時計を見ると、夜の十時を過ぎていた。シ
ナモンドーナツをひとくち食べた。泣きたくなるくらいにおい
しかった。

真新しいTシャツ

　ドーナツ屋のドアが開くと、大きな身体をした警官がゆった
りと入ってきた。警官は、女性に親しげに声をかけた。女性は
「ちょうどいい時にやってきた」と言わんばかりに喜んで笑顔
を見せた。そしてすぐに僕のことを警官に説明しはじめた。警
官は微笑みながら話を聞き、僕のことをちらちらと見た。警官
は大きな声で「オーケー」と言うと、僕の目を見て「パスポー

ト」と言った。僕が自分のパスポートを渡すと、「今日着いたんですね。ホテルの予約ナシで」と言って、首をかしげて笑った。

「今日はソファでいいかい？」と、僕がわかるようにゆっくりと言った。「オーケー」と答えると、大きくうなずいて、「じゃあ行こう」と言って、僕を外に連れ出した。警官は僕をパトカーの後部座席に乗せ、「サンフランシスコにようこそ」と言った。まるで映画のワンシーンのようだった。

そこがどこかもわからないまま、僕は一軒の小さなホテルに連れていかれ、そのホテルのロビーにあったソファに座らされた。

警官と話し終わったホテルの主人らしき男がやってきて、「明日チェックイン」と言ってから一枚の毛布を僕に渡し、「グッドナイト」と僕の膝を手で叩いた。警官は僕のためにと、一袋のドーナツを置いていつしか去っていた。

ホテルの主人は、僕の着ているTシャツが濡れているのを見て、困った顔をし、どこかから新しい真っ白のTシャツを持ってきた。「ほら、これに着替えなさい」と言った。

僕は言われるがまま、Tシャツを着替え、毛布をかぶって、ソファで猫のように丸くなった。真新しいTシャツの乾いた肌ざわりが嬉しかった。なぜかその時、母親の顔が思い浮かんだ。

小さな声で「サンキュー」とつぶやくのが精一杯だった。目をつむると涙が溢れ出た。けれども、明日の朝が来るのが待ち遠しかった。

僕の旅がはじまった。

MEN スーピマコットン
クルーネックT

極上の着心地を

　光を受けてつやつやと輝く表地、しっとりと肌に馴染む肌ざわりは、まるでシルクのよう。使われているのは、コットンの中でも最上級の素材「スーピマコットン」。繊維が長いほど上質とされるコットンの定義の中で繊維長35mm以上という超長綿綿だ。

　繊維が細いため、極めて少ない肌摩擦。洗いをかけていくほどに、コットンの風合いが増し、さらなる、しなやかさとやわらかさを肌で感じられるはず。白の風合いの良さはもちろんのこと、カラーバリエーションの発色にもこだわりが表れている。極上の着心地だけでなく、カジュアル、ドレスアップに対応できる端麗さも魅力。着ればわかる、Tシャツを超えたTシャツの進化形。

上質の更新を

　変わりゆくファッションのトレンドと、アイテム展開の潮流を考えながら、数ミリ単位で仕様を改善。そこに作り手の姿勢が見えてくる。首まわりのリブ幅を変更、袖まわりをすっきりと動きやすく、裾と袖口のステッチ幅を細くして、スーピマコットンの上質さを最大限に活かしたTシャツだ。ジャストサイズでの着用がおすすめ。男性ならジャケットをさらりと羽織ったり、女性ならカーディガンと、首元にストールを巻いてもいい。きめ細かな光沢が上質さを担保してくれるから、コーディネートを、より品のあるスタイルに仕上げてくれる。キメすぎず、でもカジュアルになりすぎない"ちょうどいい"バランス演出が、「スーピマコットンTシャツ」の底力。

002

マシュマロのように真っ白なソックス。

朝、目を覚ますと

　聞きなれない英語のざわめきに包まれていた。

　そうだ、僕は、サンフランシスコに着いた日の夜を、ホテルのロビーのソファで過ごしたのだ。

　深いため息がひとつ出た。僕は目をこすって起き上がった。

　サンフランシスコの朝は肌寒かった。雨はすっかり止んで、窓から見える空が目に眩しかった。

　よく見ると、ロビーに置かれた家具は、てんでバラバラで、ロビーというよりも、誰かの家のリビングのようだった。古いピアノが一台あったが、テーブルとして使われていた。

　時計の針は七時を指していた。人だかりの理由は、テーブルの上に置かれた、ひと抱えほどの大きさの紙の箱だった。

　寝間着を着たままで、いかにも今、目覚めたばかりという姿容をした老若男女が、紙の箱から何かを取っては、散り散りに去っていった。ほとんどの人が裸足だった。

　その不思議な様子をぼんやり見ていると、黒髪でショートカットの女性が、紙の箱を指差して僕に何かを言った。

　早口の英語で何を言っているのかわからなかった。僕は「うんうん」とうなずいた。すると、眉間にシワを寄せながら、紙の箱から茶色いかたまりをひとつ取って僕に手渡した。

「ブ・レッ・ク・ファー・ス・トの・ドー・ナ・ツ」と、女性は口をつぼめながら言った。

「一人ふたつ。毎朝七時にロビーに届く。これがここのホテルの朝食。時間に遅れると無くなるわよ」と言い、英語が理解できているかを確かめるように僕の目をじっと見つめた。

僕は「ありがとう」と言った。

ドーナツは、真っ白いグレーズがたっぷりとかかって、大きくて、ふわふわだった。「またドーナツか……」と思った。

かじると、口のまわりがグレーズだらけになった。「おいしい」とつぶやくと、女性は「悪くないでしょ」と言った。

そうこうしていると、支配人が身体を揺らしながらやってきた。昨夜、僕がホテルにやってきた経緯を、その場にいた人たちに、面白おかしく話した。しかし誰一人、僕のことなど気にしていなかった。支配人は、チェックインをするために、こちらへどうぞ、と指で僕を呼び寄せた。

一泊二十ドルと支配人は言った。何日泊まるかと聞かれたの

で、「二週間」と答えた。支配人は、宿泊代の合計を紙に書いて見せた。そのとおりに現金を払うと、「ようこそわが家へ」と微笑んだ。

　僕はほっと安心して、笑みがこぼれた。

　サンフランシスコに着いてから、まだ丸一日すら経っていないのに、とても長い旅をしたような気分だった。

　父と母に葉書を書こうと思った。

白いソックス

　部屋は狭くて、シャワーは共同。ラジオはあったけれど、テレビも電話もなかった。しかし、五階だった部屋の大きな窓から望める、サンフランシスコの景色は美しかった。

　ホテルの地下には、ランドリールームがあって服の洗濯ができた。

　ある日の午後、洗濯をしようとランドリールームに行くと、洗濯機に片手をついて、脚をすっと伸ばし、バレエのポーズらしき動きをしている若い女性がいた。

「こんにちは」と声をかけると、びっくりした素振りを見せてから、小さな声で、「こんにちは」と言葉を返してきた。

　僕は、空いている洗濯機に、服と洗剤を入れ、ふたを閉めた。スイッチの入れ方がわからなくて困っていると、「スイッチはここ」と、女性は親切に教えてくれた。女性は首筋に汗をかいていた。

「ありがとう。あの……あなたはバレリーナですか？」たどたどしく訊ねると、「近くにあるバレエ学校に通っているの」と女性は答え、自分の洗濯物を、大きなバスタオルで、ばさっと包んで、ランドリールームから出て行った。

　ランドリールームは、洗剤の甘い匂いが充満していたが、妙に落ち着く場所だった。僕は洗濯と乾燥が終わるまで本を読ん

で過ごした（読んだのは、ジャック・ケルアックの『オン・ザ・ロード』だ）。

　洗濯した服の乾燥が終わると、彼女の真似をして、バスタオルに服を包んで部屋に戻った。そういうちょっとした、それまでしたことがない外国風のやり方を真似して、いちいち身につけていくのが嬉しかった。

　部屋のラジオをつけるとジャズが流れた。服をベッドの上に広げると、自分のものではない、マシュマロのように真っ白なソックスが片方だけ混ざっていた。

　ソックスは、コットン製で、そのやわらかな風合いがなんとも言えず愛らしく、飾って眺めていたいと思うくらいに外国を感じるものだった。

　きっとこのホテルにいる誰かのソックスだ。ランドリールームの棚に置いておけば、持ち主が気づくだろう。僕はランドリールームに戻った。

　すると、さっき会ったバレエ学校に通っている女性が、洗濯機や乾燥機のふたを開けて何かを探しているようだった。

「もしやこのソックス、あなたのですか？　僕の服に混ざってました」と言うと、「あ、それ、私のソックスです！　無くしたかと思って探してたの」女性は、照れながらも、嬉しそうな笑顔を見せた。

　ソックスを手渡すと、女性は「ありがとう。じゃ、また」と言って、ランドリールームを出て行った。

　僕は、急に胸がどきどきして、困ったような気持になった。

　いつかの初恋の気持ちを思い出していた。

MEN ショートソックス

毎日履きたい

　抜群のフィット感を追求した、毎日履きたくなる、くるぶし丈の「スポーツソックス」。土踏まず、踵、足首をしっかりホールドするサポート力、甲の部分にはメッシュ素材を取り入れてムレにくくし、足底には、ふかふかのパイルでクッション性を高めました。

　日常使いのスニーカーを履く時は、足首から少し覗く色味を楽しんだり、スポーツする時は前後左右にずれないフィットを実感していただけるはずです。ほどよいボリュームがあるので、トレンドのスポーツサンダルと組み合わせてみるのもオススメ。

　そしてメンズのすべてのソックスには消臭機能を持つ糸を使用。洗濯してもその効果は続いていくのです。履いた時の美しいつま先が、すべてのクオリティの高さを物語ります。

秘密は、踵裏に

　素足で靴を履いているかのように、足元を軽やかに見せてくれる「ベリーショートソックス」は、履いているうちに脱げてしまうのが悩みでした。

　そこで編み地にテンションを持たせる工夫をしました。そのテンションが、足サイズの小さな人にはフィットして、大きな人には伸びる働きをします。踵の収縮性がアップしホールド感が増しています。踵裏のラバーも加わり「脱げにくい、ズレにくい」が実現しました。

003

宝ものよりも「一杯のコーヒーさ」

テンダーロイン

　独りきりになって、はじめて気づいたことがある。

　目をつむると、母や父、姉、友だち、よく知る親しい人、いつか会ったあの人、そんな人たちの顔が、ふわふわっと瞼の裏に浮かんでくる。

　時には煩わしいとさえ思った人たちなのに、今、遠く離れた外国の地で、独りきりになってみると、その微笑んだ顔が、とっても大切に思えて仕方がない。

　今朝、ホテルのロビーで朝食を食べている時、「君の家族のことを話してごらん」と、ここで友だちになったアルフレッド

に聞かれた。

　その時、僕は生まれてはじめて、自分の家族一人ひとりの人格というか、好きなところを言葉にしようとした。日本で暮らしている時は、家族なんてそこに居るのが当たり前だったから、うっとおしいとか、めんどうくさいと思うところは考えても、好きなところなんて考えたことすらなかった。

　そうした時、僕は、家族や友だち、知人に至っても、誰一人、嫌いと思う人はいないとわかった。無視をしたり、挨拶さえしない時があったくせに、実は大好きなんだ。しかも、心の底から、「いつもありがとう」という気持ちが湧き上がった。

「会えなくてさみしい？」

　僕が黙っていると、「今日は街を歩くといい。ホテルの前の道をどこまでもまっすぐ歩けば海に出るよ」と言って、アルフレッドは席を立った。

　僕は、さみしくてさみしくて、たまらないから、さみしいと言ってしまうと、つらくなると思った。

　ホテルのドアを開けて、外に出ると、サンフランシスコのまぶしい陽射しが僕を包み込んだ。僕は一日二十ドルと決めた生活費をポケットに入れて、海に向かって歩き出した。

　道の角にあったコーナーショップでミネラルウォーターを買った際、レジの女性に「この街は、なんていう名前ですか」と聞くと、何言ってるのこの人？　という顔をされながらも、「テンダーロインよ」と教えてくれた。

　道端のゴミ箱に、野球ボールがいくつも捨てられていた。僕はその中の一個を拾ってポケットに入れた。アメリカ製の野球ボールなんて、僕にとっては宝もの。今日はなんて良い日なんだろう。

　僕はチノパンの裾をくるくるっとロールアップして、レブンワースストリートという名の道をどんどんと歩いた。

大切なもの

　坂の多い街、サンフランシスコ。

　ホテルのあるテンダーロインから、レブンワースストリートを北へと歩いた。

　クリーニング屋、生活雑貨や食料品を売るコーナーショップ、簡易食堂やバー、そして、かわいらしいビクトリアン様式の住宅などを横目に坂をどんどんと登っていく。

　「疲れたら、立ち止まって空を見上げるといい。そうすれば元気が出る。下を向いたらもっと疲れるぞ」

　子どもの頃、父から言われた言葉を僕は思い出しながら歩いた。そうだ、前を向いて歩こう、と。

　レブンワースストリートを横切るカリフォルニアストリートまで登ると、街の景色がすっかり変わった。空に近くなったというか、街がすっかりきれいになった。

　小さな古本屋があった。中を覗くと、猫が一匹いて、その奥で痩せた老人が一人で本の整理をしていた。

　ドアノブを回すと、鍵がかかっていた。僕を見た老人がどこかのボタンを押すと、鍵がカチャリと開いた。

　「こんにちは」と声をかけると、老人はにこっと笑って、「やあ」と言った。寝転がった猫の背中をなでると、ぐーんと大きく伸びて、白いお腹を見せた。「元気かい」と老人は言った。

　老人の手元に、表紙に海賊ジョン・シルバーが描かれた、ロバート・ルイス・スティーブンソンの『宝島』があった。

　「ジョン・シルバーは好きかい？」と老人は僕に聞いた。そして、「ジョン・シルバーはいいやつだ。彼こそが海の男だよ」と言った。

　「はい、僕もシルバーは好きです。その本はいくらですか？」

　『宝島』が無性に読みたくなって聞くと、「十五ドル。いや十ドルにしてあげよう」と老人は言った。

　この本を買うと、今日の夕食は抜きになる。どうしようかと迷った。けれども、今の僕には『宝島』が必要に思えて仕方がなった。この古ぼけた『宝島』が、僕に勇気を与えてくれるような予感がした。

　老人から受け取った『宝島』を、チノパンの後ろポケットに入れて、僕は再び、海に向かって歩いた。

「一番大切なものは何か」と、主人公のジムがシルバーに聞くと、見つけた宝ものよりも「一杯のコーヒーさ」と答えたシルバー。

　僕の大切なものって何だろう。ふと前を向くと、道の彼方に青い海が見えた。

MEN ヴィンテージ
レギュラーフィットチノ

本物をめざして

こだわり抜いたのは、上質でタフなチノクロス（生地）の開発。ヴィンテージのサンプルを研究し、タテ糸とヨコ糸の配列を何種類も試作。

さらに洗いにかけ、柔軟剤の材料、ウォッシュの時間、水の温度などをバリエーション別に徹底して研究し、古きよき時代のチノクロスの風合いを再現。およそ1年半の歳月をかけて、本物のヴィンテージが持つような、独特の光沢やハリコシを持ちながら、やわらかな風合いを兼ね備えた、オリジナル生地が完成。

育てるヴィンテージ

ゴワッとした手ざわりが嬉しい、コットン100%のポケットの袋地。頑丈な巻き縫いのステッチ、ボタンやポケットなどのディテールは、ヴィンテージを忠実に再現。マニアならきっとわかる、こだわりだらけのここやあそこ。

ただしシルエットだけは現代のアレンジ。裾幅にこだわった程よいストレートと股上で、着心地と動きやすさは快適。カジュアルにも、ジャケットスタイルにも幅広く使える定番。穿きこむほどに変化していく"アジ"が楽しみなチノパン。

004

かっこよくて、強くなった。

強くなれたあの日

　子どもの頃の僕は、なにしろ臆病で、ちょっとしたことを人一倍怖がる子どもだった。

　道を歩いていても、人がいなければ、しんとして怖いと言い、人がいれば、あの人が怖いと言うように、何かあるたびに、いちいち怖がって、親に面倒をかけた。

　八歳の時、町外れにあった柔道の道場に通うことになった。自宅から道場までは、歩いて三十分の距離だった。夕方の暗くなった道を一人で歩くのだ。柔道を習うのは楽しいけれど、その行き帰りが僕には怖くて仕方がなかった。

「明るい道を歩けば大丈夫よ」と母は言ったが、途中にあるうっそうと茂った木々や、お化け屋敷に見える家や、なんだか不気味な曲がり角など、僕にとっては怖いものだらけだった。

　目をつむって歩いたり、走ってみたり、時には大きな声で歌をうたいながら歩いたりと、子どもながらの工夫をするけれど、そうすればそうするほどに怖さは大きくなって、通うことに僕は、駄々をこねるようになった。

　ある日、そんな僕をみかねた父が、「これで今日から強くなって、何も怖くなくなるぞ」と言って、革のベルトを買ってきてくれた。

　その頃の僕にとってベルトとは、チャンピオンベルトであったり、ヒーローの変身ベルトだったりと、かっこよくて強い者

あかしの証だった。しかも、本物の革のベルトなんて、同い年の子どもで持っている子なんていなかった。

「このベルトをつければ、もう何も怖くはない。強くなれるんだ。ほら、つけてみろ」と父は言った。

僕は生まれて初めて、ベルトというものを自分の腰に巻いた。「違う違う、ちゃんとこの間を通して巻くんだ」。つけ方を知らず、ベルトループに通さずに、穿いていたジーンズの上から、そのまま腰に巻いた僕を見て、父は笑って言った。

「おお、なかなかかっこいいな。これでもう大丈夫だろ。強く見えるぞ」

僕はベルトを巻いた自分を鏡に映してみた。

父が買ってくれたベルトは、やせっぽちの僕には少し大きくてゆるかったが、なにより四角いバックルが眩しかった。そして、本物の革のいいにおいがした。

「かっこよくて、強くなった」。僕は鏡に映った自分を見てそうつぶやいた。どんな怖い道だって一人で歩けると思った。

一人で歩くこと

大人になっても、怖いと思うことは、毎日のようにたくさんある。僕はいまだに怖がりだ。

けれども、怖いと思うその気持ちを無くしてしまったらいけないとも思う。

いつだって人は、その怖さを乗り越えるために、必死に学んだり、とことん考え抜いたり、歯を食いしばって耐える力を育ませるからだ。

サンフランシスコを一人で旅していた時、いつも一人でいるという怖さを、僕ははじめて経験した。本当の意味での孤独を知ったというか。

テンダーロインのホテルに泊まりながら、知り合いや友だち

と呼べる人が、多少できたとしても、いつも一緒にいるわけでもなく、今ここにこうしているのは、自分一人きりであり、何があっても一人で向き合うしかないという現実は、当たり前のようだが、若かった僕にはなかなかつらかった。

「読書くらい、自由になれることはない。物語の中に入りこんで、どんな自分にもなれるからさ。けれども、自由になればなるほど、人は孤独になるんだ。そう、自由とは孤独なんだ……」

　ある日、ロバート・ルイス・スティーブンソンの『宝島』を買った古本屋の主人が、僕にこう話してくれた。

「孤独にはなりたくない。孤独は怖いです」と僕は言った。

「いや、君はすでに孤独なんだよ。孤独とは、人間の条件だからさ。誰もが一緒だよ。孤独なのに、孤独は嫌だと受け入れないからいつまでも怖いんだ。孤独を受け入れ、孤独を愛することさ。そうすれば人はもっと強くなる」

　古本屋の主人は膝にのせた猫をなでながらそう言った。

「孤独とは人間の条件……」

「そう、孤独とは人間の条件さ。孤独だからこそ、人を思いやり、人の弱さがわかり、人を助け、人を愛するのさ」

　頭ではわかった。だからと言って、今すぐ孤独を受け入れ、孤独を愛することができるようになれるのか。そうなりたいけれど、まだそうなれない弱い自分がいた。

　けれども、この世界にいる人が皆、同じように孤独であると知れただけで、僕はなんだか気持ちが安らいだ。

　そして、いつか父が買ってくれた革のベルトを思い出した。あの時、僕は、ベルトという憧れのお守りを手に入れ、確かに一人で歩くという孤独を受け入れたのだった。

MEN イタリアンサドルレザーベルト

イタリア職人の情熱

"本物"かつ"高品質"のベルトを目指し、世界有数の皮革産地であるイタリア・トスカーナ州のクラフトマンと取り組んだレザーベルト。

その土地に住む先人たちの知恵と技術、情熱が詰まった、タンニンなめし加工を施したベルトは、使い込むほどに味わいが増し、深みあるエイジングに成長していくのが最大の魅力。ていねいで質実な手仕事が冴えわたる。

スタイルを格上げ

イタリアンレザーベルトの中でも、最も重厚感のある「サドルレザーベルト」。入手が困難とされる厚さ4mmの堅牢な革は、一流高級靴の靴底を供給してきた「ヴォルピ社」との取り組みによって実現。

切り込みの入った、伝統的な穴の処理は、こだわりの証。デニムやチノなどカジュアルなスタイルに相性抜群。トラディショナルで本物志向な存在感が魅力。

005

従うのか、逆らうのか。

雨に濡れて

　僕はまだサンフランシスコのテンダーロインにいる。

　サンフランシスコで一番好きな場所はどこかと聞かれたら、市の北東に位置する、テレグラフヒルのコイトタワーだと答える。

　子どもの頃の夢は消防士になることだった。生まれ育った家のすぐ近所に、消防車が二台停まった小さな消防署があり、そこで働く消防士のかっこよさに憧れていた。

　サンフランシスコが一望できる、白亜のコイトタワーのかたちは、消防用ホースのノズルを模している。一九〇六年のサンフランシスコ地震で活躍した、勇敢な消防士を称えて建造されたと聞いた時、心が震えた。

　あとでわかったのだが、その逸話は不確かで、実際は、「愛するサンフランシスコのために」という願いから、慈善家のリリー・ヒッチコック・コイトという女性が遺贈した塔だった。

　僕はコイトタワーの展望台から眺めるサンフランシスコの海や街の、特に午後の景色が大好きだった。いやなことも、つらいことも、これからの不安なことも、広く美しい景色をぼんやり見ていれば、忘れることができた。

　ある日の午後、いつものようにコイトタワーからの景色を眺めた後、テレグラフヒルを、ぼんやりしながら歩いていると（僕はこのエリアの町並みも大好きだった）、空が急に暗い雲で

覆われ、ポツポツと雨が降ってきた。

　僕は雨宿りをしようと、ちょうどよくそこにあった一軒のランドロマットに入った。日本で言うコインランドリーのことをランドロマットというのを知ったのは、リチャード・ブローティガンの詩の一篇からだった。

　赤い床のランドロマットには誰もいなかった。片隅に置かれた植木の葉っぱに、小さな白い蝶々が二羽とまっていた。

　ブローティガンが通ったランドロマットも、きっとこのあたりだろうな、と思いながら、ウインザー調の椅子に座って、雨音を聴いていたら、いつしか僕は眠ってしまっていた。

　人の声で目を覚ますと、女性がランドロマットを閉める準備をしていた。僕に早く出て行けと言った。外を見ると、強い雨が降り続けていた。

　夏の終わりだったが、さすがに夜は、シャツ一枚では寒かった。セーターを持ってくればよかったと思った。僕は雨に濡れながら道を歩いた。

　一体僕は毎日なにをしているんだろう。これからどうしたらいいのだろう。サンフランシスコに何を求めているのだろう。

　冷たい雨にさらされて、寒さで肩を震わせ、そんなことばかりを考えて歩いた。

　家々の窓を見ると、あたたかそうな、ほのかな明かりが灯っている。このあたりはほんとにすてきな家ばかりだ。

　すれ違った人に時間を聞くと、九時を過ぎていた。

星がきらめいた

　雨の中、テレグラフヒルのグリーンストリートを歩いていると、一軒のジャズクラブのドアの隙間から音楽が聞こえてきた。

　立ち止まって耳を澄ますと、ギターが奏でるジャズのメロディだった。僕はジャズクラブのドアを開けて中に入った。

　店の中に客は数人しかおらず、奥の暗いスペースで、年老いた男が、木の椅子に座ってギターを演奏していた。男が弾くギターは、かなり古いギブソンで、そのリズムと、低音の枯れた音色が、雨に濡れた僕の耳に心地よかった。

「Autumn Leaves」が流れた。

　演奏の合間に、男は、「これが今夜の私のギャラです」と言って、ワイングラスを口につけて微笑んだ。

　そして、ぽつりと、「僕たちはどんなふうに生きるのか」とつぶやいた。「従うのか、逆らうのか。そのどちらを君は選ぶのか」と言い、また静かに演奏を続けた。

　僕は男の演奏に心を奪われた。僕を立ち止まらせたそのメロディは、テクニックではなく、単に作られた音楽でもなく、彼自身の生き方そのものをあらわしたものだった。

　やさしく、静かに、強く、自由に、おおらかに、そのすべてが出会いであるかのように、男の奏でるギターが僕に何かを語りかけているようだった。

　僕は、ひたすらその演奏に身を委ね、男が言った言葉の答えを出そうとしていた。

「従うのか。逆らうのか…」

「最後に、敬愛するギタリスト、タル・ファーロウ*と、あなたのために『Misty』を弾きます」と男が言った。

　演奏された「Misty」は、僕にとっての、このひとときを永遠にするにふさわしい曲だった。

　誰にでもその歩みを立ち止まらせる一瞬がある。その一瞬という呼びかけに、自分はどう答えるのか。その何か特別なものに、自分の心をどう開くのか。この思いがけない贈り物をどうやって受け取るのか。

　演奏を終えた男は、ほっと安心するかのような表情をし、ワイングラスに口をつけて、こう言った。

「寒い季節になってきたので、どうぞあたたかくしてお過ごしください。おやすみなさい」

　男はギターを、大切そうにギターケースにしまい、僕を含めて、たった三人の客に、手を上げて頭を下げた。

　店を出ると、雨は上がっていて、夜空に星がきらめいていた。

＊タル・ファーロウ（Tal Farlow）は
一九五〇年代に活躍したアメリカのジャズギタリスト

MEN エクストラファインメリノ
クルーネックセーター

呼吸する天然素材

　世界最高峰のウール素材、エクストラファインメリノ。極細繊維が織りなす、肌に吸い付くような着心地としっとりとした極上の手ざわり、高級感ある美しいドレープ。通気性と吸湿速乾に優れ、かつ高い保温力を持っているので、暑い時は涼しく、寒い時は暖かい。

　人の体温に応じて働き方を変える天然の機能は、まるで呼吸をしているよう。シワになりにくく防臭効果もあり、さらには自宅の洗濯機でも洗えてしまう、まさにLifeWearを象徴するアイテムです。

定番であるために

　ウールは生き物。そのため原毛には微差が生じます。品質を均一に揃えるため、紡績、編み、仕上げの各段階の検証、素材の風合いやフィットの確定など数え切れないほどのサンプルを作成し、最高のバランスを探しました。

　毎年ミリ単位の調整を行うリブは部分部分で、編みのテンションを変えている。特に袖と裾はボディの付け根、中腹、袖・裾口と編み地のテンションを変え、ストレスにならない自然なフィットを実現。季節を問わず、日常で、旅する時も一緒にいられる定番です。

006

シャツを着る旅の美学。

自由とは

「従うのか、逆らうのか。そのどちらを君は選ぶのか……」

あの夜、ジャズクラブのギタリストが、つぶやいた言葉が、いつまでも心に残っていた。

朝、コーヒーとドーナツを食べている時。洗いたてのTシャツの袖に腕を通している時。ポケットに手を入れて、テンダーロインの坂を登っている時。ホテルの部屋の窓から見える景色を、ぼんやりと一人で眺めている時。しばらく会っていない両親に手紙を書いている時。

その言葉が、いつも頭の中に、ふわっと浮かび上がっては、さあ、君はどっちなんだい？　と問いかけてきた。

そんなこと、どうでもいいじゃないか。好きにすればいい。こだわることはないさ。ひとつ言えることは、こうさ、その時に、楽なほうを選べばいいのさ、それが自由なんだ、と思うような自分もいた。

けれども、確かなことがひとつあった。それは、英語も話せず、頼るひともないサンフランシスコに一人でやってきたことは、何かに従ったことではなく、少なからず自分で考えて決めたということだった。

そう、この旅は、僕の逆らいの証そのものなのだ。

逆らうというのは、こうしろと決められたことに、ノーと答える意志表示ではない。

目の前のどんなことにもしっかりと向き合い、他にもっと良い方法や考え方があるかもしれないと疑問を持ち、どうすれば正しいのかを自分で考え抜いて、自分で決めるという姿勢ではなかろうか。

　そして、逆らうとは、他のもっと良いアイデアを出すという、建設的で、前向きで、新しい方法や考え方の発明をあきらめないという生き方。

　ギタリストが言いたかったことは、「君は、考えることを誰かにまかせるのか？　それとも、自分で考えるのか？」もっと言うと、「君は恐れるのか？、恐れないのか？」ということではなかろうか。

　楽なほうを選ぶことが自由ではない。ほんとうの自由とは、何事にも恐れない自分でいること。すなわち、まずは自分で考えて、自分で決めるということなのだ。

　僕は、目の前の霧が、きれいに晴れたような気持ちで一杯になった。

　ギタリストの言葉は、この旅が与えてくれた宝もののひとつになった。

二枚のシャツ

「その本、僕も大好きです。若い頃よく読んだんですよ……」

　サンフランシスコからニューヨークへ向かう飛行機の中で、隣に座った日本人の紳士から声をかけられた。

　僕は、リチャード・ブローティガンの『アメリカの鱒釣り』を読んでいた。

　その人は、身なりがぴしっとしたビジネスマンだった。仕事でアメリカを訪れていると言った。きらきらした目や、その気さくで柔和な笑顔に、僕はすぐに心を開き、これまでの日々の出来事を、ぽつりぽつりと話した。

「わかるなあ。なんだか君は、僕に似ているような気がします」

　その人も若い頃、世界中を旅した経験があるらしく、旅の楽しさやつらさ、旅で得たことと失ったこと、自分はこんなふうに旅してきたという話を、フライト中、ずっと僕に話し続けてくれた。

「こんなふうに旅先で、日本人の、しかも旅の先輩と出会えるなんて、ほんとうに嬉しいです」

「旅人は、必ず旅先で、同じ旅人と出会うんですよ。僕もそうでした」と、その人は言った。

　僕は、何か旅のアドバイスをひとつしてくれませんか、とお願いをした。するとその人はこう答えた。

「きれいなシャツを二枚、僕は今でも、旅をする時に必ず持っていきますね」

　その理由を聞いてみた。

　旅先で知り合った人から、家に招かれたり、食事に誘われたりした時に、きれいなシャツを着ていくのがマナーだ。着の身着のままでは、ちょっと失礼だ。もしかしたらデートに誘われることもあるかもしれない。そのために、できれば、ぴしっとアイロンのかかった、きれいなシャツを備えておくといい。

　もう一枚のシャツは、旅を終えて日本に帰る時に着るシャツだ。汚れた服を着て帰るのではなく、これもまた、ぴしっとアイロンのかかったきれいなシャツを着て、家に帰るというのが、旅の流儀として大切なことではないか、時にはそのために新品のシャツを準備することもあると、その人は言った。

「またどこかで会いましょう」

　僕とその人はJFK空港で別れた。

　旅を終え、家に帰るために、きれいなシャツを着る。終わり方の美学とでも言おうか。

　なんてすてきな旅なのだろうと思った。

MEN ファインクロスシャツ

徹底したこだわり

　袖を通した時にわかるのは軽やかできめ細かな生地の肌ざわり。上質な原糸を通常よりも細く撚った100番双糸を使用することで生まれる品格ある光沢。お洗濯後もシワになりにくいイージーケア加工を施し、ハリコシのある風合いと美しい艶が特徴です。

　仕立ての良さを決定づける芯地は、いくつもの試作を経て"硬すぎず、やわらかすぎない"を実現した自信作。肌に直接触れる襟まわり、カフス、前立てに採用しています。

みんなの"ふつう"であるために

　XSから4XLまですべてのサイズでフィッティングテストを繰り返し、着丈、アームホール、ショルダーヨークを設計。どんな人にも"ふつうのシャツ"であるための、動きやすさと、すっきりスリムに見えるデザイン。

　他にも3cmの幅に17針という精度の高い丁寧な縫製などこだわりのポイントは数知れず。少しずつアップデートを繰り返して、たどり着いたシャツの理想形。

007

僕は「ニューヨーク」と書いた。

友だちのような

　決意して、何か新しいことをはじめる時、僕はジーンズを新調する。

　新しい仕事やプロジェクトをスタートさせたり、大きな出会いがあったり、暮らしの環境が変わった時、そして旅の出発など、まっさらなジーンズが、気持ちを引き締め、ゼロからのスタートを励まし、勇気を与えてくれるからだ。そして、あたかも、これからの歩みを記録するノートのような役割も担ってくれる。

　新品のジーンズを買うと必ずすることがある。まずは裏返して、左前ポケットの生地に、決意をペンで書き込むのだ。

　僕は「ニューヨーク」と書いた。

　サンフランシスコからニューヨークへと向かった僕は、新しいジーンズを穿き、これからニューヨークでの暮らしをはじめようと思った。

　いつしか年月が経った時に、着古したジーンズを裏返して、そこに書いてある「ニューヨーク」の文字を見た時、きっとあの日あの時を思い出すだろう。そして、色落ちたジーンズの風合いを愛おしく思うだろう。

　服の中でもジーンズは特別だ。膝やポケットがやぶれたジーンズ、落ちない汚れがついたジーンズ、まだ新しさが残ったジーンズなど、そのすべてがストーリーを物語っている。あの日

あの時が記録された一冊の日記のようだ。そして、持っている
すべてのジーンズを裏返せば、いつか書いた決意が残っている。

　ジーンズは他の服と一緒には洗わない。必ず裏返して水で洗
う。洗い終わったら、手でよく伸ばしてから、裏返したまま、
時間をかけて陰干しする。

　不思議なことにジーンズを洗うと、気持ちがリフレッシュし
たようになる。「よし、またがんばるぞ」とスタートできる。

　乾いたジーンズは、裏返しのまま、畳んでおく。そうすると、
洗いたてであることがわかるし、ポケットに書かれた決意の文
字も見えるからだ。

　クローゼットを開けると、裏返したまま畳まれたジーンズが
いくつも重ねて置かれている。その一本一本が、言ってみれば、
自分の歴史であり、決意と約束だ。

　ジーンズを穿く日、どれを選ぶのか。その時、感じるのは、
どの友だちと出かけようか、と思うのと似た気持になること

だ。

　僕は、そんなふうにジーンズと付き合っている。裏返された
ジーンズを、表に返して、足を通し、リベットボタンをはめる。
ベルトを通した時の高揚感は何ものにも代え難い。
「ニューヨーク」と書いた、真新しいジーンズを穿いて、僕は
旅に出た。

ヘルズキッチン

　ニューヨークに着いたのは、午後四時過ぎだった。JFK空港
からタクシーに乗り、予約していたホテルの番地を運転手に告
げると、「ヘルズキッチンか……」とつぶやいた。
　予約したのは、サンフランシスコで泊まっていたホテルで知
り合ったバックパッカーに教えてもらった安ホテルだった。
「ヘルズキッチンというのは？」と聞くと、「ヘルズキッチン
は言葉の通り、地獄の台所だよ。俺は嫌いじゃないけれど、お
前のような観光客が行くところではない」と運転手は笑って言
った。
　乗ったタクシーは、ずんぐりとして、やたら車高が高く、黒
い革のシートのスプリングが固くて座り心地が悪かった。助手
席には、真っ黒のドーベルマンが鎮座していて、ときおり後ろ
を振り返り、僕を睨みつけた。
　黄色のボディに、白と黒のチェック模様が入った、昔ながら
のニューヨークのタクシー（通称チェッカーキャブ）に、僕は
はじめて乗った。
　車内はコーヒーと消毒液が混ざった匂いで充満していた。
「急いでいるのか？」と運転手は聞いた。「別に急いでいませ
ん」と答えたが、タクシーは、急発進し、猛スピードで高速道
路へと向かっていった。
　クイーンズボロブリッジを渡り、高層ビルがひしめきあって

建つマンハッタンに入ると、どこを向いても早足で歩く人、人、人ばかりで、車道はタクシーとトラックが、けたたましくクラクションを鳴らしながら走り抜けていく。

　タクシーのラジオからはイタリア語のニュースが流れていた。道路がでこぼこなのか、しっかりつかまっていないと、頭を車の天井にぶつけてしまうくらいの衝撃が繰り返された。タクシーは道路を跳ねるように走った。

　怒ってるのか、急いでいるのか、騒いでいるのか。これが僕のニューヨークの最初の印象だ。同じアメリカなのに、サンフランシスコとのあまりの違いに僕は目を丸くした。

　ヘルズキッチンに着いたタクシーは、僕を降ろし、タイヤを鳴らして急発進して去って行った。

　ここがヘルズキッチンか……。僕はこの街のニックネームが、いかにもニューヨークらしくてすてきに思った。

　ヘルズキッチンのエリアでは、世界中の料理が食べられるし、今でも古き良きオールドニューヨークの雰囲気が残っていると運転手は言った。

　ホテルは、小さな看板が壁に埋め込まれた、古めかしい七階建ての雑居ビルだった。

　着ているシャツも、セーターも、スニーカーも着古しているけれど、穿いているジーンズは真新しいのが、僕には誇らしかった。

　今日からニューヨークだ。夕焼けに染まるクライスラービルが空にそびえていた。

MEN セルビッジスリムフィットジーンズ

本気のデニム

　装飾やデザインに頼らずに、品質とシルエットで勝負する。ユニクロの覚悟と挑戦を詰め込みました。デニム作りでもっとも重要な素材には、世界屈指のデニム生地製造メーカー「カイハラ社」のセルビッジデニム*を使用。

　通常の機械よりも手間と技術が必要なシャトル織機で生産された希少価値の高いセルビッジデニムは、綺麗な綾目で立体的な美しい風合いが最大の魅力。表面の凹凸が穿き込むほどにタテ落ちし、自分だけの味わい深い色落ちに変化します。

＊カイハラ社のセルビッジデニムは69 NAVYのみに使用されています。

伝統に革新を

　デニムフリークを唸らせる伝統的なセルビッジデニムに、ストレッチを配合。無骨な表情はそのままに、快適な穿き心地を両立させた革新的デニムへと進化。股上は浅めに、フィットはやや細め。トレンドに寄りすぎない、汎用性の高いスリムストレートシルエット。

　さらにフロントポケット、ヒップポイントを高く設計することでバランスがアップ。フロントボタンやポケットを補強するリベットに入った刻印がデニムの風格に華を添えます。

008

人生で一番価値のあることは。

毎朝会う人

「ニューヨークで何をしているの？」

　そんなふうによく人に聞かれた。

　ファッションを学んでいる。写真を撮っている。絵を描いている。料理の修業をしている。ビジネスをしている。みんながこんなふうに答える中で、僕は一人黙っていた。

　圧倒されている。

　街にも、人にも、流れる時間にも、耳に入る音にも、多種多様な匂いにも、道に溢れるゴミにすらも、圧倒されている自分がいた。

　勝たないといけない。

　毎朝、空にそびえる高層ビルの先端を見上げるたびに、そう自分に語りかけていた。

　では、何で勝つのか。

　その答えを何ひとつ思いつかない自分が、ニューヨークという大都会に一人でポツンといるのが不思議な気分だった。そんなつもりでニューヨークに来たわけではないのに、と。

　僕は毎朝、一冊の本を持って、セントラルパークを訪れた。そして、涙のしずくのかたちをしたストロベリーフィールズの草むらに座って、日が暮れるまで本を読んだ。僕はこの場所がとても気に入っていた。

　読んだのはアンデルセンの『即興詩人』だった。イタリアを

舞台にした旅と青春の物語だ。主人公アントニオの心模様とまなざし。生きるとは何か。少女との恋。あせることはない、時がくればなるようになる。美しき今日。そこに書かれた言葉の渦に僕は溺れていった。そう言葉だ。自分なら今をどう言葉にするのか。草むらに寝転がりながら、そんなことを自問自答しながら読んだ。

　ストロベリーフィールズの広場のアスファルトには、大理石によるポンペイモザイクの円形の記念碑がはめこまれ、その中心にはジョン・レノンの楽曲名「IMAGINE」の字が書かれている。

　ストロベリーフィールズのベンチに、毎朝、同じ時間に訪れ、鳩やリスにえさを与えている、杖を持った八十歳くらいの年老いた女性がいた。その女性は、毎朝会うたびに、僕に小さな声で「おはようございます」と声をかけてくれた。

　女性が着ている服はいつも同じだった。いくつもの色のあせたワッペンが縫い付けられ、革がすりきれるほど着古したライダースジャケットに真っ赤なスカートを穿いていた。

　女性は鳩とリスにえさをやり終えると、しばらくそこで本を読み、持ってきているポットからあたたかい飲み物を注いで飲み、ぼんやりと過ごし、昼に近くなると、ゆっくりと立ち上がり、ストロベリーフィールズから去っていった。

僕は、朝の挨拶を交わせる人が一人でもいるということが、どんなにしあわせなことなのかと思い、その女性と会うことが、ささやかな日々の喜びと感じていた。

　そんな朝の日々がしばらく続いていたある日、女性が僕にこう話しかけてきた。

「あなた、何をしているの？」と。

ストロベリーフィールズにて

「よかったら、隣に座りませんか？」こう言って、女性はベンチの隣のスペースを手でさすった。

「今朝はいつもより肌寒いですね……」僕はそう答えて、女性の横に静かに座った。

「声をかけてしまってごめんなさいね。私は毎朝たくさんの人と会うけれど、ずっとあなたのことが気になっていたの。あなたは一体何をしているのか、もしよかったら聞かせてくれませんか？　日本人ですよね」と女性は言ってから、自分の名前を僕に告げた。

「はい、日本人です。びっくりしました。人にお話しできるようなことは何もしていません。だから、毎朝ここに来て、ずっと本を読んでいるんです」と僕は答えた。

「一日、ここで本を読んでいるの？」

「はい、そこの草むらで、日が暮れるまで本を読んでいます」

僕がそう答えると、女性はびっくりした顔をしてから、とっても嬉しそうにこう言った。

「なんてすばらしいことをしているんでしょう。あなた、それはすばらしいことよ。これだけ世間がせわしなくしているのに、一日中、本を読んでいるなんて。それであなた、楽しい？」と女性は言った。

「はい、とても楽しいです」と答えると、「何が楽しいの？」

と女性はにっこりと微笑みを浮かべながら身を乗り出して聞いてきた。

「本の中で出会ういろいろな表現にとにかく感動するんです。それは気持ちだったり、状況だったり、いろいろな様子なんですが、それを言葉というか文章というか、ひとつの表現として、その感じをこういうふうにすてきに言語化するのかと。そう思うと、この世界に存在するまだまだ言語化できていない、言葉や文章によるきらめく表現っていうのがたくさんあるんだと、わくわくするんです。そして、本を読みながら、この感じを自分ならどう表現するのかと考えるのが、とっても楽しいんです」

僕は夢中になってこう話した。すると、女性は僕の背中に手を当てて、こう言った。

「そうすると、あなたは一日中、言葉とか文章に感動して、自分ならどうするかって考えているのね。あなた、それがどんなにすてきなことだかわかる？ 人生で一番価値のあることは、日々、心から感動することなのよ。感動はいつかあなたのクリエーティブになって、あなたを作っていくの。ここニューヨークでこれだけたくさんの人が忙しく働いて、勝ったり負けたりに夢中になってばかりで、どれだけの人が一日中、心から感動していると思う？ いつかあなたの心の中が、日々の感動で満ち満ちた時、きっとあなたは何かをしたくて仕方がないようになるわ。その時は自然とやってくるの」

女性は、ポットからカップに注いだあったかいお茶を僕にすすめてくれた。そして、僕が手にしていた『即興詩人』をちらっと見た。

「あなたを紹介したい人がいるわ」と女性は言った。

MEN ネオレザーライダースジャケット

あたらしい「ネオレザー」の誕生

　鈍い光沢を放つマットな質感、表面の細かなシワ模様。理想とするリアルレザー特有の表情を求めて幾度もの試作をくり返し、あたらしいネオレザー生地を開発しました。

　表地に現れる不自然なシワをできるだけ無くしました。やわらかく軽やかなこれまでのネオレザーに足りなかったハリ感は、本来あまり使用されることのない極薄のシート中綿を内側に採用することで解消され、同時に防寒性も兼備。アウターとしての安心と存在感が生まれました。

新たなデザインバランス

　レザージャケット特有のスリムフィットでありながらも、インナーを選ばないちょうど良い着丈、袖の形状に沿ったカーブや肩幅から身幅には窮屈さを感じさせないオリジナルシルエット。

　フロント、ポケットスライダー（引き手部分）はルーツを大切に、匿名性の高いシンプルなオリジナルパーツを採用。エポレットや背中のバックルなど本来のライダースが持つ装飾などは排除しながらも、前立ての無骨さは残す。こだわり派もこれからの人も満足できるライダースの新解釈です。

009

今、この瞬間、何を学ぶのか。

純粋なこころ

「さあ、行きましょう」。女性は、銀の持ち手がついた杖を突いて、ベンチから立ち上がった。その時、女性の背丈が、母と同じくらいだと気づき、その姿に母が重なって見えた。

「このあたりは春になると、アベリアの赤い花が咲いて、とってもきれいなのよ」ストロベリーフィールズを通り抜けたところにあった垣根を指差して女性は言った。

女性の名はトーコさん。父が日本人で、母がイギリス人。自分はニューヨークで生まれ育ち、日本には何度も訪れたことがあり、少しは日本語が話せると言った。「トーコさんと呼んで

ください」と女性は笑って言った。

　トーコさんは、セントラルパークの小道をゆっくりと歩きな
がら、「で、それからどうしたの？」と、これまでの僕のこと、
旅の経緯など、いろいろと聞いて、嬉しそうな声で「そうなの
ね」と繰り返して言った。

　セントラルパークの中心にある広場、ベセスダテラスに着い
た。ここには水の天使と呼ばれる大きな噴水があり、何度か訪
れた大好きな場所だった。

　「こっち、こっち」と、トーコさんは足早に僕の前を歩いた。
そして、ある胸像の前で立ち止まった。

　「こんにちは、ベートーベンさん」

　トーコさんは、石の台座をぽんぽんと手で叩いた。あなたを
紹介したかったのは、こちらにいらっしゃる、ベートーベンさ
んよ」と言って、クスクスと笑った。

　ベートーベンは、首にストールを結び、むっつりと口を一文
字に結んで、下を向いていた。胸像は一八八四年に建造と記さ
れてあった。

　「私がベートーベンの言葉で一番好きなのは、『純粋なこころ
だけが、おいしいスープを作る』という言葉なの。暮らし、仕
事、人づきあいで、純粋であることは、本当にむつかしいけれ
ど、生きる上で一番必要なことは、純粋であること。私はいつ
も自分の純粋さが失われそうになったら、ベートーベンさんに
会いに来るの」

　トーコさんは、ベートーベンの顔を下からじっと見つめて、
「そう、純粋であること……」と小さな声でつぶやいた。

　「あなたはとっても純粋な目をしていると思ったの。大丈夫、
迷うことなく、もっと自分を信じていいと思う。あなたの純粋
なこころをもっと育ててください。そして、もし困ったり、迷
ったりしたら、ベートーベンさんに会いに来たらいいと思う」

　トーコさんはそう言って僕の背中に手を置いた。

僕はベートーベンの前に立ち、胸に手を当てて自問した。「僕の純粋なこころって何だろう……」と。

　トーコさんは、ポケットから小さなバッジを取り出し、「これをあなたにあげる。今日から私たちは友だちよ」と言って笑った。

　バッジには赤い文字で「SMILE」と書いてあった。僕は着ていたスウェットパーカの胸にそれをつけた。トーコさんは嬉しそうにうなずいた。

学びと感謝

　トーコさんと別れ、宿にしているホテルへの帰り道、僕はずっと「自分の純粋なこころって何だろう」と考え続けた。

「自分の信じたことを一所懸命にやりなさい。そうすれば、きっとあなたをサポートしてくれる人がたくさん現れる。それがニューヨークよ」。トーコさんはそう言って、僕をはげましてくれた。

　今日は地下鉄に乗らずに歩いて帰ろう。僕はブロードウェイをひたすらダウンタウン方向へと歩いた。

　歩きながら、すれ違う人、そこに立っている人など、とにかく僕はニューヨークという街特有の、そこで暮らす多種多様な人々を見つめて、何か自分の中で悶々としていることに対する答えを見つけようとした。

　道の向こうからスウェットパーカを着た大きな身体をした男の人が、こっちに向かって歩いてきた。

　不思議なことに、その時、大勢の中で、その男の人だけが、スポットライトを浴びているように僕には見えた。ずんずんと僕に向かって歩いてくる。

　スウェットパーカには、グレーの文字で大きく「learn」と書いてあった。

その男の人と僕は近い距離で目と目が合った。その時、男の人は、小さく微笑んで、声を出さずに「やあ」と言い、すれ違っていった。

　僕の目には、「learn」という文字が、何かの啓示のように焼きついて残った。

「learn」とは学ぶこと。何かを身につけること。もっと素直になること。

「そうだ！」

　僕は丸太で頭を叩かれたような衝撃を受けた。何をしたらよいか、何がしたいではなく、今日、今、この瞬間、何を学ぶのか、何を学びたいのか、それだけでいいのだ。そのひたむきさが純粋なこころなのだ。

　ただ時を過ごしていくのではなく、今この瞬間にも、それがどんなにつらいことであろうと、何か必ず学びがある。それと向き合って、ひとつひとつしっかりと学ぼう、という姿勢が大切であり、それが一所懸命という言葉につながるのだ。

　一所懸命とは学ぶということ。そうだ、暮らし、仕事、人づき合いなど、やるとかやらないではなくて、どんなことでもすべてが学びなんだ。そう、学べばいいんだ。そのために、かぎりなく素直な気持ちで、よく見て、よく感じ、よく考え、しっかりと身につける。人生とはその繰り返しなんだ。

　学びの先にあるものは感謝であろう。すべてが学びであるならば、すべてに「ありがとう」という感謝を伝えるべきで、何かをしてくれたから「ありがとう」と言うのではなく、いつでもすべてに「ありがとう」という態度が正しいのだ。

　その自分らしい感謝の仕方が、これからの自分のライフスタイルを育み、自分の人生を築いていくのだろうと僕は気づいた。

　ありがとう、ニューヨーク！　今、この瞬間から、僕は自分が変われることを確信できた。僕はうさぎのように、道を跳ねるようにして走った。

MEN スウェットプルパーカ

完璧なフードを

　太い20番手の糸を使い、密度を詰めて編み立てたスウェット生地を開発。肉厚にすることで立体感が生まれ、しっかりと包まれるような着心地に。細かな編み目による品のよさが、着こなしの楽しみを広げてくれます。

　一番のこだわりはフードの「立ち方」。立体的で美しく見えるように付け根部分やフード周辺のパターン試作を何度も重ねました。フードの適度なボリュームは、1枚で着ても、ジャケットと重ねても抜群の存在感を発揮します。

「着る」から「洗う」まで

　縫い目はすべて2本針ステッチ。縫いしろがフラットになり肌あたりはなめらか。フロントのカンガルーポケットはリブを採用したクラシックなデザイン。ポケット口は裏から布を当ててさらに補強縫製して丈夫に。

　ボディと袖はゆったりとしたシルエットながらも、肩の位置とパターンを見直し、動きやすさがアップ。フード紐の先端を金属チップでカバーして高級感を。フード裏のみにポリエステルコットンを採用し、洗濯後の乾きやすさを考えました。

010

セーターを着直して、
部屋の窓を開けた。

ニューヨーカーのセス

　セスは、僕より四歳上のフリーで働くジャーナリスト。レストランビジネスをしているトーコさんの会社で、以前働いていた青年だった。

「本好きなあなたと、きっと気が合うと思うわ」。そう言って、トーコさんは、僕らを引き合わせてくれた。

　セスのアパートは、三十八丁目のレキシントンアベニューにあった。住所を教えてもらい、訪ねてみた。そこは六階建ての古い建物だが、とても清潔感があり、入り口には、アンリ・ルソーのポスターが飾られた小さなロビーがあった。

　僕がエレベーターの場所を探していると、ドアマンが近づいてきて、「あなたはセスの友だちですよね？　聞いていますよ」と言って、親切にエレベーターの場所を教えてくれた。

　セスの部屋は最上階のペントハウスだった。「PH」というボタンを押して、彼の部屋へと向かった（「PH」というボタンがかっこいいと思った）。エレベーターの中は、ローズマリーのいい匂いがした。

　エレベーターのドアが開くと、セスが満面の笑顔で僕を待っていてくれた。

「君が来たことを、ドアマンが連絡くれたんだ。ようこそわが家へ！」と言って、僕の肩を抱いて、部屋へと案内してくれた。

　ペントハウスというと豪奢なイメージがあったが、そこは普

通のアパートの最上階で、一人暮らしにはちょうどよい広さの、気取りのないシンプルなワンルームだった。

「こっちこっち」と、セスは僕をバルコニーに連れ出し、「見てごらん。ここからの景色が僕は大好きなんだ。どうだい？」と言った。

バルコニーに置かれたプランターには、ローズマリーが植えられていた。

「部屋よりも外のほうが気持ちいいんだ」と言って、セスは、バルコニーに置かれた折りたたみの椅子に「どうぞ、ヤタロウ」と言って僕を座らせた。

そこから見えるニューヨークの広い景色、階下から聞こえる街の音、そよぐ風、きらきらとした秋の陽射し、そのすべてが、セスの言うように心地よかった。

「ほら、あそこにエンパイヤーステートビルが見えるだろう。夜になるときれいなんだ」

この部屋は、長年、仲違いしている不動産屋を営む父の持ち物であること。時折、「ニューヨーク・タイムズ」にコラムを寄稿していること。トーコさんとの関係など、セスは自分のことを僕に話してくれた。

「いろいろ話してくれてありがとう」と言うと「いつか君のことも話してくれたら嬉しいよ、ヤタロウ」とセスは言った。

「今度、僕が好きなニューヨークの本屋を紹介してあげよう。あとは、これからしばらくニューヨークにいるなら、ホテルではなく、どこか部屋を借りるといいよ。僕が探すのを手伝うから心配しないでいいよ」

「ほんとうにありがとう」と言うと、「君はもう僕の友だちだよ。ニューヨークは人と人が支え合う街なんだ。気にしないで」と言ってセスは笑った。

「さ、ピザでも食べに行こう！　寒くなったからあったかい服を着たほうがいい」

　シャツ一枚の僕に、セスはセーターを貸してくれた。セーターは大きくてぶかぶかだったが、とてもあたたかった。

セーターのぬくもり

　セスは「僕の好きなピザ屋だよ」と、ブリーカーストリートの老舗「ジョンズ・ピッツェリア」に連れていってくれた。僕らは本場ナポリの名物マルゲリータを頼み、一枚を分け合って食べた。
「おいしい！」と僕が喜ぶと、「ここはウディ・アレンの映画にも出てくる、ニューヨーカーに愛される店なんだよ」とセスは言い、この店のピザが、なぜこんなにおいしいのかを僕に詳しく説明してくれた（小麦の種類と焼き方らしい）。
　セスは、どんなことにも、好みやこだわりがはっきりとあり、何か聞くと、かなり詳しく教えてくれるところが、いかにもニ

ューヨーカーらしいと思った。

　食後、僕らは夜のグリニッジヴィレッジを散歩して、一軒の
カフェに入って、熱いコーヒーを飲んだ。するとセスは、バッ
グから「ニューヨーク・タイムズ」を取り出し、「個人が期限
付きでアパートを貸してくれるサブレットというのがあるんだ。
その投稿を見てみよう」と言って新聞を広げた。「一カ月四百
ドルくらいで、いい部屋があるといいんだけどな……」。

　すると、西七十四丁目に小さなワンルームの貸出しが載って
いるのをセスが見つけた。

「ここは場所がいい。明日、僕が持ち主に電話して聞いてみよ
う。ホテル暮らしよりこっちのほうが絶対にいいよ」とセスは
言った。僕は、短期にしろ、ニューヨークで部屋が借りられる
なんて夢みたいだと思った。

　別れ際に、貸してくれたセーターを脱いで返そうとすると、
「寒いから着て帰ったほうがいいよ。今度会う時に返してくれ
れば大丈夫」とセスは言った。

「明日の夕方に僕に電話してくれ。その時には、きっと部屋の
ことがわかっていると思う」

　セスは「今日はありがとう、ヤタロウ」と言って、軽くハグ
をしてくれた。僕も「ありがとう、セス」と言った。

　言葉の最後に、こんなふうに僕の名前を、セスが言ってくれ
るのが、とても嬉しかった。嬉しかったから僕も真似をして、
そう言ってみたら、もっと嬉しい気持ちになった。

　ホテルの部屋に戻り、セスに借りたセーターを脱いだ。ぶる
っと身体が震えて、今夜がこんなに寒かったのかと驚いた。

　僕は、セーターを着直して、部屋の窓を開け、ニューヨーク
の夜景を眺めた。

MEN カシミヤクルーネックセーター

最上級のやわらかさ

しなやかさとなめらかな艶、あたたかさと吸湿性の
高さ。繊維の宝石と言われるカシミヤを惜しみなく
100％使用。一番のこだわりは「風合い」の仕上げです。
着るたびに毛羽が立ち、だんだんとやわらかくなるも
のがほとんどですが、ユニクロのカシミヤは購入して
すぐに極上のやわらかさを肌で感じていただけるはず
です。

気持ちまでほころぶこの上ないカシミヤの風合い
は、数え切れないほどのサンプルを作り、研究を重ね
てたどりついた成果です。

究極のベーシックとは

常に変化し続ける時代の中でベーシックであるため
には、すべてのバランスが重要だと考えます。ニットの
厚み、サイズ感、時代に寄りそうフォルム。首まわり、袖
付けのラインや形など、毎シーズン数ミリ単位のアッ
プデートを繰り返し、究極のベーシックを追求しました。

今シーズンからはエクストラファインメリノと同様に
リブを改良。袖を付け根、中腹、袖口と編み地のテンシ
ョンを変えてストレスにならない自然なフィットに仕上
げました。

011

トラッドなワードローブが揃っていた。

部屋探し

　約束通りに、次の日の夕方、セスに電話をした。

「グッドニュースがあるよ！　西七十四丁目のアパートの持ち主に連絡したら、借り手はまだ見つかってないらしいんだ。貸してくれる期間はとりあえず一カ月。家賃は五百ドル。まあまあ、いいかも！」セスは声を高めて言った。

「ありがとう、セス。持ち主はどんな人なんだろう？」

「うん、ジャズピアニストの女性で、どうやら近くの『バードランド』というジャズクラブで演奏しているらしいんだ。そこでひとつ相談なんだけど、ワンルームの部屋に大きなグランドピアノが置かれているんだ。それでも良ければって話なんだけど。一度見に行ってみよう」

　セスは、二日後に、部屋を内見する約束をとりつけてくれた。

　僕らは、七十二丁目の地下鉄の駅の入り口で待ち合わせをした。ブロードウェイに面した七十二丁目の駅舎は、レンガ作りの小屋のような建物で、百十年の歴史があるランドマークだ。

　このあたりはアッパーウエストサイドと呼ばれるエリアで、治安もよく、緑が多く、とにかく街がきれいだった。ボザール様式で有名な「アンソニアアパート」といった、ニューヨークで最初に空調設備を備えた高級マンションや、立派な邸宅が、道沿いに並んでいた。

　セスは僕と会うなり、「よし、あそこのホットドッグを買っ

て食べよう。大好きなんだ」と駅からすぐの場所にある「GRAY'S PAPAYA」というホットドッグ屋に駆け込んで、おすすめのホットドッグを、僕の分まで買ってくれた。ホットドッグは、玉ねぎがたっぷりで、チーズがトッピングされて、チリソースがあふれんばかりに載っていた。

「この組み合わせが最高においしいんだ」と言って、セスはホットドッグを僕に手渡した。

「ストロベリーフィールズに近いよね」と僕が言うと、「うん、すぐそこだよ。トーコさんの家もすぐ近くだよ」と、チリソースを口のまわりにたくさんつけながらセスは言った。

　貸し出されているアパートは、駅からほんの数分の距離だった。なんてことのない雑居ビルで、入り口奥のエレベーターの前には、小さなデスクがあり、そこに門番のように男性が座っていた。

　セスが、部屋の持ち主と約束があることを門番の男性に告げると、「勝手に行きな」という素振りで僕らを通してくれた。

　部屋は四階の一番奥だった。狭い廊下には古びたカーペットが敷かれ、廊下に面したドアは、すべてが白いペンキで厚ぼったく塗られていた。

「ここだ」セスがドアをノックすると、部屋から女性の声が聞こえ、少し待つと、ガチャリ、ガチャリ、ガチャリと鍵を開ける音のあとにドアが開いた。ドアには鍵が三つもついていた。

ピアノのある部屋

「はじめまして、ケイトです。どうぞ中に入ってください」

　女性は三十代半ばで、ふわふわにカールした長い髪がよく似合う、とても気さくでやさしい雰囲気だった。

　僕とセスは彼女に挨拶をし、部屋に入った。その途端、セスは結んだ口を横に伸ばして、僕の目を見た。僕も目を丸くして、

セスの目を見つめた。

「えーと、彼は英語が話せるのかしら？」と、僕を見つめながら彼女が言った。

「少しなら話せます。何を言っているかは大体理解できています」とセスが答えると、「あら、それならいいわ。日本人はきれい好きだから部屋を貸しても安心ね」と女性は言った。

「ケイトです。よろしく」と、もう一度、彼女は僕に握手を求めた。

「お貸しするには、ひとつ条件があるの。それは毎週、水曜日と金曜日の三時から六時までは、ピアノ教室をここでしているので、その時間だけは、部屋から出ていてもらいたいの」

　セスはどうする？　という視線で僕を見た。それよりも、僕らがびっくりしたのは、狭い部屋がグランドピアノに占拠されていて、部屋のどこにもベッドもソファもないことだった。

「ちょっと値切ってみよう……」セスは僕に耳打ちした。

「しかし、ベッドもソファも無いと不便ですね。たとえば、一カ月四百ドルにしてもらうことは可能でしょうか？」と、セスは交渉をはじめた。

　ニューヨーカーはどんな時でも、ごねてみたり、交渉をするのが好きだとセスから聞いていたので、僕は笑いをぐっとこらえて、ふたりのやりとりを見ていた。

「では、一カ月四百二十ドルで！」ふたりは僕を抜きにして、勝手に交渉をまとめて握手をした。

「彼女はボーイフレンドと長年ここに住んでいたけれど、新しく付き合うことになった人の家で同棲することになった。けれど、ピアノ教室だけは続けたいので、この部屋を残しておきたいんだって」とセスは言った。

「ピアノ以外なら、ここの部屋にあるものはすべて使ってくれて結構よ。よかったら、クローゼットの中にある、男ものの服も自由に着てもいいわよ」とケイトは笑いながら言った。

　クローゼットを開けてみると、男ものの服がきれいに畳まれて、几帳面に収納されていた。よく見ると、プレッピースタイルとでもいおうか、ニューヨークトラッドなワードローブが揃っている。しかも、かなりマニアックだ。

「これなんかあなたに似合うんじゃない？」ケイトはウールのシャツを広げて見せた。

MEN フランネルチェックシャツ

種類豊富なデザイン

　圧倒的なバリエーションが自慢のフランネルシャツ。約1,000パターン以上の色柄候補の中からトレンドとベーシックをバランスよく選びました。襟の形は2種類。ボタンダウンはヨーロピアンテイストの色柄を採用して上品な印象に。タックインしても収まりがいいように着丈を1cm長めに設定しています。

　レギュラーカラーはラフに羽織って楽しめる、アメカジなチェック柄を中心に構成。両タイプとも身頃と袖まわりをすっきりさせたシルエットが特徴です。

使い分けのすすめ

　コットン100%生地の表裏を起毛させたフランネルの特徴は、ふわりとやわらかな風合いと、ほどよいあたたかさ。生地の厚みの違いで使い分けると、着こなしの楽しみが広がります。ボタンダウンは少し薄手なので、早い時期から活躍してくれます。

　季節が進んだらニットやジャケットで品よく重ね着するのがおすすめ。厚手のレギュラーカラーは主役として1枚での着用はもちろん、ダウンベストやパーカなどカジュアルな合わせと相性抜群です。

012

フリースを着て、カメラを構えた。

街の物語

　一カ月の約束で借りた西七十四丁目の部屋に住んで、一週間が過ぎた。

　老舗のスーパーマーケット、二十四時間営業のベーグル屋、おしゃれで広い本屋など、近所にお気に入りの場所がたくさん見つかった。僕はこのエリアが大好きになった。

　ニューヨークでの日々は、本を読むこと。街を歩くこと。このふたつに僕は熱中した。

　本を読んで出会った、はっとしたフレーズ、もっと知りたいと思うこと、深く感動した文章は、できるかぎりノートに書き留めた。

　街を歩いて、目にとまったもの、いつかの記憶とつながったもの、忘れたくない光景、いつまでも見ていたいものなども、克明にノートに書き留めた。

　そんな読書ノートと街歩きノートの二冊を、僕はいつも持ち歩き、いつでもそこに自分の今という時間を、言葉や文章として記録をした。

　ニューヨーク滞在中、僕はマンハッタンの道という道を、すべて歩くことを小さな目標にしていた。

　街歩きノートに、マンハッタンの地図を描き、歩いた道は、今日はここからここまでというようにペンで塗りつぶし、そこで出会った光景や物事を書き記した。

　ある日、そんな自分が書き綴った街歩きノートを、トーコさんに見せた。

　トーコさんは、ストロベリーフィールズのベンチに座って、そのノートを一ページ一ページゆっくりと丹念に、うなずいたり、笑ったり、時には目をつむったりしながら、最後のページまで見つくして、静かにノートを閉じた。

「ここには、私の知らないニューヨークがたくさんあったわ。ありがとう。ノートを見ていたら、なんだか、写真集を見ているような気持になったの。もちろん、言葉や文章もすばらしいけれど、あなたよかったら写真を撮ってみたらどう？　あなたが感じているものは写真という表現と相性がよいと思うの」とトーコさんは言った。

「写真ですか……。あまり撮ったことがないから、よくわかりませんが興味はあります。写真って何でしょうね……」と、僕はトーコさんに聞いた。

「写真は……。そうね、あなたがノートに書いた文章という表現を、写真という表現に変えてみればいいのよ。たとえば、コロンバスサークルで出会った、馬の悲しい目が、詩的な言葉と

文章で書かれているけれど、これを一枚の写真で表すなら、あなたは何を写真に撮るのか。そうそう、あなたは街を歩きながら、きっとあなたしか見えない物語を探しているのよ。その物語を写真に撮ればいいのよ」とトーコさんは言った。

最初の被写体

物語を写真に撮る……。確かに僕は街を歩きながら、それはなんてことのない光景だけれど、見ていると、あたかも本一冊分くらいの物語が想像できるような、"ある状況"に足を止め、それを自分なりの言葉や文章で書き留めていた。

「写真か……」トーコさんと別れたあと、僕は道を歩きながら、もしカメラを持っていたら、僕は何を撮るのだろうと考えてみた。

その時、借りている部屋のクローゼットにカメラがあったことを思い出した。

部屋の持ち主のケイトは、ここにあるものはすべて自由に使っていいと言っていた。僕は急いで部屋に戻り、クローゼットを開けて、カメラを取り出した。

カメラはフリースのジャケットに包まれて置かれていた。おそらくフリースのジャケットをクッション代わりにしたのだろう。包みを広げると、ドイツ製の古いマニュアル式の小さなカメラだった。

しかも、カメラを包んでいたフリースのジャケットのポケットには、フィルムが二本入っていた。「このカメラ、使ってもいいのだろうか……」

これからケイトはピアノ教室のために、この部屋にやってくる。僕はその時にカメラを使ってもいいかと聞いてみようと思った。

その日の夕方、部屋にやってきたケイトに「カメラを見つけ

たけど、使ってもいいかな……」と聞くと、「あ、それは父の
お下がりのカメラよ。ジャックに貸したけれど、結局使ってな
かったみたい。だから、いいわよ使っても。そのフリースはジ
ャックのものだけど、もちろんそれも着てもいいわよ」と、ケ
イトは、カメラなんか興味ないわ、というように答えた。ジャ
ックとは、ケイトのボーイフレンドだ。

　正直に言うと、僕にとっては、フリースのほうが嬉しかった。
ニューヨークの秋がこんなに寒いとは思わなかったのだ。しか
も、それまで僕は、フリースという素材の服を着たことがなか
った。

　フリースに袖を通し、ジッパーで前をしめると、軽くてあた
たかくて、肌ざわりが良くて、そのまま横になって眠りたい気
分になった。

　僕はフリースのジャケットを着て、肩からカメラを下げて街
に出た。不思議なことに、フリースを着ていると、部屋から外
に出た時のほうがあったかく感じた。

　最初の一枚は何を撮ろうかと考えた。いや、何を撮らないと
いけないのか、撮るべきなのかと考えた。僕は直感的に、今ニ
ューヨークにいる自分を撮ってみようと思った。

　僕は、道に面した家具屋の、ショーウインドウに置かれた鏡
に映った自分に、カメラを向けた。

　フリースを着て、カメラを構えた自分の姿がそこにはあった。
僕はハッとした。その姿は痩せてみすぼらしかった。けれども、
よく見ると、何かの物語の主人公のようにも思えた。
「旅とはいつも自分が主人公である……」いつかノートに僕は
こんな言葉を書いていた。そうだ、主人公は自分なんだ。

　僕は、フィルムをゆっくりと巻き上げ、絞りとシャッター速
度を決めて、ピントを合わせ、シャッターを切った。

MEN フリースフルジップジャケット

アップデートしたフリース

　体温を蓄えてあたたかく、外気は遮断。高い通気性と速乾性をあわせもち、かつ軽量な機能素材。ユニクロのフリースはきめ細かでしっとりとした表情の生地を開発し、さらなる極上の着心地を目指しアップデートしました。肌に直接触れる首裏にはやわらかなパイピングを走らせ、摩擦によるストレスを軽減。

　サイドポケットに手を入れると、フリースと通気性の高いメッシュが包んでくれます。ジップには引き手を追加し、手袋のままでも開閉できる仕様に。

オールマイティウェアとして

　細すぎない適度なボリュームのアーム、腕まわりの可動域を広く、身頃はすっきりと。「オールマイティウェア」を掲げ考え抜いたフォルムは、アウターとしての存在感とインナーとしても収まりのよい絶妙なパターン設計。

　シャツやニットを中に着て、ダウンベストとのレイヤードで街へ、ランニングなどのスポーツウェアに、ダウンやブルゾンのインナー使いでアウトドアへ、リラックスして過ごす暖房いらずのホームウェアとして。LifeWearの本領発揮です。

013

母のキャメル色のカーディガン。

こだわりのワードローブ

「今、ニューヨークの西七十四丁目の小さなアパートを、一カ月間だけ借りて、一人暮らしをしています。ワンルームの真ん中に、大きなピアノがあり、その下に布団を敷いて寝ています。寝転がって上を見ると、ピアノの内側がよく見える、面白い体験をしています。お母さん、心配しないでください。ごはんはしっかり食べてます。ニューヨークは、秋が深まり寒くなってきました。また手紙を書きます」

母から届いた葉書に、電話をするように、と書いてあった。声を聴いたら、きっと帰りたくなってしまう。だから、電話はせず、母に手紙を書いた。

さて。部屋の持ち主のケイトは、なぜ、同居人だったボーイフレンドの服を、置いたままなのだろう。ボーイフレンドも、なぜ自分の服を引き取らないのだろう。

ある日、僕はそんなことをぼんやり考えながら、クローゼットの中にある、きれいに畳まれた服をひとつひとつ取り出してみた。

質実剛健。生地や縫製がいいものばかり。外国の洗剤の匂い。それが服の印象だった。ゴワッとしたオックスフォードのシャツ。肉厚のスウェットとパーカ。フランネルのパンツ。色落ちしたデニム。仕立ての良いジャケットと、ダッフルコート。そして、他のアイテムに比べて数が多いニット類。ふっくらして

やわらかいウールのカーディガンは色違いで三枚もあった。

服の下に頑丈そうな木箱が二つあった。なんだろうと思って開けてみると、中には古雑誌や本がぎっしり詰まっていた。僕は何冊か取り出してみた。

雑誌は見るからに古いもので、そのほとんどが一九三〇年代から五〇年代にかけてのメンズファッション雑誌だった。雑誌のタイトルは「APPAREL ARTS」とあった。

ページを開くと、そこにはイラストによるメンズファッションのコーディネートやアイテムの紹介がされていた。非常に上品で、スタイリッシュで優雅な、メンズファッションを紹介した雑誌だ。

持ち主は、相当なファッションマニアか、メンズファッションの研究者か、ファッションデザイナーかと思った。けれども、こんなに貴重なものを、なぜここに置いたままなのか。謎は深まるばかりだった。

クローゼットから取り出した服を見ると、そのほとんどが、この雑誌から飛び出してきたようなスタンダードなアイテムで、しかも、タグなどをよく見ると、現代のものではなく、何十年も大切に着続けられてきた服ばかりだった。

僕はジャックという人物にますます興味が湧いた。カメラ、服、雑誌、すべて価値のある、こだわり抜いたコレクションばかり。

明日はレッスンのためにケイトが部屋にやって来る。そうしたら、ジャックのことを詳しく聞こう。僕は取り出した服を、クローゼットに戻した。

一着だけ、キャメル色のカーディガンを借りることにした。それは母のカーディガンにとても似ていた。

袖口の匂い

　母は一着のカーディガンをとても大切にしていた。

　昔、家族が写った古い写真を見ていた時、赤ん坊の僕を抱きかかえている母が、いつも見慣れているカーディガンを着ていたのでびっくりした。こんなに昔から着ているんだと。

　もしかしたら、僕が生まれる前から着ているのかもしれない。

　母のカーディガンの袖口には、小さな毛玉ができていて、幼い頃の僕は、丁度それが目の高さにあったので、指でつまんだり、いじくって遊んだりしていた。

　一度、匂いをかいだことがある。「コロッケの匂いがする」と母に言うと、母は笑い転げて、「そう？　おもしろいわね」と言った。

　母のキャメル色のカーディガンは、いつも台所の椅子にかけられていた。

　借りたカーディガンを羽織った時、僕はおもむろに袖口を見た。このカーディガンの袖口にも小さな毛玉がいくつもできていた。サイズが大きいせいか、手首が少し隠れて、もったりした感じも、母が着るカーディガンと似ていた。

　やっぱりカーディガンは少し大きめがいい。心の中でそんなふうに思った。ボタンははめるのか、外しておくのか。母はいつも外していた。でも、授業参観に来てくれた時、母はボタンをはめていて、いつもの見た目と違って、はっとしたことを覚えている。

　僕は部屋の窓辺に立って、外の景色を見ながら、そんなふうに、母とカーディガンの記憶をいくつも思い出した。

　ケイトが部屋にやってきた。

「あら、なんでいるの？　これからレッスンだから早く出ていって」とケイトは僕に言った。けれども、出かける支度を済ませてある僕を見て、「うん、まあ、でも、ゆっくりでもいいわ

よ」と、気遣ってくれた。

「ケイト、このカーディガン借りるよ。あと、ジャックってどんな人？　なぜこんなに服を置いたままなの？」と聞くと、ケイトは聞こえない振りをして返事をしなかった。

「ジャックに会ってみたいな」と僕が言うと、「ストランドに行けばいるわよ、たぶん」とケイトはつぶやくように言った。

「ストランドって？」と聞くと、「十二丁目の大きな古本屋よ……」とケイトは答えた。

　十二丁目のストランドという古本屋は、セスから、好きな本屋だと聞いたことがあった。

　僕はカーディガンを羽織って部屋を出た。信号待ちしている時、袖口の匂いをかいでいる自分がいた。

MEN ラムVネックカーディガン

ラムウールは冬の味方

　ラムウールは、ウールのよさを凝縮した天然素材です。軽量でやわらかくふんわりとした肌ざわり、吸湿性と放湿性、弾力性があるのでシワになりにくく、繊維の縮れ部分に空気を含みあたたかいのが特徴。

　肌寒い朝晩にサラリと羽織る、カットソーやシャツの上に重ねる、ジャケットやブルゾンの中に着る。日常のいろんなシーンで"ちょうどいいぬくもり"を得ることができるワードローブの心強い味方です。

定番をあたらしく

　Vネックの角度、深さ、開きはミリ単位で調整し、襟、袖、裾のリブは編みのテンションを変えてもたつきを解消。肩まわりの動きやすさを意識した袖付けと、すっきりとしたアームホールを設計、ボタンホール裏はナイロンテープで強度を高め、着丈とフロントポケットのベストなバランスを探しました。

　ベーシックカラーに杢調のミックスニットを追加することで、定番色が新鮮に映ります。ジャストでもオーバーサイズでも。年齢性別を超えて着こなしの幅を広げてくれるあたらしい定番です。

014

彼は毎日ストランド書店にいる。

今と生きる

　今朝はずいぶん早く起きた。外はまだ暗かった。僕は横になったまま夜明けを待った。

　毎朝、起きるたびに、ここはどこなのかという戸惑いを感じていた。そして、今日は何をしようかと考えた。いや、一体、僕は今、ここで何をしているのかと自問しつつ、まあ、いいかと思ったりする自分がいた。

　いつか読んだ、ソール・ベローの『この日をつかめ』という一冊があった。

　その本の中に、現在と生きる、という一文がある。何事も今、今を見る、今を感じる、今と向き合い、今から逃げない、すなわち、今を大切にするという生き方だ。

　外が明るくなった。冬のニューヨークを過ごすために買ったコートを着て、アパートを出た。朝食を食べに行く。寒さのせいで息が白い。それも今だ。

　朝のブロードウェイは、通勤する人々が川の流れのようにせわしなく歩いている。そうだ、みんな今日を必死に生きている。それも今だ。

　空を見上げると、冬の薄い青空に、綿のような白い雲が浮かんでいる。それも今だ。

　世の中から取り残されているような自分がいる。けれども、今に見てろ、と歯をくいしばる自分がいる。それも今だ。

そして、今、何を思うのか。今の自分がどうであろうと。そうだ、今という真実ともっと向き合おう。それが今を生きるということだから。

　今から目をそむけない。明日や未来も、今この時、ここにあるのだから。

　コーヒーを片手に、ブロードウェイ沿いの花壇の脇のベンチに座った。

　何もできなくたって、いいじゃないか。くんずほぐれつで、いいじゃないか。わからないままで、いいじゃないか。もっと、今と戦ってやろう。

　戦いというのは勝ち負けではない。今としっかり向き合って逃げないということだ。

　立ち上がって、コートのポケットから手を出すと、少し背が伸びたような気がした。

　日本を離れて、サンフランシスコからニューヨークへと移動し、今、僕は西七十四丁目にいる。

　今と生きる。僕はいつも自分が弱った時、困った時、悩んだ時、この言葉の意味を思い浮かべる。自分がどんな状況であろうと、今と生きるんだ、と。

ストランド書店

　十二丁目のストランド書店を訪れた。

　元ボーイフレンドのジャックに会いたいと、ケイトに言うと、彼は毎日ストランド書店にいる、と答えたからだ。

　僕はジャックの顔を知らないけれど、行けばきっと会える予感がしていた。

　ストランド書店は十二丁目の角に建つ、ビルの地下一階から三階までを占める大きな古書店だ。キャッチフレーズに「蔵書を並べると八マイルもの距離になる」とあった。

店に入ると、自分のバッグを預けるカウンターがあった。店内では誰もが手ぶらになるシステムだ。本の盗難防止であろうが、本屋で手ぶらになれるのは嬉しい。僕はバッグからカメラを取り出し、肩にぶら下げて、売り場に入った。

　広い店内の、どの場所にいっても客がたくさんいて、レジの前では会計を待つ人が長い行列を作っていた。老舗のストランド書店は、ニューヨーカーに愛されているのだろう。

　地下のフロアに行ってみると、そこは倉庫のように殺風景で客が少なかった。僕は、フロアの片隅に、未整理のアートブックが積まれたセクションを見つけた。そこには、表紙カバーが破れたりした五〇年代から六〇年代のデザイン年鑑がどっさりとあった。しかも、アメリカ、フランス、イタリア、ドイツといった様々な国で出版されたものだ。

　グラフィカルなポスターや、その時代性が描かれた広告が好きだった僕には宝の山に見えた。値段を見ると、どれも均一で五ドルだった。全部欲しいと思った。

　客が少ないのをいいことに、欲しいものだけを厳選して、テーブルに積み上げていった。積み上げてみると、二十二冊にもなった。それだけ買っても百十ドル。安いけれど、その日の手持ちのお金では足りなかった。

　一階に駆け上がり、店員に取り置きができるかと聞いた。すると、一週間なら取り置きをしてくれるとわかった。僕は店員の腕を引っ張って地下に戻り、本を運んでもらおうと思った。すると、積んでおいた本を、一冊一冊丹念に見ている、カールした金髪に、ニットキャップをかぶり、グレーのチェスターコートを着た男がいた。

「すみません、これ僕が買う本なんです」と声をかけると、その男は僕をじっと見て、「安くていい本ばかりをよく選んだな。君は本屋か？」と聞いてきた。

「本屋ではありません。欲しいと思った本を選んだだけです」

と僕は答えた。男はにっこりと笑って、「昨日は、ここにこの本は無かった。きっと今ここに置かれたばかりの本だろう。そんな本に出会えた君はラッキーだな。僕もこの本は全部買いたいくらいだ。君はいい目をしてる」と言った。そんなふうに言われた僕は嬉しくなった。

「そのカメラもいいな。君は写真家かい？」と、僕が肩からぶら下げているカメラを指差して男は言った。

「いえ、知り合いから借りてます」と、僕が答えると、「そのカメラ見たことがあるな……」と男は言った。

MEN ウールチェスターコート

カシミヤ混の上質

上質なドレープとぬくもりある風合いの秘密は、ウールに10%のカシミヤをブレンドしたこと。贅沢な素材であるカシミヤ混の生地は通常、表面の光沢が強くエレガントな印象が色濃くなりがちです。

ユニクロのチェスターコートは、カシミヤ特有のやわらかさと滑らかさを残しながら、ほどよい光沢を持つオリジナル生地を採用。英国の伝統服に起源をもつ品格と、あらゆるシーンで羽織れる気軽さを融合させた、LifeWearを体現する一着です。

本格的なつくり

チェスターコートの顔はVゾーンです。第一ボタンの位置や首まわりの幅、襟やラペルの太さなどを何度も微調整。スーツやジャケットとの着合わせだけでなく、パーカやタートルネック、ダウンベストなど、カジュアルに組み合わせても決まるVゾーンが自慢です。

オーダースーツなどに用いられるAMFステッチ（手縫い風の縫い目）を襟やポケットのフラップ縁に施し、立体感のある折り返しを実現。内ポケットの仕様と共に本格的なつくりで仕上げています。

015

オーセンティックだから、
飽きることはないんだ。

美の出発点

「そのカメラをちょっと見せてくれないか？」と、ブロードウェイ十二丁目の角に建つ大きな古書店、ストランド書店の地下フロアで、僕に話しかけてきた男がいた。

このカメラは、ある人から借りているものだと告げると、男は、「うんうん」とうなずいてから、カメラをしげしげと見て、「やっぱりそうだ、このカメラの持ち主は僕の知り合いだ」と言った。

「もしかしたら、あなたはジャックさんですか？」と聞くと、「なんで僕の名前を知っているんだい？」と男は驚いた。

西七十四丁目のアパートを、期限付きで借りた経緯、クローゼットの中に残されていた服や本、雑誌に興味を持って、ケイトからあなたの存在を知ったことを僕は男に話した。

男は「なるほど」と言って、クスクスと笑い、「僕がジャックです。面白い出会いだな。よろしく」と、手を差し出した。「君は本が好きなのかい？　いや、古い本が好きなのかい？選んだ本を見ると、君はグラフィックデザインに詳しくて、いろいろなことを知ってるようだけど……」と、ジャックは僕に聞いた。

「本は新しいのも古いのも好きです。デザインについては、ひとつも詳しくはありません。しいて言えば、自分が出会って感動した何か、それは文章であったり、写真であったり、絵であ

ったり、デザインであったり、そういうもののルーツというか、その感動の原点は何かということに、とても興味があるんです。美しいものには、必ずその美しさの出発点があるはずで、僕はその出発点を、自分なりの視点で見つけて、学びたいといつも思っているんです」

「その考え方はすばらしいな。日本人は、そういう考え方をみんな持っているのかい？」とジャックは聞いた。

「この考え方が日本人的なのかどうかは、わからないけれど、日本人の美意識は、目に見えるもの以上に、目には見えない、そのものの本質と奥行きを重要としているのかもしれません。たとえば、その目に見えない本質と奥行きを、心の働きである、おもてなしという概念で、目に見えるように試みる行為のひとつに、日本の茶の湯がありますね」と僕は話した。

「おもてなし……。アメリカ人の僕には難しい概念だけど、君が言おうとしていることは、よくわかる。美に対する探究心が強いということだね。心の目で見る、という意識は、鈴木大拙（だいせつ）という仏教哲学者の本で読んだことがあるよ。僕らが話しているのは非常にZEN的だね」とジャックは言った。

「むつかしい話をしてしまって、すみません。とにかく、あなたのワードローブや、本や雑誌が、自分の琴線に触れたんです」
「いやいや、僕こそ興味深い話ができて、嬉しいよ。よかったら、どこかにコーヒーでも飲みに行かないかい」
　僕とジャックは、一緒に店を出た。
「今日は一段と寒いな」とジャックは言って、あったかそうなパンツのポケットに手を入れた。

ドーナツ屋で

　僕らはストランド書店のすぐ近くにあったドーナツ屋に入った。
「僕はドーナツが好きです。だから、ドーナツ屋のカウンターで、ドーナツとコーヒーを味わうのは至福なんです」と言うと、「僕もそうだよ。ニューヨークにおいてドーナツ屋はなくてはならない存在なんだ。僕らは気が合うな」とジャックは笑った。
「僕は雑誌が好きなんだ……」と、大きなマグカップに注がれたコーヒーを飲みながら、ジャックは独り言のように言った。
「アメリカにおいて雑誌が生まれたのは、一七四一年。その名も『アメリカン・マガジン』。退屈な新聞の社説のようなものだったから、読者がつかず、たった三号で廃刊になった。その後、一九一三年に社交と流行をテーマにした『バニティ・フェア』が創刊されて、本当の意味での、アメリカの雑誌文化が始まったんだ…。まさに君の言う出発点だね。その『バニティ・フェア』は、今のものとは別格で、当時のアメリカの美のクオリティが集結していたんだ」
　ジャックは自分の好きな雑誌のことを、ドーナツをかじり、コーヒーを飲みながら、淡々と僕に語ってくれた。
「とにかく、雑誌の醍醐味は、見て楽しむ、ことなんだ。その

ために、絵やイラストレーション、写真、そして、タイポグラフィやレイアウトデザインが、読者の目をひきつけるために、競い合うように美を追求していった。そしてまた、それを生み出す世界中の才能が集まったのも、雑誌というメディアなんだ」とジャックは言った。

　この日、ジャックは、ブルーストライプのシャツの上に、ネイビーのクルーネックのニットを着て、グレーのウールパンツに、黒のウイングチップシューズを履いていた。

「部屋に残されたワードローブだけど、どれもすてきですね。うまく言えないけれど、ああいったトラッドなアイテムが僕も好きです。今日のニットも長く着ているんですか？」と僕は聞いた。

「これはもう十年以上着ているよ。オーセンティックだから飽きることはないんだ。今日着ている中では、パンツが一番古いかな。これは大学の時に買ったから十五年以上。ニューヨークの冬は寒い。だから、あったかいウールのパンツは必需品なんだ。父によく言われたのが、冬の寒い日に出かける時は、とにかく下半身を冷やさないように、あったかいパンツを穿くということ」と、ジャックは言った。

「ところで、毎日『ストランド書店』にいるって、ケイトから聞いたけれど…それは本当？」と言うと、「ああ、毎日『ストランド書店』にいるよ。仕事だからね」とジャックは答えた。

「仕事って？」と聞くと、「どんな仕事か知りたいかい？」とジャックは、ドーナツをかじりながら言った。

MEN ブロックテック
ウォームイージーパンツ

あたたかさの追求

　足を通した瞬間からあたたかさを実感できる通称
"暖パン"。裏地にはやわらかなフリースを、表地には
軽量で高強度なリップストップ生地、さらに表地と裏
地の間には冷たい風を防ぐフィルムを挟んだ3層構造。

　フロントポケットの中にもフリースを使用し、モバイ
ルを入れられるようにポケットインポケットを搭載。ジ
ッパー開閉式で中のモノが落ちない工夫をした太もも
のサイドポケット、バックポケットは1つから2つに変更。
収納力も自慢です。

高いファッション性

　膝下から裾にかけてテーパードしていくスリムフィッ
トのフォルム。着用時の窮屈さや、裏地付きによる厚み
を感じさせないデザインを追求しました。フィッティン
グを何度も繰り返して完成した自慢のシルエットです。
手袋をしたままでも着脱が容易なウエストバックルは
イージーベルトの仕様に、裾のドローコードを絞れば
ブーツインもできます。

　アウトドアに映えるアースカラーからウールのように
タウンユースに最適なものまで幅広い展開。いつもの
パンツを暖パンに換えても違和感なくコーディネート
に溶け込むスタイリッシュさ。冬の即戦力です。

016

誰かの役に立つことを
すればいいのさ。

仕事の見つけ方

　ジャックの口から、「仕事」という言葉が出て、なんだか僕
は取り残されたような気持ちになった。

　毎日、写真を撮ったり、文章を書いたり、本を読んだり、街
を歩いたりしているけれど、今の自分には、堂々と仕事と呼べ
るものが無かったからだ。

　コーヒーを一口ごくりと飲んで、仕事とは一体何だろうと思
った。ドーナツ屋のカウンターの中では、ウエイトレスが客の
注文を聞いたり、ドーナツを運んだり忙しく働いていた。

　仕事という二文字の言葉を考えて、思いつくことを頭の中に

並べてみた。

　お金を稼ぐこと。生活を支えること。生きがい。大変なこと。疲れること。面倒くさいこと。朝から晩まで、人の言うことを聞くこと。叱られること。頭を下げること。毎日しなければならないこと。朝早く起きること。

　思いつくことは、結局、我慢しなければならないことばかり。なのに、なぜみんな仕事をするのだろう。もちろん、仕事をしないと不自由なのはわかっている。目の前にいるジャックでさえ仕事をしている。しかも、楽しそうだ。ジャックも我慢しているのだろうか。

「ジャック、仕事って何だろうね」

　僕がそう聞くと、「うーん。少なからず、嫌なことではないな」とジャックは答えた。

「仕事は嫌じゃないの？」と僕は言った。

「仕事はさ、誰かに必要とされているから、仕事として存在するのさ。ということは、仕事とは、いつも誰かの役に立つための何か、じゃないかな。もちろん、お金のため、生活のためという考え方もあるけれど、それは仕事を意味することではないよね。いつも面白いなと思うのは、こうして世の中を見渡してみると、ほとんどの人が何かしらの仕事をしている。みんな忙しそうにしている。さっき言ったように、仕事という名のもとで、みんな誰かの役に立つために働いているのさ。そうであれば、この世も捨てたもんじゃないと僕は思う。一人ひとりが仕事という行為によってつながっているということさ。このドーナツとコーヒーでさえ、僕らの会話に役立っているし、この甘い一口が、今の僕を癒やしてくれるというように」

　ジャックは、ちぎったドーナツを口の中にぽんと入れて、片目をウインクさせた。

「君はどんな仕事をしているんだい？」とジャックが聞いた。

「何もしていない。無職なんだ……」と僕は答えた。

「仕事を探しているの？」

「生活するためのお金が必要だから、仕事をしないといけないと思ってはいる。けれども、何をしたらよいかわからないんだ」と、僕は答えた。

「仕事の見つけ方を僕は知っている。せっかくだから教えてあげよう。とても簡単だよ。それはね、自分がやったほうが、きっとうまくいく。もっとよくなる。要するに、きっと誰かの役に立つ。もっと誰かの役に立つということをすればいいのさ」

ジャックはこう言って、コーヒーのおかわりを頼んだ。

ブックハンター

仕事を見つけるということは、自分がやったほうが、きっとうまくいく、もっとよくなることを見つけること。誰かの役に立つために……。僕はジャックの言葉の意味をよく考えた。

「ニューヨークに、古書店がいくつあるか知ってるかい？　おそらく百以上はある。古書店を訪れる客の十人に一人はコレクターと言われている。コレクターは毎日のように本を探している。彼らが探している本のほとんどは高価な本。高価ということは、それだけ探している人が多いということと、現存数が少ないということ。僕の仕事は、コレクターの代わりにそういった本を探してあげることなんだ。『ストランド書店』以外にも、毎日たくさんの本屋を訪れて、自分の顧客が探している本をいち早く、適正な価格で見つけてあげるのが仕事なんだ」とジャックは言った。

「僕は元々、古書好きで、ニューヨーク中の古書店を歩きまわっていた。すると、コレクターの代わりに本を探すという仕事をしている人の存在を知ったんだ。で、ある日、その仕事をしている人から、探している本のリストを見せてもらったら、その本のいくつかは、どの店で、幾らで売っているかを僕はすぐ

にわかった。その時、本を探すことに関しては、自分のほうが優れていて、もっと早く見つけられると気づいたんだ」

　ジャックの話を聞くと、コレクターは、何人ものそういったブックハンターを抱えているから、すぐに誰が優れたブックハンターなのかがわかり、他のコレクターに負けないために、専属を求めてくるようになるという。

「もちろん、自分の得意なジャンルに限ってだけどね。僕のジャンルは、雑誌、写真集、アートブック、モダンファースト（現代文学の初版本）の四つ。このジャンルに限っては、ニューヨークでは、かなり腕の高いブックハンターの一人だよ。たまに、他のコレクターに引き抜かれることもあるんだけれど」と、ジャックは言った。

　僕は頭の後ろに手を組んで、椅子の背にもたれかかって、ドーナツ屋の窓の外を眺めた。

　僕がやったほうがきっとうまくいくこと。もっとよくなること？って、この世にあるのだろうか……と思いに耽（ふけ）った。

　窓の外は、もう暗くなり、街のネオンがきらびやかに目に入った。風も強そうで、道行く人々はコートの襟を立てて歩いていた。

「そろそろ行こう」とジャックが言った。

　僕らはドーナツとコーヒーの代金を払って、外に出た。

　ジャックは、コートのポケットから、ニットキャップと手袋を出して身につけた。見るからに上質であたたかそうだった。

　仕事の話をいきいきとしてくれた後だからか、ネイビーのニットキャップを深々とかぶった彼がとてもすてきに見えた。僕は、こんな人と仲良くなれたら嬉しいな、と思った。

MEN ヒートテックニットキャップ＆
ヒートテックニットグローブ

ぬくもりの秘密

　肌ざわりなめらかなニット帽と、ふっくらとやわらか
な手袋。実はどちらもヒートテックの糸からできていま
す。身体から発せられる水分を吸収し、繊維自体が発
熱。さらに保温機能を持つヒートテックは、ユニクロが
誇る機能素材。

　抜群のあたたかさを発揮するヒートテックに、ウー
ルを加えることでぬくもりある表情を、アクリルのブレ
ンドによって軽量化を実現。各素材の混率や原料選定
の試作を重ねてたどり着いた、新たな冬の定番です。

いつでもカバンに

　ニット帽は、パーツ同士を組み立てるのではなく、編
み込みながら仕立てる「成型編み」を採用。伝統的なニ
ットのテクニックを最大限に活かし、ローゲージで手編
みのように仕上げました。

　やわらかな風合いの手袋は、親指と人差し指にタッ
チパネル対応の特殊加工を。シンプルな中に普段使
いには欠かせない機能を加えました。どちらも豊富な
カラーバリエーションが自慢。アウトドアに、タウンユ
ースに、そして旅先。いつも近くに置いておきたい
LifeWearです。

017

明日の朝はダウンを着よう。

得意なことを

　自分がやったほうが、きっとうまくいく。もっとよくなることを見つける。誰かの役に立つために……。

　それがいわゆる、他人から見て、すてきなことではなくとも、ひとつやふたつは、こんな僕でも、きっとあるだろう。

　思いつくことがある。

　それは、自慢できることではないかもしれないが、掃除と片

付けだ。子どもの頃から、掃除をしたり、散らかしたものを片付けるのが得意だった。

　なぜそんなことに気づいたかわからないが、掃除であれば、目に見える場所だけでなく、たとえば、隠れているところというような、目に見えない場所こそが、実は汚れていて、そういうところをしっかりきれいにすると、掃除後のきれいさが違う。目に見えない場所だからこそ、きれいにすれば、なぜかその場の空気が変わるという、魔法のような不思議を小さい頃から感じていた。

　片付けに関していうと、散らかった状態から、何をどのような順序で片付けていったらよいかを考えるのが好きというか、おそらく人よりも早く判断できた。いわばパズルを完成させるような感じで。

　だから、掃除と片付けを苦と思ったことはなく、どちらかというと好きなほうだ。何が好きなのかというと、整理され、きれいになった時の達成感だった。

　だから、時たまこう思うのだ。潔癖症というわけではないけれど、僕が掃除したり、片付けをしたりしたほうが、もっときれいになるのに、と。

　あともうひとつ、こんなこともある。

　どんなものでも、それが人であっても、いいところを、すぐに見つけるのが得意だった。子どもの頃から、いつも思っていたのは、なぜみんなは、こういうすてきなところに気づかないのだろう、ということだった。もしかしたら、僕の価値観がみんなと違っているのかもしれないが、結局いつも遠回りして、僕が先に見つけたいいところにたどり着く。「ほら、やっぱり」と思うのだった。

　ヨーイ、ドン、で、目の前に置かれたもののいいところを見つける競争があれば、かんたんに優勝できるのにな、と自惚れる自分もいた。

とにかく、自分がやったほうが、きっとうまくいく。もっとよくなることを見つける、という意識を、あらためて与えてくれたジャックに、僕は感謝をした。

　ほんの少しだけど、先の未来に明るい希望が灯った。真っ暗闇ではなくなった。

もっとよく見よう

　あ、そうだ！　と、もうひとつ気がついた。

　自分がやったほうがきっとうまくいく何か。もっとよくなる何かを見つけるという、いわば、自分のいいところを見つけるということは、同時に自分の苦手なこと、うまくできないこと、わからないことを見つけることでもあるんだ、と。

　僕は、いろいろな物事のいいところを見つけるのが好きで、得意だけれど、実を言うと、よくないところも同時にしっかり見つけていて、けれども、それは意識的に言葉にしてこなかったと思い出した。

「どんなものにも必ず、いいところもあるし、そうでないところもある。どちらも大切なことだ」

　昔、父が僕にこんなふうに言っていた。

　苦手なことや、できないことに、あまりこだわる必要はないかもしれないが、自分は何が苦手で、何ができないのかを、しっかりと知っておくべきことが大切だろう。

　夜空を見上げると、摩天楼の上に大きくてまんまるな月が浮かんでいた。道行く人は皆、寒そうに歩いている。

　僕は誰ともなしにつぶやいた。

　こんなふうにいろいろと考えているけれど、結局どうやって自分を社会に役立てたらいいか、ということ。だから、もっと世の中を観察しよう。もっと見て、見て、見尽くそう。

　今、僕が着ている服にしても、自分が作ったほうがもっとい

いものができるという、誰かの情熱と仕事によって作られたものなんだ。

　もしかしたら、あそこに自分がやったほうがうまくいくことがあるかもしれないし、それは目の前かもしれない。そうやっていつも外の世界を、よく観察しよう。

　そして、もっと、困っている人を見つけよう。その人たちが、何に困っているのかを知ろう。この世の中には、困っていることは無限にあるだろう。無限にあるからこそ、そのうちのひとつかふたつは、きっと自分が役に立てることがあるはず。

　歩いていると、ユニオンスクエアパークの脇道で、偶然、友人のセスと会った。セスとは、しょっちゅう会っているから、驚きはしなかったが、こんなふうに偶然に道端で会うのは、ニューヨークらしいといえばそうだ。

　セスは、ふわっとしたダウンジャケットを着て、ストライプのマフラーを巻いて、あたたかそうだった。

「こんばんは。そのダウン、あったかそうだね、セス」と僕が言うと、「やあ。ニューヨークはこれからもっと寒くなる。君もダウンを着るといいよ。朝が来るたびに、ダウンに袖を通すのが、僕はほんとに楽しみなんだ」とセスは言った。そして、ジムに行くからと足早に去っていった。

　僕は、部屋のクローゼットに、ジャックのダウンジャケットがあることを思い出した。

　明日の朝はダウンを着よう。

MEN シームレスダウンパーカ

全天候型の頼もしさ

ダウンジャケットの特徴であるキルティング加工の
ステッチ部分を圧着仕様にした未来思考のデザイン。
縫い目をなくすことで風や雨の侵入を防ぎ、内側から
羽毛が飛び出るのも防止。

表地には軽量かつ耐久性の高いリップストップ生
地を採用し、スポーティな印象ながらマットに仕上げる
ことで上質さを加味。生地表面には撥水剤をしっかり
と固着させることで、撥水効果も格段にアップ。インナ
ーが薄着でも、余裕のあたたかさ、高い機能性と軽さ。
真冬の強い味方です。

「着る・使う」機能を集約

被っていない時やファスナーが開いた状態でもしっ
かりとしたボリュームと立体的な形状を保てるように、
フードのパターンや構造を設計しました。フード内側と
裾のドローコードアジャスタは外から見えない位置に
設置してミニマルな印象に。

首元のインナー襟とリブ付きの内袖が風の侵入を
防ぎ、外ポケットの裏地はフリース仕様。あたたかさを
保ちます。右側腰部には雑誌も入る収納力を誇る内ポ
ケットを、左側胸部にはイヤホンホールを設置。スタイ
リッシュで機能的。LifeWearの哲学を凝縮しました。

018

服とは、着る人を元気にするもの。

服って何?

　僕は、アパートのクローゼットの前に椅子を置いた。

　座ると、クローゼットの端にある鏡に自分が映った。自分という姿をしげしげと見た。ちからが抜けて、とてもリラックスしている。

　僕は、僕自身に対して少し安心した。これまで、自由な旅とはいえ、とにかくいろいろなことを悶々と考えがちで、不安が募るばかりの日々だった。けれども、ここニューヨークで、わずかに成長しているような実感があった。自分の中の何かが変わっていた。

　その成長と変化って何か。

　ひとつは、引きこもり気味の僕に何でも話し合える友だちができたこと。そして、もうひとつは、「自分が」という自己中心的な意識から、もっと広い世の中に対する「自分を」という意識に変わったことだ。

　ニューヨークでの生活は、二週間が過ぎようとしていた。グランドピアノが置かれた、この小さな部屋にも、アッパーウエストサイドという町並みにも、マンハッタン中を歩いて触れあう人々にも慣れてきて、なんとなく緊張していた気持ちに余裕が生まれていた。

　僕は椅子に座って、ジャックが置いていった服をじっと見つめた。

ジャックのワードローブが、なぜ自分を魅了するのだろう。そこから何を感じているのだろうと、まるで美術館の絵画を見るように、ひたすらじっと見続けた。クローゼットの一角には、僕自身の服も積み上がるように置かれていた。

　頭によぎったのは、服って一体なんだろう……という素朴な問いだ。

　服が欲しい。いつからかこんな思いを、当たり前のように、ずっと抱いている自分がいる。

　なぜ服が欲しいのだろうか……。

　かっこよくなりたいから、かっこよく見られたいから、服が欲しいという気持ち。

　服は人をかっこよくしてくれるのか。いや違う、服は、自分が他人からどう思われたいか、というためのひとつの表現かな？　すなわち、自分がどんな人間であるかを、知ってもらうためのもの。言葉にできない自分の中にある何かしらの主張を表したもの。ひとつのコミュニケーション。そのために服を選んでいる。服を着ている。

　ジャックのワードローブは、とてもシンプルだ。限られた色、親しみのある素材、簡素なデザイン、それらが上質という品質で統一されている。その上質というものが、ジャックという人をそのまま表したものであった。

　僕はこうも考えてみた。服を着るとどうなる？　と。

自分で選ぶこと

　服を着ると、僕は元気になる。なんだか嬉しくなる。セスが言っていた、寒い朝にダウンに袖を通すのが楽しみというのも、そうだ。様々なデザインや素材によって、寒さや暑さから身体を守ってくれるのも、元気を生むための役割だ。

　服とは、着る人を元気にするもの。すてきにするもの。しか

も毎日。

　思えば、今日は何を着ようかなと服を選ぶことは、今日の自分は、どんな服を着たら元気になるのかと無意識的に考えていることと同じなのだろう。

　僕が今、部屋で履いているコロンとしたかたちのルームシューズにしても、履くと心地良い（元気になる）から、どこにでも持って行くようになっている。

　服って何だろう？　の答え。

　それは、暮らしや仕事、あらゆる日常につながる、人を元気にするために、人をすてきにするために考え抜かれた、様々な知恵と発明から生まれた必需品。

　服は、自分が自分らしくあるためにある。考えた末、僕はこうたどり着いた。

　その日の午後、僕はジャックのワードローブから、赤いダウ

ンジャケットと、白のタートルネックのニット、色の落ちたデニムを選んで、ストランド書店に取り置きしてある、本を引き取りに行った。

　ホリデーシーズン間近だからか、ストランド書店は、いつにも増してにぎわっていた。

　どこかにジャックはいるだろうか、と思いながら店内をぶらぶらと歩いていると、本を抱えたジャックが、店員らしき人と立ち話しているのを発見した。

　僕は近づいていって「やあ、ジャック」と声をかけた。

　ジャックは、すぐに挨拶を返してくれたが、少しばかりシビアな話をしているようだった。ジャックは「ちょっと待ってて」という素振りを見せて、店員との話に戻った。

　ジャックを待っている間に、僕は取り置きしていた本の代金を払い、あの日に選んだ本を自分のものにした。ジャックの元に戻ると、立ち話に品の良い老紳士が加わり、さらに深刻な話になっているように見えた。どうやら、ジャックの抱えている本を、老紳士が受け取ろうとしているのを、ジャックは首を振りながら拒んでいる。

　僕に気づいたジャックは、片目をつむって、「もう少し待ってて」と言った。

フリールームシューズ

ミッドソールの秘密

　「世界一履き心地のよいルームシューズを」ユニクロのルームシューズに込めた想いです。快適な履き心地を実現したのは二層式のミッドソール。足を入れた瞬間からずっと続くフカフカな感触の秘密は中反発ウレタンシート。体重が移動するたびにウレタンが戻ることで、履いている時は常に絶妙な弾力を体感していただけます。

　そして底面の「SOFT EVAカップソール」が足裏の形にフィットし、クッション性を発揮。フカフカと弾力性を両立しているのです。

ころんとしたシルエット

　つま先が上がった可愛らしいフォルムにも意味があります。上がっていることで足を一歩前に出しやすくなり、歩行が楽になるのです。そして履いている際に圧迫を感じない秘密は、足全体の形に沿う立体フォルム。つま先には空間があり、指も自由に動かせる設計になっています。

　最後の工程で、靴を作製する時に使用する足型を用いて熱成形を行い、立体フォルムを完成させるのです。手洗いもできるから、いつも清潔。世界で一番快適なルームシューズです。

019

老紳士は一万ドルなら
買おうと言った。

母のぬくもり

　ある日の朝、いつものようにセントラルパークを歩いた。

　僕は冬のセントラルパークが大好きだ。淡い冬の色をした空、うっそうとした木々、澄んだ空気など、時に驚くほどの静寂さを感じて、なんだか、ファンタジーの世界に迷い込んだような気持ちになる。

　あそこにも一人、あちらにも一人と、ここを訪れた人は、一歩一歩ゆっくりと歩いて、散歩というひとときを楽しんでいる。みんなここで何を思い、何を考え、何を味わっているのだろう。そこにはどんな暮らしの日々があるのだろう。そんな気持ちで、僕も枯れ葉舞うセントラルパークをゆっくりと歩いた。ジャックから借りたダウンジャケットのポケットに手を入れて。

　小さい頃の冬、遊びから帰った僕の冷たい手をあったかい手で包んでくれた母のぬくもりを思い出した。

　学校が終わった夕方、どんなに寒かろうと、毎日のように、僕は友だちと、公園のすべり台やブランコや鉄棒で遊んだり、木登りを楽しんだりした。だからか、僕の手の甲はいつもあかぎれができていて、水で手を洗うとひりひりと痛んだ。

　日が暮れ、夕飯の時間が近くなると、バイバーイと手を振って友だちと別れ、家に帰ると、母はいつも僕の手をとり、「ああ、こんなに手を冷たくしてこの子は」と言い、あかぎれのできた僕の手を見て、「手を洗ったらちゃんと拭かないからよ」

と叱りつつ、僕の手を、自分の手の内側であたためてくれた。

　かさかさになった指先を見て、「ささくれもこんなに作って、親不孝だねえ」と微笑んだ。

「あったかいお湯で手をよく洗って、しっかり拭くのよ」と母は言い、手を洗い終わると、僕の手にハンドクリームを入念に塗ってくれるのだった。

　僕は母に手をあたためてもらったり、ていねいにハンドクリームを塗ってもらうのが好きで、毎日そうしてほしいから、わざと手や指の先のことは構わずに遊びまわった。

「あんた、手をもっといたわって大切にしなさいよ。この手に感謝しないといけないよ……」と母は言い、僕の手を包んだり、さすったりして、いつまでも、いつまでも、あたためるのだった。

　僕は、シープメドウ脇の大きなくすの木の下のベンチに座って足を休め、ぼんやりと空を見上げ、「この空は、きっと日本

にもつながっている……」とつぶやき、母を想った。

　明日から僕は、ジャックの仕事を手伝うことになっていた。あることがきっかけになり、週に三日だけ手伝ってほしいとジャックに言われたのだ。

　仕事を始めることを、母に手紙を書いて知らせよう……。そう思って、もう一度、空を見上げた。手をダウンジャケットのポケットから出し、しげしげと見た。

「手をもっと大切にしなさい。手に感謝しないといけないよ」と、母の声がどこかから聞こえてきた。

A GOLD BOOK

　ジャックに会おうと十二丁目のストランド書店に行った時、店の中でジャックは、一冊の本を脇に抱え、店員と、エレガントな雰囲気の老紳士との三人で口論をしていた。

　僕に気がついたジャックは目配せしたあとに、「やあ、こんばんは。ヤタロウ」と言い、少し大げさに「彼は日本から来ている僕の友だちなんだ。紹介しよう」と言って、店員と老紳士に僕を紹介した。老紳士は、「ようこそ、ニューヨークへ」と柔和な笑顔で言った。

　三人の話を聞いて事情がわかった。ジャックは、ある貴重な本を格安の値段で見つけた。そして、その本を買おうとした時、あまりの安さにレジ係の店員が気づき、値段を確かめると、その本はとんでもなく価値が高い本だとわかった。

　しかし、ジャックは引き下がらず、価値があろうとなかろうと、値段を書いたのは店の責任だから、この値段で売るべきだと主張した。

　揉めているところに、偶然、ジャックのクライアントであるコレクターの老紳士が通りかかり、今度は、その本を自分が正しい値段で買い取ると言い出した。

ジャックとしては、掘り出し物を見つけたのは自分であるから、クライアントとはいえ譲るわけにはいかず、ここに書かれている値段で買う、と言ってきかなかった。

　その本は、ポップアートで知られたアンディ・ウォーホルの『A GOLD BOOK』という、一九五七年に作家本人によって手作りされた作品集だった。金色のペーパーボードに、花や猫や少女などが細い線で描かれた、オフセットリトグラフで、わずか二十二ページながら、表紙カバーが金色に輝く、実に美しい一冊だった。手作りなので、当然、数は少ない。

　僕はジャックの耳元で「いくらで見つけたの？」と聞くと、「八十ドル……」と言った。店員はオーナーに値段を確かめなくてはならないから、この本は一旦預かると言い、コレクターの老紳士は一万ドルなら買おうと言った。

　外出先のオーナーと電話がつながったらしく、あれこれと交渉した末、ジャックは渋々と本を店員に渡し、「決して値段のつけ間違いをしないでほしい」と店員に言い、コレクターの老紳士には、この本を買う権利を自分は得たので、入手したら連絡しますと告げた。「一万ドルで買いますので……」と、老紳士はジャックに何度も伝えていた。

　店を出た僕とジャックは、いつものドーナツ屋に入って、コーヒーを注文した。ジャックはひどく落ち込んで一言も話さなかった。

　「ジャック…。さっきの本だけど、アパートの近くの古本屋で僕は見たよ。値段はいくらかわからないけれど、本棚の上のほうに積んであったよ。金色だから覚えているんだ」

　僕がそう言うと、ジャックは驚いた顔で僕の顔を見て、「え！ほんとかい？　確かにあの本かい？　今すぐ行こう。あの本が本棚にあるはずがないんだ‼」と言った。

　僕とジャックは大急ぎでタクシーを捕まえて、その古本屋へと向かった。

MEN ヒートテック
クルーネックT

最高のインナーであるために

　ヒートテックインナーはユニクロが誇る機能服。お客様からの声を元にプロダクトを見直し、毎年改良を行っています。4種の糸を組み合わせて独自開発した生地は、高いストレッチ性とつっぱりの軽減を実現。

　縫製糸は通常よりもやわらかなタイプを採用し、肌に直接触れる部分の摩擦を軽減させる工夫を行いました。軽量で肌当たりよく、着ていることを忘れるような快適さと、究極の心地よさを目指しました。

着心地はさらなる高みへ

　美容オイルとして支持される希少なモロッコ産アルガンオイルを繊維に練りこんだのは、世界初の試みです。これによって極細繊維の生地はしっとりと滑らかに、保湿効果を備えました。着脱時の不快な静電気も心配ありません。

　ヒートテックの発熱、保温、吸湿速乾の性能はそのままに、暖房の効いた電車や部屋などで汗をかいた後も、ムレを軽減して汗冷えしにくいドライ機能をプラス。普段着から仕事着まで、冬の素肌にいつでも寄り添うLifeWearです。

明日着る服が決まっているのは、ほんとうに嬉しい。

明日も着る服

　朝は五時に起きる。

　カーテンを開けて、シーツのシワを直し、ベッドを整える。起きたばかりだから、頭はまだ、ぼんやりとしている。

　整然ときれいになったベッドを見ると、ふともう一度横になりたい気持ちが浮かぶけれど、そうしたことは一度もない。

　寝間着を脱いで、熱いシャワーを浴び、顔を剃る。歯磨きをして、鏡に映った自分の顔をしげしげと見る。顔にはその日の調子がよく表れる。いわば健康チェック。

　服を着ると、心のどこかのスイッチがカチッと入って、今日という一日がはじまる。窓を開けて、朝の空気を胸いっぱいに吸い込む。空を仰いで背伸びをする。さあ、今日を始めよう、と気合を入れる。

　小さい頃のことだ。「明日の用意をちゃんとしてから寝なさい」と母に言われて、僕は育った。明日の用意とは何か。それは明日着る服のこと。

　だから、毎日、明日着る、シャツとパンツ、ニットなどを選び、きれいに畳んで、枕元に置いてから寝るのが習慣だった。

　母の言うとおりにすると、あわただしい朝の時間に、その日に着る服に悩むことなく、すぐに着替えができて、とてもよかった。おかげで、一日をすっと始めることができた。しかも、不思議なことに、枕元に服を置いて寝ると、安心するのか、よ

く眠ることができた。

その習慣は今でも身についている。枕元ではないが、明日着る服はすでに決まっていて、きれいに畳まれて、クローゼットに置いてある。

僕には、気に入って、これと決めた服を毎日のように着てしまうおかしなクセがある。いや、着てしまうというよりも、一度、気に入ると、毎日着たいがために、同じ服を何枚も買って、そればかりを着るようになる。

もっと言うと、気に入った服とその組み合わせが見つかったら、まるで決められたユニフォームのように、ずっと着続けられるのが、とても嬉しい。

こうすることによって、明日どうしよう、明日何を着よう、と選んだり、悩まなくてよいのは本当に楽なのだ。

今は、こんな服の組み合わせを、毎日、着続けている。

ブルーストライプのボタンダウンシャツ。それに、ネイビーのクルーネックセーター。リジッドのジーンズ。すべてユニクロである。

この三つの服が、明日の身支度として、毎日クローゼットに置かれている。

おしゃれには、いろいろな服を着るという楽しさがあるけれど、本当に気に入った服を、そればかり毎日着続けるという嬉

しさもある。最近しみじみとそう思っている。

　今までいろいろな服を着てきた中で、そんな服と、その組み合わせが、今、なぜそんなに好きなのか。

　少し書いてみようと思う。

LifeWearとは

　シャツは、毎週日曜に一週間分アイロンをかける。

　持論であるが、シャツの良し悪しは、アイロンがかけやすいかどうか。アイロンをかけた時の仕上がりがどうかで大体が判断できる。

　アイロンをかけていると、生地の質感と同時に、シワの伸び方やカットの妙、普段気がつかないシャツの細かな仕様やディテールが、否が応でも目に入る。

　エクストラファインコットンシャツは、アイロンがけが実に楽しいシャツである。さっとかけただけで、びっくりするくらいピシッと伸びる生地で、使っている糸のきらっとした輝きと、そのステッチの美しさ、気づかいされた細かな仕様など、アイロンをかければかけるほどに感動の発見がある。

　シャツのチェックポイントにボタンつけのクオリティがある。着ていくうちにボタンの糸がほつれるシャツが多々ある中で、これでもかと丈夫にボタンがつけられている。こういうこだわりも好きだ。

　とにかく、シャツが好きな人が作ったシャツだとよくわかるのだ。そんなふうに、そのもののところどころに、作り手の愛情と気づかいをいちいち感じるから、毎日のように着たくなるのだろう。きっと。

　白いシャツも好きだが、僕の定番は、ブルーのストライプのボタンダウンシャツだ。ストライプの幅は太くもなく、細くもないくらいが上品でいい。

ボタンダウンシャツの上に、ネイビーのメリノウールセーターを着る。ブルーのストライプとネイビーという組み合わせが、ひとつも飽きることなく僕は本当に好きなのだ。

　メリノウールセーターはクルーネックを選ぶ。メリノウールの素晴らしさは、語らずともわかるので、あえて書かないが、着はじめて一カ月くらい経った頃の、なんとも言えない馴染み具合に驚いた。今まで質の良さに満足して着ていたメリノウールよりも上を行っている。

　ボトムにはデニムを選ぶ。レギュラーフィットで、色の濃いリジットデニムをロールアップして穿く。

　僕は昔、いわゆるヴィンテージデニムに深く傾倒したことがある。今でも好きであることは変わらない。だから断言する。このユニクロのデニムはいい。このまま穿いていたら、どこがどんなふうに色落ちしていくのだろう。それが楽しみだ、と。

　こんなふうに、好きで選んだボタンダウンシャツもメリノウールセーターもデニムも、毎日のように着続けると、必ず「あっ」と何かがわかる瞬間がある。

　それは、服が自分の身体の一部のように馴染む心地よさであったり、先に書いた、作り手の愛情と気づかいを感じることであったりと、これまで体験したことのない、服と自分の新しい関係性（ストーリー）の発見だ。

　そう考えるのは、もしかしたら僕一人かもしれないが、それこそがLifeWearのエッセンシャルであり、『「着るもののきほん100」LifeWear Story 100』で僕が表現したいと思っていることだ。

　今日も僕は、ブルーのストライプのボタンダウンシャツと、ネイビーのメリノウールセーターとデニムを着て、仕事を楽しみ、心地よく暮らしている。

　明日着る服が決まっているのは、ほんとうに嬉しい。そして元気が出る。

特別編 1

大好きな組み合わせ

　ネイビーにブルーストライプという組み合わせが大好きで、ニットの襟元や袖口から、ちらりと見えるストライプのシャツ生地に惚れぼれする。

同じものを揃える

　毎日着たいから、お気に入りのボタンダウンシャツは五枚揃えている。毎週日曜日の午後に、一週間分のアイロンをかけるのが楽しみ。

デニムのマイルール

　デニムはいつもワンサイズ上を選び、サイズの合ったベルトをつける。腰の位置は決して下げない。だからこそ裾を短めにロールアップして、カジュアルだけど、きちんとした身だしなみを心がける。

バランスは大切

　デニムのゆったりした腰まわりに合わせるメリノウールセーターは、あえてジャストサイズを選ぶ。トップスとゆったりボトムスのバランス感が心地良いから。

動きやすいから

　エクストラファインコットンシャツの肌ざわりが好きだから、あえて素肌に着る。その上にメリノウールセーターを着ると、ぴたっと身体にフィットし、きちんと見えるにもかかわらず、動きやすいのが嬉しい。

袖にはこだわる

　シャツもニットも袖の長さに、いつも気を使っている。一番のおしゃれは、サイズの合った服を着ることだと思っているからだ。特に、ちょうど良い袖の長さは、手を使う仕事を邪魔しない良さがある。

デニムには白ソックス

　ロールアップのバリエーションが楽しめるから、デニムの裾丈は、穿いた時に2ロールできる長さで調整する。ボリュームのあるウイングチップには、白のスポーツソックスを合わせるのが好き。

021

店主は「二十ドルでいいよ」と言った。

本はどこに？

　僕とジャックは、タクシーに乗って、ブロードウェイを北上し、七十四丁目へと向かった。

「ウォーホルの『A GOLD BOOK』は、希少本の中でも特別な一冊。僕は人生で二度しか手にしていないんだ。そんな一冊が、ストランドの子ども絵本の棚の隅に、目立たぬように棚差しされていたんだ。おそらく何も知らない店員が、年代だけを見て、適当に値段をつけて、薄い本だから絵本と思って置いたんだろう。古書の世界にはこういうことがよくある。それと出くわすのは運しかない。一分後には、もう誰かに買われてしまっているかもしれないからね。もちろん、その本の存在を知っていることが大事だけど、毎日、本屋の見回りをしていても、出会わない人もいるし、出会う人もいる。持っている運の違いさ」

　タクシーの中でジャックはこう話して、「君は運が良さそうだな」と言った。

　僕らは、ブロードウェイ沿いにあった、小さな古書店の前でタクシーを降りた。

「ここか！　昔、毎日のように通った本屋だよ」とジャックは言った。

　この古書店は、アパートから数分の場所にあり、ニューヨークに来て、僕が最初に入った古書店でもあった。二階が希少本

のコーナーになっていて、挿絵付きの初版本などが充実していた。つい先日、訪れた時、『A GOLD BOOK』は、その二階の棚の上に、価値のなさそうな本と一緒に重ねて置いてあった。

　ジャックは店に入ると、店主とスタッフに挨拶をした。「久しぶりだな、ジャック」、「ああ、近くを通りかかったんだ」。

「上か？　下か？」とジャックは小さな声で僕に聞いた。「上。奥の棚の上」と僕は答えた。

　ジャックと僕は階段を上り、二階へ向かった。「どこだ？」とジャックが聞くので、僕が見つけた場所を指差すと、そこにあったはずの、雑多に積み重なっていた本がきれいに無くなっていた。

「遅かったか……」とジャックはつぶやいた。「確かにここにあったはずなんだ……」と、僕は言い、あたりを見回すと、棚の上に置かれていた本が、あたかも捨てられたかのように床の上に置かれ、さらに雑多な本が重ねて置かれていた。

「ここだ！」と僕は声を上げ、土を掘るようにして、床に積まれた本をどかして、この目で確かに見た、金色の表紙の薄い本を探した。

　すると、積み上げられた本の一番下に『A GOLD BOOK』はあった。「ジャック、あったよ！」僕はジャックにその本を手渡した。

　ジャックは一言も言わずに、びっくりした顔をし、僕から本を受け取り、その金色の本の表紙や中身をしげしげと見て、「こんなことってあるのか……」とつぶやいた。

「たしかに『A GOLD BOOK』だ。すごいな……。程度が抜群にいい。しかも、ウォーホルの筆記による献名が書かれている……」

「信じられない……」そう言って、息を呑んだジャックの手が震えていた。

友だちのような

「ここを見てごらん」と、ジャックは本のページを開いて僕に見せた。

そこにはウォーホル自身の署名があり、その上に「親愛なる」と書かれていて、「Alexey Brodovitch」と献名があった。

一九五七年に自費出版された『A GOLD BOOK』は、ウォーホルのイラストレーター時代のもの。ウォーホルは、当時「ハーパーズバザー」からイラストの注文を定期的に受けていた。

五〇年代の「ハーパーズバザー」は、そのアーティスティックなファッション表現と、グラフィカルなエディトリアルデザインで、抜群のクリエーティブを発揮したファッションマガジンとして名を高めていたが、その立役者が、敏腕アートディレクターのアレクセイ・ブロドヴィッチだった。

当時の若かりしウォーホルからすると、ブロドヴィッチは雲の上の存在。この献名からすると、ウォーホルは、自分の作品を知ってもらいたい一心でブロドヴィッチに献本したことが見受けられる。

この一冊には、そんな貴重な事実がしっかりと残されていた。それだけで、この『A GOLD BOOK』の価値は何倍にもなる。ジャックの手が震えるのは当然だった。

「すごい本を見つけたな……」とジャックは言った。そして「さて、どうやってこの本を手にいれようか…」と唇を噛んだ。

「確かにこの店はアートブックには詳しくない。だから、見落としもあるだろう。どこにも値段が書いていないのは、まだ整理してない証拠。だから、きっと店主は気づいていないんだ」とジャックは言った。

「二階の未整理の本は最近買い取ったものかい？」ジャックは本を手に持って、店主に話しかけた。

「ああ、近所のダコタハウスに住む老婦人から引取りに来てくれって言われたので、先日、引き取ったものだ。何か欲しいものでもあったかい？」と店主は答えた。

「これが混ざってたよ」と言って、ジャックは店主に『A GOLD BOOK』を手渡した。

　すると店主は「二十ドルでいいよ」と言った。僕とジャックは目を見合わせた。

「それより、君の穿いているデニムはいいな。ヴィンテージかい？　いい色落ちをしてるな」と言って、店主は僕に話しかけてきた。

「いいえ、ヴィンテージではありません。でも、ずっと穿き続けているから、友だちのようなものです」と僕は答えた。

「デニムは、君の言うように友だちみたいなものだね。私もデニムが好きだから、人の穿いているデニムをどうしても見てしまうんだ。友だちを大事にするように、そのデニムも大事にしてやってくれ」と店主は言った。

　ジャックは店主の肩を抱いてこう言った。「この本はべらぼうに価値がある。そんな値段で買うわけにはいかないよ」

「私には、知っている本もあれば、知らない本もある。それは君も一緒だろう。その本は知らない。ただそれだけのことさ。その本がどんなに価値があろうと、私は二十ドルで売ると言ったんだ。損はしない」と店主は言った。

「ヤタロウ。君が見つけた本だ。この本は君が買うといい…」ジャックはこう言った。

「君がこの店に何度も来たことは知っているよ。これも何かの縁だ。本屋と客というのは親しくなるための機会が必ずあるものなんだ。今日はきっとそういう日じゃないかな」と、店主はそう言って僕にウインクした。

　僕はデニムの前ポケットに手を入れた。そこには丁度二十ドル札一枚と、小銭が入っていた。

MEN スリムフィットジーンズ

ロサンゼルス産デニム

　2016年秋、ユニクロは最先端の設備で最高のジーンズを研究開発する拠点として「ジーンズイノベーションセンター」を、カリフォルニア州ロサンゼルスに設立しました。あらゆるジーンズ文化と最新のトレンドが集まる"ジーンズの聖地"と呼ばれる場所です。

　世界中からジーンズのスペシャリストが集い、生地の開発から染め、さらにはフィットやデザイン、そして加工までを一貫して行い、理想のジーンズへの挑戦を続けています。

革新とヴィンテージのハイブリッド

　世界屈指のデニム生地製造メーカー「カイハラ社」とともに糸の段階から開発。頑丈なデニムらしい表情ながらもやわらかな風合いとストレッチ機能をあわせ持つオリジナル生地を採用しています。さらに本物のヴィンテージデニムから着想を得たユーズド加工は、何度も洗いの研究を重ねて完成した自信作。

　ボタン形状やリベットの刻印、ステッチワーク、ヒップポケットの位置調整で脚長効果を出すなど現代的なフィットやデザインを融合。クローゼットに欠かせない存在だからこそ徹底的に追求した1本です。

022

とにかく熟知。
熟知に勝るものはないんだ。

友情の証

　僕は二十ドルで、アンディ・ウォーホルの希少な『A GOLD
BOOK』を手にいれた。

　後から聞いたのだが、この本を手離した、ダコタハウスに暮
らす老婦人は、アートディレクターだったブロドヴィッチの恋
人だった人で、その当時、ブロドヴィッチ本人から本をもらっ
たらしい。

「この前、引き取った本の中に、ウォーホルの珍しい本があり
ましたよ」と、古書店の店主が伝えると、その記憶を思い出し
たそうだが、「好きな方の手に渡ればいいですね」と答えたと
いう。

「君はこの本を売ってもいいし、持っていてもいい。自由にす
ればいいよ。売りたくなったら声をかけてくれ。僕の顧客を紹
介する。そして、よかったら、これから僕の仕事を手伝ってく
れないかい。君は本に詳しいし、本を見つける目と、本を引き
寄せる運が良さそうだから」とジャックは言った。

　僕は喜んでジャックの申し出を受け入れた。

　今回のような出来事は、宝探しのようで、とってもスリリン
グだったし、何よりジャックと仕事ができるのが嬉しかった。

　その日の夜、ジャックは僕が借りている部屋の、自分が残し
ていった服と、大量の本をクローゼットから出して、整理をし
てもいいかと言った。もちろん、いいよ、と僕は答えた。

「懐かしいなあ。この部屋で彼女と暮らしていたんだ」とジャックは言った。そして、クローゼットから自分の服を取り出し、「今の僕には、いるものが少ないから、よかったらもらってくれないかい?」と言い、自分が着る服だけを除けていった。

「あとはすべて君にあげるよ。いらなかったら捨ててもいいし、どうにでもしてくれ」とジャックは言った。

　見ると、ジャックは、オックスフォードのボタンダウンシャツだけを選んでいた。

「ボタンダウンシャツが好きなの?」と聞くと、「ああ、そうなんだ。僕はトラッドな服が好きなんだけど、学生時代のお金の無い時に、がんばって最初に揃えたのが、オックスフォードのボタンダウンシャツなんだ。洗いたてのオックスフォードは、ごわっとしていて、素肌に着ると気持ちがいいんだ。これをさ、チノパンやデニムの上に合わせて、ボタンを二つくらい外して、ラフに着るのが好きで、一年中、そんな着こなしをしていたな」

　白、ブルー、ピンクやイエロー、ストライプなど、七、八枚のオックスフォードのボタンダウンシャツをジャックは懐かしそうに畳んで自分のバッグにしまっていった。

「もしよかったら、これ、もらってくれないかい?」と言って、ジャックは、真っ白なオックスフォードのボタンダウンシャツを僕に手渡した。

「このシャツは、かなり前に、友情の証として、歳上の友人からもらったシャツなんだ。だから次に君にあげたいんだ」とジャックは照れくさそうに言った。

　僕は飛び上がるくらいに嬉しかった。「ありがとう。大切に着るよ」と言って、僕はシャツを受け取った。

「ボロボロだけどね。まあ、いいシャツだよ」と、ジャックは笑いながら言い、照れを隠した。

熟知する

　僕はジャックに、本を探す仕事には、何が必要なのかと聞いた。

　すると、ジャックは「かんたんだよ！」と言い、「あ、でも、かんたんだけど、なかなかむつかしい」と答えた。

　ジャックは部屋の隅にあった椅子を持ってきて、そこに座り、僕にも椅子に座るのをすすめて話しはじめた。

「そうだね。とにかく熟知することかな。まず、マンハッタン中の古書店を熟知すること。これが基本。それぞれの古書店が、何を専門にしているか、そこにはどんな客がいるのか。店にある一番希少な本は何か。儲かっているのか、儲かっていないのかなど。そして、君自身が専門とするジャンルの、本の歴史に熟知し、希少本の数々、それらの市場価格、それぞれの本を手にとって、なぜ価値が高いのかを知り尽くすこと。大切なのはこれだけ。今、僕が言ったようなことを徹底的に学んで、誰よりも詳しくなることだね。そうすれば、君もすぐにプロのブックハンターになれる」とジャックは言った。

「とにかく熟知。熟知に勝るものはないんだ」とジャックは話し続けた。

　そこで熟知した様々なことを、常にアップデートしていくこ

とも大切で、とにかく必要な新しい情報をどれだけたくさん集められるのか、どうやって自然と自分に新しい情報が集まるような人間関係と仕組みを作っていくのかが重要になる。そのためには、毎日のようにマンハッタン中の古書店を歩きまわって、人と触れあい、たくさんの本棚を見尽くすことだと、ジャックは言った。

「とにかく一番詳しい人になればいい。そうすれば、みんな君を頼りにする。顧客もすぐに君の噂を聞きつけて、自分のリストを渡してくるし、古書店も情報を流すようになる」と。

　自分がこれと決めたジャンルなり対象について、とにかく熟知し、一番詳しくなれば、自分の顧客を喜ばせるために、何をどうしたらいいのかがよくわかる、とジャックは話してくれた。

「あとは、一番詳しくなったら、矛盾しているようだけど、自分よりも、さらに詳しい人を探すのさ。不思議なもので、一番詳しくなると、必ず自分よりも詳しい人がいるってことに気づくんだ。上には上がいるってことだね。そして、その自分よりも詳しい人に会って、自分に足りないこと、次に学ぶべきことは何かを教えてもらうんだ。もしくは、それを感じ取るんだ」

「週に三回ほど、僕と一緒に古書店をまわろう。何をどんなふうに見て、何を集めていくのか、少しずつ教えていくよ」とジャックは言った。

「ジャック、ありがとう。ところで、『A GOLD BOOK』だけど、僕よりも欲しい人に売ろうと思うんだ」と僕は言った。

　すると、「やっぱり君は素質があるな。いくらで売るのかは君の自由さ。ブックハンターである僕らがしてはいけないことは、本を所有すること。僕らの目的は、自分を喜ばせるためではなく、あくまでも顧客を喜ばせることだからね」

　ジャックは「これからよろしく」と言って、笑みを浮かべて僕の手を握った。僕もジャックの手を握り返した。

MEN オックスフォードシャツ

ユニクロの大定番

　デニムやチノはもちろん、きれい目パンツとの合わせでビジネスやトラッドな着こなしにも対応できる。ユニクロのオックスフォードシャツはLifeWearを体現する存在と言っても過言ではない万能アイテムです。その秘密は糸にあります。

　高級綿糸として知られるコーマ糸を用いてオックスフォード生地に仕上げることで、オックスフォード特有のしっかりとした素材感に、コーマ糸が持つやわらかな肌ざわりと美しい光沢が同居。カジュアルな中に上品さが宿りました。

細部へのこだわり

　アームホールは動きやすさを考慮し身頃はすっきりと、生地のドレープがきれいに見えるシルエットを探しました。時代のトレンドを見据えながら微調整を繰り返し、パターン設計を行っています。

　襟は伝統的なボタンダウンカラーに、袖裏の剣ボロは太め、背中のボックスプリーツにはハンガーループを付属。随所にクラシックシャツの仕様を取り入れました。洗いざらしを自然体で、少しプレスをかけて品良く、どちらのスタイルにも違和感なくフィットするデザインに仕上げています。

023

ニューヨークには古書店が
いくつあるか知っているかい？

誰に、いくらで売るか

　二十ドルで手に入れた、アンディ・ウォーホルの『A GOLD BOOK』を売却することにした理由はふたつあった。

　ひとつは、この本を心から欲しいと思っている人がいるなら、その人の元に置かれることが、本にとって一番いいと思ったこと。

　もうひとつは、誰も信じないような値段で買うことができたのは、これから学ぼうとしている本探しの仕事をはじめるチャンスだと思ったこと。

「誰に、いくらで売るんだい？」と、ジャックは僕に聞いた。

　売りたいものを持っていても、それを誰に売ったらよいのか、僕にはわからなかった。そこで思い出したのは、ジャックが教えてくれた「熟知」という言葉だった。

「まずは、ニューヨークでアートブックを収集しているコレクターを徹底的に調べて、その中で『A GOLD BOOK』を、最も探している人を見つけようと思う」と僕は答えた。

「そうだ。客のことを熟知すること。それが最初の一歩だね」とジャックは言った。

　僕は、週三日のジャックの本探し以外の日で、アートブックコレクターについての徹底したリサーチを始めることにした。

　とはいっても、アートブックは、ジャックの仕事の範疇でもあったので、そこで知り得ることも多かった。

ジャックは、コレクターの顔をした、ブローカーにだけは売ってはいけない、と言った。彼らは自分で本を探すことなく、苦労せずに右から左に本を売りさばき、その利ざやだけを目的にしているからだ。

　もちろん、それでビジネスが成り立つなら良いとするブックハンターもいるけれど、大事なのは、真のコレクターとの取引だと、ジャックは教えてくれた。

「いいかい、ブローカーの後ろには誰一人いない。しかし、真のコレクターの後ろには最低でも十人のコレクターがいる。いや、もっといるだろう。だから、真のコレクターと良い取引をすることで、自分の実力が自然とコレクターの輪に広まっていくんだ」

「僕は本の話をしたいからね。ブローカーはお金の話しかしないんだ。だから、いくら儲かるといっても、僕はブローカーから距離感を持って仕事をしている」とジャックは言った。

　それには僕も同感した。

　そんなある日、僕は「ストランド書店」のビルの階上にある、希少本専門とする売り場を訪れた。そこは、古本ではなく、十九世紀の美しい挿絵本といった、いわゆる価値の高い古書が整然と並び、部屋の雰囲気も、本屋というよりも、ギャラリーのようだった。

　すると、どこかで聞いたことのある声が聞こえてきた。そちらの方を振り向くと、そこには『A GOLD BOOK』のいざこざの際にいたジャックの顧客の老紳士の姿があった。

赤色のセーター

「こんにちは。お元気ですか？」と僕は老紳士に声をかけた。

　老紳士は僕のことを忘れていたようで、「どこでお会いしましたか？」とていねいに答えてくれた。

　あの時の経緯を話すと「ああ、あの時の日本の方でしたか。
失礼しました」と老紳士は握手を求めて、挨拶をしてくれた。
「ひとつ教えていただいてもいいでしょうか？　僕はこれから
ジャックからブックハンターの仕事を教えてもらおうと思って
いるのですが、アートブックのコレクターの方々はどの古書店
に一番いるんですか？　コレクターのことを学びたいんです」
と僕は聞いた。
「ニューヨークには古書店がいくつあるか知っているかい？
おそらく二百以上はあるだろう。しかし、その中で路面店は半
分くらい。残りの古書店は、路面店ではなく、ビルの一室で予
約制の古書店として存在しているんだ。多くのコレクターは、
そういった予約制の古書店に出入りしているもんだよ」と老紳
士は言った。
　親切な老紳士の顔を見ていたら、あの後、『A GOLD

BOOK』を手に入れた話を思わずしたくなったが、僕は我慢をした。老紳士はジャックの顧客であるからだ。

　ニューヨークにはたくさんの古書店がある。しかし、ビルの一室で、ひっそりとコレクター相手に商売をしている古書店もたくさんあることを僕ははじめて知った。

「アートブックならここに行けばいい」と老紳士は、バッグの中からメモ帳を出し、店の名前と電話番号を書いて僕に渡してくれた。

「私の紹介だと言えば、きっといろいろと教えてくれるだろう」と老紳士は言った。

　その日の老紳士は、真っ白のボタンダウンシャツの上に、赤色のVネックセーターを着こなしていた。

「赤いセーターがお似合いですね」と僕が言うと、「これは娘にプレゼントされたんです。この歳で赤はちょっとどうだろうと思い、自分ではなかなか選ばない色ですが、着ていると必ず人に褒められるので、男でも赤のセーターはいいものだと思っているんです」と老紳士は照れくさそうに言った。

　老紳士は自分の名刺を僕に渡して、「何かあったらいつでも連絡をください。私が何者かはジャックから聞くといい」と言った。

　僕はふと、来月に控えた父の誕生日に、赤いセーターをプレゼントしようと思い立った。

　別れ際に、「今日は何か、本を買ったのですか？」と聞くと、老紳士はバッグの中から一冊の本を取り出し、僕に見せてくれた。タイトルには『Please Plant This Book』とあった。

「かわいらしい本でしょう。リチャード・ブローティガンを知ってますか？　この本は、彼の詩集なんです」と老紳士は言った。

　表紙には、小さな女の子の写真が印刷されていた。

「私の娘の小さな頃に似ているんです」と老紳士は言った。

MEN ウォッシャブルVネックセーター

お客様の声を聞くこと

　素材をスーピマコットンに変更しました。これまで採用していたコットンカシミヤは、風合いは良いものの「毛抜け」の問題がある。これはシャツを着る機会の多い男性のお客様からいただいた声でした。

　何度も試行錯誤を繰り返し、表地糸に希少なスーピマコットンを、裏地にナイロン糸を使用した新たな生地を開発。毛抜けは大幅に軽減され、滑らかな風合いを持ちながら毛玉ができにくく、かつ洗濯機でも洗えるセーターが完成しました。

こだわりのフォルム

　繊維が長いスーピマコットンはしっとりとしたドレープとやさしい肌ざわりが特徴。裏地にナイロンを這わせることで型くずれしにくく、永くご愛用いただけます。ベストなバランスを探したVネックの深みはTシャツでもシャツでも楽しめる日々の味方。

　袖付けと肩まわりの構造は腕の可動域に沿った設計、ボディラインに馴染むデザインに。袖と裾のリブはボディの付け根から段階的に編みのテンションを変え、ストレスにならない自然なフィットに仕上げています。

024

優先順位とは、
何かを捨てるということ。

優先順位をつける

　何か自分が一歩踏み出そうとする時、僕はいつも、サンフランシスコからニューヨークへ向かう飛行機の機内で出会った、日本人の紳士との会話を思い出す。

「成功するにはどうしたらいいのでしょうか？」

　とてもすてきな大人の男性として見えたその人に、その時、これからどうしたらよいかわからない気持ちでいっぱいだった僕は、失礼を承知で、思いつくままにあれこれと聞いたのだった。

「成功の定義は人それぞれでしょう。私が思うに、成功というよりも、何かをやり遂げるという言葉のほうがしっくりくるのではないかな。とはいえ、やり遂げるというのは容易ではなく、実際はやり遂げることはないんだ。やり遂げようという気持ちで、やり続けるというのが本当の価値ではないかな。やり続ける途中で、何かしらの成果が出るだろう。では、その成果が成功を意味するのかというと、そうではないと私は思う。まあ、終わらずに、やり続けていく、やり続けられる状態を保ちながら、スケールさせていくというのが成功に代わる言葉ではないかな」

　僕はその人の話す言葉をひとつひとつメモをとって、できるだけ正確に理解しようと努めた。

「けれども、君の質問はとてもおもしろいね。その質問をいろ

いろな人にしてみるといいよ。そして、自分も仕事なり生活なりをしながら経験を積み、どの人の言葉が最も共感できるか。そうやって、自分もこのことについて考えてみて、君なりの答えを見つけるといい」

　その人はこんなふうに僕にていねいに説明してくれた。

「これも何かの縁だろうから、僕が今、とても大切なことだと思って、自分自身が学ぶように考えていることがあるから、それを君に話そう」

　その人はそう言って、自分のバッグからノートを取り出し、ノートの余白にペンで「優先順位」と書いた。

「何をするにも、何か起きた時でも、どんな時でも、いつも考えるべきことは優先順位なんだ。いつも正しい優先順位をつけられるのかどうか。今、何をするべきなのか、もしくは、今、何を学ぶべきなのか、今、何を知るべきなのか、今、誰と会うべきなのか。今、どこにいくべきなのか、などなど。やりたいこと、やるべきことというのは、たくさんあるけれど、そのリストアップをして、正しい優先順位をつけられるのかどうか。これはすべての基本ではないかなと私は思う」

「リストアップと優先順位ですか……」

「ああ、そうだ。今、この瞬間も、君は何をするべきなのか。その優先順位づけは無意識にしているはずなんだ。機内で眠って、身体を休めるのか。本を読んで何かを学ぶのか。明日の予定を考えるのか、などね」

　その人は、紙コップに入ったコーヒーを一口飲んで、「その優先順位によって、人の人生は左右されるんじゃないかな……」と言った。

軽快なダウン

「優先順位をつけるって簡単そうでむつかしいんだ。とにかく

まずは、自分がするべきこと、大切にしたいこと、学びたいことなど、どんなことでも書き出すことだよね。そのリストアップをして、順番をよく考える。しかしだ、大事なのは、その順番は常に変わるってことなんだ。いや、その順番を常に疑わなくてはいけないってこと。当然ながら、状況は変化するからね」
　「そして、肝に銘じるべきことは、優先順位をつけることは、何かを捨てるということでもある。それができるかどうか。なかなかむつかしいよね」
　「何をやって、何をやらないのか。それをしっかり考えることですね」と僕は言った。
　「そうだ。だから、優先順位は、いつも変化するべきものなんだ。固定するべきじゃないってことさ。常に疑い、常に更新するべきこと。すなわち、今、その瞬間に、何を最優先にするべきなのかを、リストの順位の中から、瞬時に選び取って的確に判断するということだね」
　「そう、やるべきことは、瞬間瞬間で変わるんだ……」その人はそう言いながら、自分で納得するように、うんうんとうなずいて目をつむった。
　「君と話ができてよかったよ。私もいろいろと考えの整理ができて、それこそ優先順位の入れ替えができたよ」とその人は言って、話しながらメモをとっていたノートを閉じた。
　そんな出来事を思い出しながら、これから自分がブックハンターとして、学ぶべきこと、するべきこと、知るべきことなどを思いつくままに、白い紙を埋めるように書き綴った。
　「一日に一人、一年で三百六十五人。希少本コレクターと知り合うこと」
　僕は優先順位のトップにこう書いた。希少本コレクターが三百六十五人いるかどうかわからないが、とにかく一日に一人と出会うことを自分の課題にした。

ブックハンターとして必要な学びは「コレクターがすべてを教えてくれるよ。とにかく、客を知れ」と、あの老紳士が教えてくれたからだ。

　僕は老紳士が教えてくれたアップタウンイーストにある古書店に電話をしてアポイントをとった。そこはビルの一室にあった。

　書いてくれた住所を頼りにその古書店に行き、入り口の呼び鈴を押すと僕を待っていたかのようにドアが開いた。二十畳ほどの部屋には、本がいくつもの山になって積み上げられていて、その隙間に置かれた椅子には、客らしき人たちが座って本を広げたり、話をしていた。

　「いらっしゃいませ」という声がした。声の主を探すと、目の前に子どものように背の低い女性が立っていて、僕はぎょっとした。

　「この部屋は本のために暖房をつけていないので寒いですよ。よかったらこれを着てください」そう言って女性は、僕にふわっとしたダウンの羽織ものを手渡した。

　「探しているものがあれば声をかけてください。どうぞごゆっくり」女性はそう言って、本の山に消えていった。

　たしかに店の中は妙に冷えていて寒かった。とはいえ、息が白くなるほどでもなく、女性が貸してくれた薄いダウンがちょうど良かった。あとから知ったのだが、それはジャケットの下に着るインナーダウンというものだった。試しに袖を通すと、見た目のわりにあたたかくて、動きやすくて、「これいいな」と僕を驚かせた。

MEN ウルトラライトダウン
コンパクトジャケット

究極のインナーダウン

　腰まわりのつくりを見直し細身でスッキリとしたシルエットに、かつ動きやすさを考慮しパターンを再設計。フロントやポケットは、ステッチが表からは見えない縫製仕様「裏コバ」を用いることでより洗練されたデザインへ。

　左脇内側にはループを取り付け、収納袋を吊り下げられる仕様に。昼夜の寒暖差がある時、アウトドアに、旅先に。いつでも着られて小さく収納。インナーダウンとしての性能を追求しました。

もっと軽く、もっとあたたかく

　極細のナイロン糸で生地を編み、独自の技術でダウンを包む構造を開発。さらに薄くて軽いプレミアムダウンを使用することで驚異的な軽さとあたたかさと薄さを実現しました。重さに関してはオレンジ1個分を下回るほど。

　水に濡れると生じる保温力の低下や乾きづらさが弱点だったダウンの特性も、表地に耐久撥水加工を施すことで解消。多少の雨風も平気です。厳冬期はジャケットやコートの下に、春や秋の立ち上がりはカーディガンのように。目指したのは心強い相棒のような存在。

025

どんなことでも、まずは自分で考える。

はじめての客

　僕は、アップタウンイーストのビルの一室にある、希少本専門の古書店を訪れた。そこは冬だというのに、本を傷めるからという理由で暖房をつけず、客は、ブランケットやダウンジャケットを店から借りて暖をとり、お目当ての本を手にし、思い思いに至福の時を味わっていた。

　オーナー兼店主である、小柄な女性は、何かを聞かれない限り、客に話しかけることはなく、デスクの上に山のように積まれた本の品定めを黙々としていた。

　客のほとんどは四十歳から六十歳くらい。皆、身なりがきちんとしている。職業は、医者、弁護士、経営者といった感じだろうか。その中に一人だけ、べっ甲の丸メガネをかけた、いかにもクリエイティブな仕事をしていそうな男性がいた。彼はソファに座って、一冊の写真集をじっくりと見ていた。

　彼はどんな写真集を見ているのだろう。僕は本を探すふりをしながら、彼に近づき、彼が手にしている写真集をさりげなく見ると、タイトルは「Day of Paris」、写真家の名はアンドレ・ケルテスと書いてあった。

　僕の視線に気づいた彼は、僕を見て、にこっと笑って「やあ」という表情を浮かべた。僕も右手を少しだけ上げて、「やあ」という返事をした。隣の椅子が空いていたので、「隣に座ってもいいですか？」と言うと、「もちろん、どうぞ」と彼は

言った。

「今日、初めて来たんです。勝手がわからなくて……」と話しかけると、「この店にルールはないですよ。帰る時に一言『また来るよ』と彼女に言えばいいだけです。黙って帰ると、二度と入れてくれない」と、彼は笑って言った。

「教えてくれてありがとう。今、あなたが見ているその写真集は珍しいのですか？」と僕は聞いた。

「希少本として有名な一冊です。これはアンドレ・ケルテスが、一九四五年に出版した最初の写真集です。彼がフランスからアメリカに移住する時、長年、撮りためてきたパリのスナップの中から、ほんの一部だけを、宝もののようにしてアメリカに持ってきた。それを友人だった、「ハーパーズバザー」のアートディレクターのアレクセイ・ブロドヴィッチに見せると、ブロドヴィッチは、彼が撮ったパリの描写に感動し、写真集のディレクションを名乗り出た。そうやって生まれた一冊なんです。値段は……二千五百ドル」

古き良きパリの魅力をこんなにつぶさに見つめて、まさに街を愛するように切り撮った写真は他にはない、と彼は言った。

僕は再びアレクセイ・ブロドヴィッチという名を耳にして内心驚いた。

「あなたは写真集を集めているんですか？」と聞くと、「私はファッションの仕事をしていて、写真が大好きなんです。長年、希少な写真集とアートブックのコレクションをしています」と彼は答え、「そんなあなたは何を集めているんですか？」と僕に聞いた。

「誰かのために、本を探す仕事をしています。いわば、フリーのブックハンターです。けれども、始めたばかりでまだ何も知りません。今はこうしていろいろな古書店を見て回って学んでいるところなんです」と僕は答えた。

「なるほど。こんなふうに古書店で話しかけてくるのは、大概、

ブックハンターか、ディーラーだったりするけど、皆、素性を隠すんです。けれども、君は正直に自分が何者であるかを話してくれた。ありがとう。私の名はケンです。よろしく。それなら君は私のためにも本を探してくれるのかな？」と彼は言った。

仕事の第一とは

「もちろんです！　あなたが今、探している本を教えていただければ」と僕は答えた。

「私が探しているのは、ブロドヴィッチの写真集『Ballet』です。一九四五年に刊行されたもので、撮影当時一九三〇年代のバレエ芸術は、世界中のアーティストの才能が花開く世界だった。そんなバレエの舞台をブロドヴィッチが撮影し、自分でブックデザインした希少本です。ぜひ探していただきたい」とケンは言った。

「わかりました。見つけたら幾らで買っていただけますか？」と聞くと、「カバーケース付きで七千ドルで買いましょう。現金で支払います。ぜひ探してください。何かあればいつでもここに電話してくださいね」とケンは僕に名刺を渡して、握手を求めた。

　当然ながら、ケンは『Ballet』を、他のブックハンターにも注文しているだろう。「誰よりも早く、安く、コンディションよく、この本を探そう」この瞬間に、僕はニューヨーク中のブックハンターとのレースに参加したような気持ちになった。

「ちなみにこの店に在庫はありません。ウォンツリストがおそらく十人以上連なっているので、入荷してもすぐに売られるので店には並ばないでしょう。私もそのうちの一人ですが」とケンは笑った。

　ということは、『Ballet』は、ニューヨーク中の古書店を探し回っても、よほどの奇跡が起きない限り見つからないという

ことだ。そんな希少本を、百戦錬磨のブックハンターを出し抜いて、どうやって見つけたらいいのだろう。「必ず見つけます！」と豪語しておきながら、僕は頭を抱えてしまった。

　そうか、売っている場所がないのであれば、持っている人を探せばいい。僕はそう思った。

　僕はジャックに電話し、『Ballet』探索を始める経緯を話し、相談をした。

「大事なことは、まずは君が『Ballet』がどんな本なのかを、その目で見て、熟知しなければならない。いいかい、本を探すヒントは、いつだって、その本の中にあるんだ。まずは実物を手にすることからスタートだね」とジャックは言った。

「そんな希少本はどこに行けば手にできるのだろうか？」と言うと、「それは自分で考えるべきだ。人を頼ってはいけない。どんなことでも、まずは自分で考える。

　まずは自分で研究する。そして行動に移す。それの繰り返しだよ。がんばれ」と、ジャックは言って僕を励ました。まずは自分で考える。本を探すヒントは、いつだって本の中にある。僕はまたひとつジャックから大切なことを教えてもらった。ありがとう、ジャック。

「あ、そうだ、アドバイスをもうひとつ。いいかい、七千ドルの本を扱うならば、高級品でなくてもいいので、それなりの身なりをしないと誰にも信用されない。プレスされた清潔なシャツと、きちんとしたパンツを身に着けないと、見た目の印象で損をすることになるから気をつけたほうがいい」とジャックは僕に言った。

　次の日の朝、僕は、洗いたてのシャツにアイロンをていねいにかけた。細身のチノパンに足を入れると、よし、と気合が入った。

　仕事の第一は身だしなみを整えること。これを肝に銘じよう。

　さあ、今日から僕の仕事がはじまる。

MEN スリムフィットノータックチノ

上質と上品さを宿す

　カジュアルの代表として知られるチノ素材ですが、ユニクロのスリムフィットチノは生地を高密度できめ細かに織り、表面に起毛を加えることで上質な質感に仕上げています。また伸長率を20%加えることで抜群の穿きやすさも実現。

　フロント脇ポケットには、スーツなどに用いられるAMFステッチ（手縫い風の縫い目）を用い、さらにポケットに手を入れた後もポケット口が開かないように内側に補強布を当てるなど細部にも上品さを宿しています。

シルエットの追求

　英国に起源を持つトラウザーパンツのパターンを用いることで、膝下から裾にかけて、もたつきのない、すっきりきれいなスリムフィットのシルエットが完成しました。

　ウォッシュ加工にもこだわることで生地にしなやかさが生まれ、パンツを穿いた時の落ち感がより全体のフォルムを引き立たせてくれます。ビジネスシーンの新たなスタンダードとして、清潔感のあるカジュアルスタイルのベースとして、オンにもオフにも活躍してくれる万能パンツです。

026

Tシャツが似合う
男になれってことかもな。

手がかりの発見

「一九四五年に刊行された、アレクセイ・ブロドヴィッチの写真集『Ballet』のカバーケース付きを探してほしい」

　僕は生まれて初めて、ケンという名のコレクターから、本探しの依頼を受けた。しかし、僕はその写真集をこれまで見たことがなかった。七千ドルもする希少な一冊をはたして見つけることができるのだろうか。

「まずは、その写真集を、隅々までじっくりと見ること。そうすれば、探し出すためのヒントが必ずある」

　ジャックはこんなふうにアドバイスをしてくれた。そして、古い写真集は、ICP（国際写真センター）ライブラリーに行けば見ることができると教えてくれた。

　ICPライブラリーは、四十二丁目のブライアントパークの目の前にあった。ニューヨーク公共図書館のすぐ近くだ。

　ICPライブラリーは、新旧問わず、写真に関する書籍を膨大にコレクションしていて、誰でも閲覧できるので、それからの僕にとっては、いつでも写真と写真集が学べる、ありがたい場所となった。

　『Ballet』は一体どんな写真集なんだろう。

　ライブラリーの司書に、探している本を告げると、しばらく待たされた後、写真集を書庫から持ってきて、「とても貴重な本ですので、くれぐれも扱いをていねいにお願いします」と言

われた。「こちらでご覧になってください」と、このような貴重な本を見るためのデスクに座らせられた。

『Ballet』は、小さくて薄い写真集だった。レイアウトは余白が多用され、収録された百四枚の写真は、いわゆる華麗なバレエ芸術を捉えたものというより、ページをめくるたびに、リアリティが溢れる、バレエの舞台現場のドキュメンタリームービーを見ているような、躍動感に満ちた素晴らしいものだった。

内容は、当時、舞台画家として活躍したセルゲイ・ディアギレフが創設した「Ballet Russes」が、ボストンとフィラデルフィアで行った公演をブロドヴィッチが撮影したものだ。

僕はノートを横に置き、『Ballet』をくまなく見て、そのクオリティ、デザイン手法、描写表現、手がかりになりそうな記述など、感じたり、気になったものすべてをメモに残した。気がつくと二時間あまりが過ぎていた。

ひとつ気づいたのは、著者名にEdwin Denbyというブロドヴィッチ以外の名前があったことだ。どうやら写真集内の文章を書いた人のようだ。

僕は近くにいた司書の男性に「この人をご存じですか？」と聞くと「うーん、ちょっとわからないなあ。調べますので、ちょっと待ってて」と言われ、そのエドウィン・デンビーという人物が、詩人であり、高名なダンス評論家であることを知った。そして、「八十歳で、まだ生きていますね」と言われた。

「見つけた」僕は直感的に思った。

優秀よりも勇敢であれ

「ブロドヴィッチの『Ballet』の共著者であるエドウィン・デンビーに会いに行こう。そして、ブロドヴィッチとの思い出や、『Ballet』にまつわる当時の話を聞かせてもらおう」僕はすぐにジャックに電話をして、こう話した。

「わかった。どこに住んでいるか調べてみよう。八十歳ならま
だ元気なはず。しかし、よくそんなことを思いついたな」と、
ジャックは笑いながら、僕の思いつきを感心してくれた。

　もしかしたら『Ballet』を余分に持っているかもしれない。
著者の一人なら、きっと当時の状態で保管しているから、コン
ディションはいいはずだ。僕はそんな下心を抱いていた。

　ニューヨーク中のコレクターやブックハンターが必死になっ
て探して見つからない本だ。同じように探しても見つかるはず
がない。それなら、違う方法で、違う思考で探す。その手がか
りは、ジャックが言ったように、本の中に確かにあった。僕は
エドウィン・デンビーという人物に会えば、必ず何か突破口が
開けると確信を持った。

「今、彼はメイン州のシアーズモントという田舎に暮らしてい
るらしい。自宅の電話番号を、「ニューヨーク・タイムズ」の
知り合いの記者に調べてもらっているから、きっとすぐにわか

るだろう。ちょっとした小旅行になりそうだ。季節が変わって、少し暖かくなってから行こう」それから数日後、いろいろと調べてくれたジャックは僕にこう話した。

　それからというもの、ジャックと一緒に古書店巡りをしていると、それまで名前すら知らなかったエドウィン・デンビーのダンス評論集や詩集といった著作を、ちょくちょく見つけるようになり、僕は本人に会う時のために買い集めるようになった。

　ある古書店でのことだ。『The Completebook of poem』という彼の詩集を買った時、そこの店主に「この詩人の元アシスタントの女性が近所に住んでいて、ここによく来てくれるんだ」と、突然言われ、僕とジャックは驚いた。ジャックは「もし今度、その方が店に来たら、ここに電話してほしいと伝えてください」と、店主に自分の電話番号を書いたメモを渡した。「こんなことってあるんだなあ……」ジャックは目を丸くして僕の顔を見た。

　冬の終わりのニューヨークは、ぽかぽかと暖かい陽射しが気持ちよく、日によってはTシャツ一枚でも平気だった。

「Tシャツって、アメリカが生んだ偉大な発明のひとつ。船に乗る海兵のために作られた白い肌着だったが、いつしか彼らが、勇敢さとたくましさを誇示するための普段着として愛用するようになり、男にとっての憧れの服として人気となったんだ」と、ジャックは言った。

「Tシャツが似合う男になりたいって、世界共通の男の夢だよね」と僕が言うと、「優秀よりも勇敢であれ、と、父親によく言われたけど、それってTシャツが似合う男になれってことかもな」と、ジャックは笑って言った。

MEN クルーネックT

極上のスタンダード

　コンセプトは「クラシックでありながら、あたらしいT
シャツ」。時代に左右されることなく、どんなスタイルに
もフィットする、生地が長持ちして日々の暮らしにいつ
でも付き合えるTシャツです。

　極めてシンプルだからこそ、徹底的にこだわったの
は素材。様々な糸を10g単位で用い、編み地の密度、生
地の重さを組み合わせトライアンドエラーを繰り返し
ました。さらに染色した色の濃度によって風合いや厚
みの変化が均一になるように見極め、理想のオリジナ
ル生地にたどりつきました。

世界一のTシャツ

　生地は240gというヘビーウェイトの天竺。風合いは
ドライタッチ。目が詰まった天竺生地は縮みにくく、洗
濯を繰り返してもくたびれにくくて丈夫です。ゆとりあ
るリラックスシルエットはどんな体型にもフィットしま
す。

　肩とアームホールには伝統的で丈夫な縫製「二本針
のまたぎステッチ」を採用。首元はヴィンテージミリタ
リーのアンダーウェアを参考に、伸びにくい「バインダ
ー」仕様に。洗いざらしを1枚で着ても十分な存在感、
豊富なカラーバリエーションをサイズ違いで楽しむ。ず
っと着られていつでも近くに置いておきたいLifeWear
です。

027

泣きたい時はたくさん泣くといい。

父の言葉

　父から手紙が届いた。

　手紙の書き出しには、「特に急いで伝えたいことがあるわけではないので、びっくりしないでほしい」とあった。

　きっと自分なりに何かをしているのだろう。何をしているのかを聞いたとしても、わからないので聞かないが、父親として、ひとつだけアドバイスしたいことがある。

　お金が無いだろう。明日の一食のために、もしくは今日の一食のためにお金を稼ぐ日々かもしれない。生きていくつらさと苦しさを、噛み締めている様子が目に浮かんでくる。君くらいの歳の時、父もそうだった。ましてや外国だ。寂しさが募るだろう。

　君がそこで生きていくために今していることが、どんなにつまらないことであっても、自分のビジョンが何かを考え続けてもらいたい。ビジョンとは夢であり、描く未来であり、展望のことだ。そうすると、いくつも思いつくことがあるだろう。けれども、そこに落とし穴がある。

　そのビジョンを紙に書いて、じっと見つめてほしい。小さいんだ、きっと。そのビジョンが。

　夢は大きく、という言葉は陳腐かもしれないが、下手するとビジョンは、自分一人のためになりがちなんだ。そんな自分一

人のためだけのビジョンは何の役にも立たないので捨てたほう
がいい。

　もっと大きなビジョンを考えるんだ。自分を点にして、その
半径を広げて広げて、もっと広げて、どこまでも広げてみて、
そういう大きくて広い世界に向けて、こうしたいという夢、望
む未来、こうありたい展望を考え抜いて、見つけ出してほしい。

　悩んだ時のヒントは、もし絶対に叶えられることができる魔
法を、一度だけ使えるならば、どんなことを叶えるのか。そう
考えてみればいい。

　それは人に言うと、そんなの無理だ、とか、ばかじゃないか
と言われるようなことかもしれないが、気にせずに本気で、そ
のビジョンを実現しようと思い続ける。

　つまらないことをしながら歯を食いしばっているかもしれな
い。けれども、毎日、それは自分のビジョンに向かっている一

歩であるかを確かめてほしい。要するに、何をしてもいいが、
自分のビジョンを抱きしめて日々を歩んでほしいということだ。

　お前は何をしているんだ？　と聞かれた時、悩まず胸を張っ
て、自分のビジョンを答えられる人であってほしい。これが父
の願いであり、人生の先輩としてのアドバイスだ。

　そして最後にもう一言。ビジョンは、毎日、ほんとうにそれ
でいいのかと問い続けるのが大事。一度考えたからそれでいい
と思ったらダメ。毎日毎日、それがほんとうに自分のビジョン
でいいのかと問い続け、今日はそのための一日であるかと考え
ること。

ビジョンと生きる

　手紙の最後に「お母さんから聞いた、アメリカで使える君の
銀行口座に、お金を送金しました」と書いてあった……。

　僕はなんだか、狭い部屋に一人ではいられない気持ちになっ
て、父が書いた便箋をていねいに封筒にしまい、それを大切に
上着のポケットに入れて外に出た。

　今僕は、マンハッタンという大都会の中にぽつんと一人でい
るけれど、ビジョンは大きく、と考えたら、この世界すべてを
愛情いっぱいの気持ちで大きく包み込むような、なんとも言え
ない一体感というか、一人だけど一人ではないというあったか
い心地で胸がいっぱいになった。

　どんどん歩いた僕は、セントラルパークのベセスダテラスに
着き、ここに来るといつも座る場所に腰を下ろした。

　そして、ポケットから父からの手紙を出し、便箋を広げ、も
う一度、父の書いた一字一句に目を落とした。

　手紙を読んでいる途中、僕は何度も空を見上げて、胸の奥か
ら湧いてくる熱い感情を我慢した。読み終えた時、「フーッ」
と小さく息を吐き、精一杯の気持ちで便箋を折りたたみ、ふた

つの手の平ではさんで、拝むような姿勢で下を向いた。

　目から涙がポタポタと落ちた。溢れた涙が頰をつたって首にまで流れた。僕はもう我慢できなくなって、便箋を持った手を震わせてワンワンと泣き続けた。

　一体僕は何をやっているのだろう。好き勝手にアメリカにやってきて、自分なりに一所懸命なつもりであるけれど、父や母のことをおざなりにして、こんな外国で何をやっているのだろう。なんて親不孝ものなんだろう。目先のことや、自分のことばかりを考えて、一体何をやっているんだろう。そんな大馬鹿ものの僕は、自分が情けなくなって、地面を拳で何度も叩いた。

「大丈夫ですか？」

　そんなふうに泣きじゃくる僕を見て、一人の女性が声をかけてきた。僕は大きく深呼吸してから、「大丈夫です。ありがとう」と答えた。

　女性は少しの間、僕の側に立っていたかと思うと、すっと近寄り、僕の肩に手を置いて、「泣きたい時はたくさん泣くといいわ。けれども、自分の身体を傷つけてはダメ。ほら、拳を開いて」と言って、傷ついた僕の手を握って、「手は人とつなぐためにあるのよ。地面を叩くものではないの」と言った。そして、「明日になれば、すべてが新しくなるわ」と言って立ち去っていった。

　明日になればすべてが新しくなる。僕はその言葉に救われたような気持ちになった。そうだ、新しく生きよう。

　僕は立ち上がって、穿いていたお気に入りのスウェットパンツのお尻をパンパンと払って、ついていた砂を落とした。

　もう一度、ビジョンをしっかり考えよう。僕だけのビジョンを見つけよう。そして、ビジョンと生きよう。

　お父さん、お父さん、と僕はつぶやいた。

MEN スウェットパンツ

ルームウェアを超える

　ルームウェアはもちろん、ファッションとして街でも着られるスウェットパンツを作りました。素材にはしっかり目の詰まった薄手の天竺生地と、メリハリある起毛が魅力の裏毛生地を使用。

　コットンにポリエステル糸を混ぜて強度をあげることで、膝部分の抜けを防止。ウエストのヒモ穴には金属のハトメを、ゴム部分に二本針ステッチを施すことでヴィンテージのような表情に。仕上げに洗いをかけることで、やわらかくてハリのある風合いを実現しました。

アクティブウェアとして

　リラックスした着心地と動きやすさはそのままに、シルエットは膝下から細身になるテーパード仕様。股ぐりのもたつきや、サイドポケットの内側のふくらみをなくすことで、よりすっきりと着こなしていただける設計にしました。

　また、展開する色ごとに加工法を研究し、ベストな発色にこだわりました。スポーティなスタイルはもちろん、シャツやニットとミックスしたり、飛行機など旅する時の移動着にもおすすめしたい自信作です。

028

真っ白なシャツに、黄色い
カーディガンを肩からかけていた。

いいシャツを着て

　ニューヨークで暮らす人々を見ていて、すてきだなと感じるファッションのひとつに、シャツの着こなしがある。

　カリフォルニアでは、洗いざらしの少し大きめのシャツをジャケットのようにはおって、裾はパンツの外に出し、靴はスニーカーというスタイルの人が多かった。

　ニューヨークでは、きれいにアイロンをかけた、自分の身体に合ったサイズのシャツを、パンツにタックインしている人が多い。上半身はきちんとしながらも、下半身はデニムといったカジュアルで、しかも、靴はスニーカーではなく革靴というのが、いかにもニューヨーカーらしく洗練されていた。

　全身をあえて上品ずくめにしないセンスとでも言おうか、パンツだけをカジュアルに着崩すことで、都会的な豊かさを醸し出している。さらに言うならば、小物使いとして、バックルが小ぶりで上質なベルトをしているのもすてきだった。

　それまでは、カリフォルニア的な着こなしと、ニューヨーク的な着こなしが、ちぐはぐだった僕であったが、ニューヨークで過ごすことで、少しずつだが、そんなニューヨークスタイルがわかって身についてきた。

　七千ドルの希少本をリクエストしてくれた、アートブックコレクターのケンから、ランチを一緒にどうかと誘われた時のことだ。僕はいかにもニューヨーカーらしくあるように、アイロ

ンをかけたワイドスプレッドカラーの白いシャツを着て、色の落ちたデニムにUチップの革靴を履いて出かけた。もちろん、ベルトと靴の色を揃えることも忘れなかった。（時計のベルトまで色を揃えられたら完璧だったが、今回は叶わず）

僕らは、グリニッジビレッジの「CORNER BISTORO」という老舗のバーで待ち合わせをした。ここはバーでありながら、昔ながらのおいしいハンバーガーが有名で、ケンの馴染みの店だという。

店に着くと、すでにケンは席に着いて僕を待っていた。（せっかちなのもニューヨーカーなのかもしれない）

この日のケンは、全身、真っ白な服を着て、黄色いカーディガンを肩からかけていた。昔ながらのアメリカの食堂的な店内に、窓からきれいな陽射しが差し込み、そこに佇むケンとその風景は、画家エドワード・ホッパーの絵のようだった。

「とってもエドワード・ホッパーの絵のようですね」と、挨拶代わりに言うと、ケンは肩を浮かせて、「やあ、調子はどうだい？」と言った。

僕らは揃ってハンバーガーを注文し、お互いの近況を話し合った。ファッションの仕事をしているケンは仕事が忙しくて、最近は、古書店巡りができていないと愚痴をこぼした。

「そういえば、ブロドヴィッチの『Ballet』は見つかりそうかい？」とケンは言った。

「なかなか、むつかしいですね……。来月ある人に会いに行きますが、そこに良いニュースがあればと願ってます」

「そうか…なるほど……。最近、他に何かいい本を見つけたかい？」

僕は言うか言わぬか迷ったが、「少し前に、ウォーホルの『A GOLD BOOK』を見つけましたよ」と話した。

ケンはハンバーガーを持った手を止めて、「なんだって？『A GOLD BOOK』持っているのかい？」と聞いた。

「はい。持ってます。コンディションはとてもいいです」と僕は答えた。

本の査定を

「それは売り物かい？　それとも君のコレクションかい？」
　ケンはハンバーガーを皿に置き、コカコーラを一口飲んで、紙ナプキンで口を拭いてからこう言った。
「はい。売り物です」
「コンディションを見てみたいな」
「いつでもお見せしますよ。よかったら今日にでも」と僕は答えた。
「オーケー。その『A GOLD BOOK』がコンディションの良いものであるとしよう。君はいくらで売ろうと考えているんだい？」
「あ、ひとつ言い忘れてました。僕の『A GOLD BOOK』には、ある人の献呈署名が入っているんです」
「まさか、ウォーホル本人ではないだろうな。それだったら大変なことだ」とケンは言った。
「それに加えてブロドヴィッチが、当時付き合っていた女性に向けた献呈署名が入っているんです」
「『A GOLD BOOK』は、ウォーホルによる手製本だ。それを若かりし頃のウォーホル本人が、署名入りでブロドヴィッチに手渡し、それをブロドヴィッチが当時付き合っていた女性にプレゼントしたってことかい？　その本を君が持っているってことか……。ブロドヴィッチの家は、火事に何度も見舞われて、所蔵していた希少な本のほとんどが焼けて残っていないんだ。なんてこった……」
　ケンは、両手で髪の毛をかきむしって、何度もためいきをついた。そして、冷静さを取り戻しながら、こう言った。

「その本のことを、誰か他の人に話したかい？」

「ジャックは知ってますよ。見つけた時に一緒にいましたから。他は誰も知らないはずです」と僕は答えた。

「オーケー。オーケー。で、それを君は幾らで売ろうとしているんだい」とケンは小さな声で言った。

ケンが、取引交渉に入ってきたのがわかったので、「適正に評価された金額で売ろうと思っています」と答えた。

ケンはしばらく黙って、うなずきながら考えに耽ってからこう言った。

「それなら、まずは信用のおけるオークション会社に査定をしてもらうのがいいだろう。私が懇意にしている人物がいるから、彼にお願いしよう。通常なら、査定にお金がかかるけれど、私が頼めば、証明書は発行されないが、無料で行ってくれる。そうしよう。それが一番いい」

僕は、自分の『A GOLD BOOK』が果たしてどんな評価額になるのか知りたかったし、本の査定という経験も勉強になると思ったので、ケンの提案を受け入れた。

ケンは、午後の仕事をすべてキャンセルして、僕のアパートまで行き、そこで本を受け取り、そのまま査定に出したいと言った。

僕らはグリニッジビレッジからアップタウンウエストのアパートまでタクシーで移動した。ケンにはアパートのロビーで待ってもらった。

ウォーホルの『A GOLD BOOK』を手渡すと、ケンは「なんてきれいなんだ…こんな状態のものは見たことがない…」と声を詰まらせ、献呈署名のページを見て「ウォーホルのサインに違いない…」と言った。

「夜には査定が終わるだろうから、わかったらすぐに電話する」と言い、ケンは『A GOLD BOOK』を大事そうにバッグに入れて、タクシーに乗って去っていった。

MEN スーパーノンアイロンシャツ

「ノンアイロン」の追求

　洗濯してもシワになりにくい、極限まで手入れの手間をなくした最高のビジネスシャツが完成しました。最大のテーマは、綿100%の自然な風合いをそこなわずに形態安定効果をシャツに与えること。

　素材は高級シャツに採用される「80番双糸」を、より細やかに織り上げたピンオックス生地。その生地に対して「ディッピング加工」という特殊なコーティング技術を施し、襟や袖など各パーツごとにアイロン加工を。更に、洗い、ベイキング、低温処理という度重なる工程を重ね、通常のシャツよりも厳密な管理と膨大な時間と手間をかけています。この工程に「ノンアイロン」の秘密があります。

究極のビジネスシャツ

　ネクタイに一番合うデザインを追求し、台襟の高さと襟先の形を、よりよく整えました。襟はボタンダウンとセミワイドの二種類。腕の動きやすさを考慮し、カーブの角度を計算したアームホールと、シワになりやすい脇部分をテープで補強。着用時のバランスと実用性を兼ねたポケットは、IDカードやパスポートが入る大きさに。

　身頃をすっきりさせ、ピンオックス生地が持つ光沢としなやかなドレープが現れるシルエットに設計しました。日々のビジネスシーンはもちろん、きちんとしたシャツを着用するシーンにも活躍することを約束します。

029

受話器を取ると、
ケンの声が聞こえた。

夜中の電話

　評価額の査定をするために、ウォーホルの『A GOLD
BOOK』をケンに預けたことをジャックに話した。

　「一言、僕に相談してくれたらいいのに……。預り証も何も交
わしてないんだろ？」とジャックはため息をついた。

　「うん。僕は、僕自身でケンと出会い、いろいろと話をする中
で、本の注文も受け、彼とのこれからの関係を築いていくため
にも、リスクを承知で、あえて彼を信用し、あの本を預けたん
だ」と僕は話した。

　「君は一万ドル以上のキャッシュを数えてもらうがために、見

ず知らずの他人に預けて、何も問題なく戻ってくると思っているのかい。いいか、ここはニューヨークだ。証書なしの口約束なんて、何が起きても、意味を成さないんだ。泣き寝入りするぞ」とジャックは言った。

　ケンは夜には査定が終わるだろうから、結果がわかったらすぐに電話をすると言っていた。時計を見ると、二十時を過ぎていた。僕は部屋の電話が鳴るのをじっと待っていた。

　すると、すぐに電話のベルが鳴った。

「連絡が遅くなって申し訳ない。実はまだ査定が終わってないんだ。というのは、知人の仕事が終わらず、それを待っている状況で、もう少し遅くなるかも。なので、今日はもう遅いので、明日の午前中には必ず連絡をするよ。それでいいかい？」とケンは言った。

「わかった。電話をしてくれてありがとう、ケン。明日の午前中の返事を待っています」と答えて電話を切った。

　ウォーホルとブロドヴィッチの献呈署名が入った、『A GOLD BOOK』の市場価値は一万五千ドルを下ることはないとジャックは言った。

　万が一、本が戻ってこなかったらどうしよう……。「この本を好きな人に持ってもらいたい」と言った年老いた女性の気持ちと、価値があることを知りながら、なぜか破格の安値で僕に売ってくれた古書店の店主の気持ちを思うと、胸がはちきれそうになった。

　その晩、僕は寝ることができず、窓の近くに置いた椅子に座って、毛布を被りながら、そこから見える夜のブロードウェイをぼんやりと眺めて過ごした。

　そうしながらも、うとうとしていると、電話のベルが鳴った。びっくりして受話器を取ると、ケンの声が聞こえた。

「大変なことが起きた……。今すぐ会うことはできるかい？君のアパートの近くに二十四時間営業のドーナツ屋があるだろ

う。三十分後にそこで待ち合わせしよう」

真夜中のブロードウェイ

　何が起きたのだろう？　この事態をジャックに連絡をしたほうがいいのだろうか？　いや、これは僕自身の問題だ。今更ジャックを巻き込むわけにはいかない。僕は着の身着のままで外に出た。

　夜中の二時のブロードウェイはしんと静まり返っていた。冷たい風に身体がブルッと震えた。上着を着るのを忘れた僕は、あわてて部屋に戻り、買ったばかりのフードのついたポリエステルのパーカを羽織った。セントラルパークをランニングするために選んだものだった。

　待ち合わせをしたドーナツ屋まで走っていると、まるで夜中にランニングしているニューヨーカーのようだと思った。

　ドーナツ屋に着くと、ケンはすでに着いていて、神妙な顔をしてカウンターのスツールに座っていた。

「夜中に呼び出してごめん。まずは本を君に返すよ」

　ケンは、僕が預けた『A GOLD BOOK』を返してくれた。しかも、本が傷まないようにきれいにラッピングされていた。

「知人にこの本の査定をしてもらっている時、たまたまその場にいた上司も加わって、一緒に査定してもらったんだが、この本を見た途端、大騒ぎになった。この本はどう低く見積もっても、二万ドルはすると言うんだ。しかも、こんなにきれいなコンディションの『A GOLD BOOK』は、おそらくウォーホル財団でさえ持っていないだろうと。よって、しかるべきタイミングで、オークションに出品するのが適切という結果なんだ」とケンは言った。

　ケンはにっこりと笑って、「よかったね、それを君に早く伝えたくて駆けつけたんだ」と手を出して僕に握手を求めた。

「ケン、ありがとう」そう言うと、ケンはまるで自分のことのように喜んだ。

「とりあえず、まずは本を持ち主に戻して、一通りの報告をすると言って帰ってきたんだ」ケンの顔は、自分の役目をしっかり果たしたという達成感に満ちていた。

僕とケンはコーヒーで乾杯をして、軽くハグをし合った。

「あとは君の判断だ。こんな希少な本が発見されたというストーリーは、『ニューヨーク・タイムズ』も飛びつくだろうし、僕ごときのコレクターからすると、手にとって見られただけでしあわせなんだ。ほんとにありがとう」とケンは言った。

僕は迷うことなく決めた。

「この本はケンに売るよ。いや、ケンに持っていてもらいたい。僕の最初のクライアントとして、どうかこの本を受け取ってもらえないかい？」と僕はケンに言った。

「いやいや、無理だ。僕は、こんな高い本を買えるほどのお金は持っていないよ」と、ケンは手をブルブルと横に振りながら言った。

「金額はどうでもいいんだ。じゃあ、こうしよう。僕はこの本を、この店に忘れて置いて帰るよ。君は拾えばいい。じゃあ、また！　あ、コーヒー代よろしく！」と言って、僕は本をカウンターの上に置いた。

「おいおい、ちょっと待てよ！」とケンは僕を追うようにスツールから降りたが、僕はすでにドーナツ屋を出て、真夜中のブロードウェイを走っていた。

僕は、なんだか嬉しくて嬉しくて、うさぎのように飛び跳ねるようにして走って帰った。

MEN ブロックテックパーカ

ファンクションの更新

　ユニクロ自慢のブロックテックパーカは、お客様からの声をもとに、さらなるアップデートを行いました。防水・防風・耐久撥水・ストレッチ機能に加えて生地の裏面をサラサラした感触の素材へ変更し、透湿機能をプラス。汗によるムレやベタつきの心配がなくなりました。

　その秘密は表地（1層）＋特殊フィルム（1層）＋特殊プリント（0.5層）の2.5層構造にあります。このフィルムとプリントが湿気を逃す機能を持っているのです。

もっと着やすく、もっと快適へ

　縫い合わせによる余分な生地を極限まで減らすことで、より美しいフードの開きが実現しました。ポケットはダーツを入れることで収納力を確保し、モノを入れた時の膨らみを軽減。首裏にはループを取り付け、フックに引っ掛けて干せるようにしました。

　袖口はステッチを廃止してソリッドな圧着仕様に、フードや裾のストッパーはシンプルに変更。ミニマルに仕上げました。スポーツからタウンユースまで幅広く愛用いただける自信作です。

030

シャツを着て、花束を持っていく。

ペギーとの出会い

　高額で取引される希少本『Ballet』は、卓越したレイアウトデザインで、黄金期と呼ばれた五〇年代の「ハーパーズバザー」を率いたアートディレクター、アレクセイ・ブロドヴィチの写真集だが、実は共著者がいることはあまり知られていない。演劇評論家のエドウィン・デンビーである。

　その当時、『Ballet』という写真集がどんなふうに作られたのか。そこにはどんなエピソードがあるのか。それを知りたいがために、僕はエドウィン・デンビーの消息を調べた。すると、メイン州のシアーズモントという田舎に暮らしていることがわかった。

　そしてまた、僕とジャックがよく行く十八丁目の古書店の店主が言うには、エドウィン・デンビーの元アシスタントの女性が店によく来ると言う。シアーズモントを訪ねる準備をしつつ、僕らはその女性に会うチャンスも待っていた。

　すると、ある日、件の古書店の店主から、その女性を紹介してくれると連絡があった。

「ここニューヨークでは、古書店同士、またはブックハンター同士というのは、こんなふうに常に助け合いで生きている。口約束でも結構頼りになるんだ」とジャックは言った。

　店主がお膳立てしてくれた日、僕とジャックは古書店へと向かった。その前に、ジャックは花屋で小さな花束を買った。

「はじめて会う人には、上等なシャツを着て、花束を持ってい
く。そうすると、たいていのことはうまくいく。きちんとした
シャツを着た人から花をもらったら誰だって嬉しいからね。ま、
ジンクスみたいなもんだ」とジャックは言った。

「きれいなシャツと花束」僕もこのすてきなジンクスをそれか
らずっと守るようになった。

　約束の時間ぴったりに古書店に着くと、女性はすでに到着し
ていて僕らを待っていた。ジャックが自己紹介しながら、「僕
らふたりからです。今日は時間を作ってくれてありがとう」と
言いながら、花束を渡すと、彼女は頰に手を当てて、満面の笑
顔で喜んだ。

　彼女は、自分の名前をマーガレットと言い、ペギーと呼んで
と言った。年齢は六十代後半。そばかすがキュートな気さくな
女性だった。

　僕らは『Ballet』という古い写真集について調べていて、エ
ドウィン・デンビー氏の存在を知り、当時の話を聞くために、
ぜひシアーズモントを訪ねたいと思っていると彼女に話した。

「事情はわかったわ。できるだけ協力したいけれど、彼は今、
体調を崩していると聞いたから、人と会うのはむつかしいよう
ね……」

　そして、「その『Ballet』って小さくて正方形に近いかたち
の薄い本？　もしかしたら、私の家にあるかも……」とペギー
さんは言った。

　どうやら以前、ニューヨークに仕事場を持っていた本人から
預かっている荷物の中に、『Ballet』が何冊かあったようだと
言うのだ。

　ジャックは僕のお尻を何度も手で叩き、隠しきれない喜びを
表した。

「もしよかったら、私の家に来て、その荷物を開けてみない？
そんな写真集なら私も見てみたい」とペギーさんは言った。

きれいなシャツと花束

　ペギーさんの家は、イーストヴィレッジの格式高いアパートの三階だった。築年数を聞くと百年だと言う。ペギーさんの仕事は、インテリアコーディネーターで、主にニューヨークのレストランやカフェの内装を手がけているらしい。

　窓が大きく、天井が高く、広々とした部屋は、古い北欧デザインの椅子やソファ、家具で統一されていて、とても洗練されていた。

「彼の荷物はここにあるの。ちょっと手伝ってもらっていいかしら」と言って、ペギーさんは納戸のような小さな部屋の扉を開けた。

　そこにはダンボールに入った荷物が整然と積み重なって置かれていた。「『BOOKS』とペンで書かれた箱をここから出してみましょう」とペギーは言った。

「BOOKS」と書かれた箱は、十数個あった。僕らはそのひとつひとつをていねいにリビングに運び出し、『Ballet』を手分けして探す作業に入った。

　箱を開けると、その中は、ほとんどがバレエやダンス、演劇のパンフレットだった。

「これらすべて、彼が観てきた舞台芸術の軌跡なのね……」とペギーは言った。

「ここにあるのは四〇年代から六〇年代の様々な舞台芸術のパンフレットだけど、この時代のパンフレットは、ただのパンフレットではなく、当時のアーティストの手による、アートブックの域に達するものばかりなんだ。見てごらん、これはコクトーのイラストがリトグラフで刷られている。これはファッションイラストの巨匠クリスチャン・ベラールだし、これも画家のヴェルテスだし、これはマチスの絵だ。もしこれらを売ったら、大変な額になりそうだ……」ジャックは興奮しながら僕らに話

した。

　確かに、これらはパンフレットとは言え、紙質から印刷、デザインまでが、単なる印刷物ではなく、アーティストによる作品ポートフォリオのようだった。

　ジャックいわく、コレクターが見たら、引っくり返って驚くお宝ばかりらしい。

「ねえ、これじゃないかしら……」とペギーさんは、ある箱を開けて言った。

　僕とジャックは手を止めて、ペギーさんが手にした箱のところに転がるようにして移った。

　箱の中を見ると、固い紙のブックケースに収まった、小さくて薄い写真集が、びっしりと詰まっていた。その冊数は、おそらく三十冊くらいだろう。

　ジャックが、中からそっと一冊取り出すと、ブックケースには大きく『Ballet』とタイトルが印刷されていた。

「すごい……。これ全部『Ballet』だ。しかも新刊の状態のまま保管されている……」呆然としたジャックは、声にならないような声で言った。

　ペギーさんがその箱の中にあった一通の封筒から便箋を出して開いた。

「これ、そのブロドヴィッチという人から彼にあてた手紙だわ。この写真集の刊行に協力してくれてありがとう、という内容ね…。あ、白黒のピンぼけ写真が何枚か入ってるわ」とペギーさんは言った。その写真は、写真集の原稿になったブロドヴィッチによるオリジナルプリントであることに違いなかった。

「シャツと花束」のジンクスは確かだった。

「だめだ……。こんなことってあるのか。見なかったことにしたい……」と、ジャックは言って立ち上がり、その場を離れ、窓辺へと歩いた。

MEN エクストラファインコットンシャツ

進化する定番

　着まわしやすいシンプルなデザインを最高な素材で。ユニクロが考える究極のベーシックシャツです。エクストラファインコットンは、しなやかなハリとやわらかな風合いをあわせ持つオリジナル生地。繊維が長く、上質素材として知られる超長綿を高密度に織り上げ、さらに微起毛加工することで完成しました。

　アームホールは腕の動かしやすさを考慮した立体的なつくりに変更、生地のドレープや身体のラインがスマートに見えるように身頃をすっきりとデザインしました。

オン・オフを支える

　シャツの顔である襟は、ビジネスにもカジュアルにも対応できるボタンダウン仕様。襟を少し小さめにすることで、ネクタイなしでもきれいな首元の表情を演出します。さらに壊れにくい本貝調のプラスチック素材のボタンや、パスポートやIDも入る大きさのポケットなど実用性と機能性も兼備。

　今季もストライプやチェック、無地の定番を豊富に揃え、またパターンをトレンドの小柄にするなどアップデートを加えました。さまざまな装いやシーンに合わせて選べるワードローブの強い味方です。

031

いつかの自分も
こんなふうに家族に愛されていた。

ペギーの家族

　ペギーさんは僕らにコーヒーを淹れてくれた。

　ジャックはコーヒーの入ったマグカップを手にし、窓からの景色をぼんやりと見ながら、何かを考えていた。

　ニューヨークのブックハンターが血眼になって探している希少本が、新品状態で三十冊。しかも、かの有名なアートディレクター、アレクセイ・ブロドヴィッチから、共著者であるエドウィン・デンビーにあてた自筆の手紙と、本の中に使われたオリジナルプリントが一緒にあるという奇跡のような出来事に、僕らはこれをどうするかによって、自分自身を試されているような気持ちになって呆然としていた。

「こういう奇跡的な掘り出し物を、僕らは毎日のように夢見ているんだけど、いざ目の前にしてしまうと、商売のことなんて、もう、どうでもよくなってしまうな……。この本はデンビーさんとブロドヴィッチの宝ものなんだ。いくらなんでも、それに手をつけるわけにはいかない……」とジャックは言った。

「私からデンビーさんに、この本を欲しい人がいるけど、どうしましょう？　と聞きましょうか。彼は憶えているかしら。いずれにせよ、これらの荷物は、いつか処分しなければならないから、価値がわかるあなたたちに託せれば、私は助かるわ」とペギーさんは言った。

「とりあえず、彼と話せるか電話してみるわ……」ペギーさん

は電話の置いてある部屋に行き、デンビーさんに電話をかけた。僕らはリビングのソファに移動し、座って一息をついた。

「このソファいいな。ポール・ケアホルムの三シーターのヴィンテージだ。レザーの質が最高だ。このリビングに置いてあるものすべてセンスがいい。そこにあるフィン・ユールの椅子はNO.45のオリジナルだし。見ろ、あそこに置いてある真鍮のスタンドライトは、パーヴォ・ティネルだ」と、ジャックは言った。

　ペギーさんが電話をしている間に、アパートの来訪者を告げる呼び出しのブザーが鳴った。

　ペギーさんは受話器を耳に当てながら、「きっと娘だから、ロックを解除してあげて…すぐに上がってくるから、ドアも開けてあげて」と言った。ジャックは言われたとおりに解除ボタンを押した。

　すぐに部屋のインターホンが鳴ったので、玄関のドアを開けると、赤ん坊を抱いた若い女性が立っていた。

「あら、こんにちは。母はいる？」と女性は言った。「こんにちは。お母さんは今電話中で…」と、ジャックが言うと、「そうなのね。お母さん、入るわよー」と女性は部屋に入った。

　僕とジャックが自己紹介すると、「はじめまして。リサです。この子はアヴァよ」と女性は言った。

「こんにちは。かわいいですね」と僕が言うと、「まだ三カ月なの。やっと最近、外に連れていけるようになったのよ」とリサは笑って言った。

「ハーイ、リサ！　元気にしてた？　よく来たわね。アヴァは？　あら、かわいい私の赤ちゃん！」と電話が終わったペギーさんがリサに駆け寄ってハグをした。

ふたつの贈り物

　ペギーさんは孫のアヴァを抱いて嬉しそうだった。アヴァは
にこにこと笑いながら、小さい手でペギーの頬を叩いて喜んで
いた。

「残念ながら、デンビーさんとは話ができなかったわ。体調が
良くないみたい。身近にいる人に事情を伝えたら、きっと彼は
荷物を預けているあなたにすべてまかせると思う、と言われた
の。どうしましょうか？」と、アヴァをあやしながらペギーさ
んは言った。

「僕らは『Ballet』を見つけたことだけでも満足しています。
しばらくこのまま保管されていたほうが良いと思います。この
先、この本を処分せざるを得ない時になったら、ぜひ僕らに声
をかけてください。その時は喜んで引き受けます」と、僕が言
うと、横にいたジャックもうなずいた。

「わかったわ。では、そうしましょう」と、ペギーさんは言っ
て、箱から二冊の『Ballet』を取り出し「これは私からあなた
たちへのプレゼントよ。二冊くらい減っても、彼は気がつかな
いし怒らないわ。何年もこのままなんだから」と笑った。

　ペギーさんからいただいた『Ballet』には、ブロドヴィッチ
の署名が入っていた。僕とジャックは思わず目を合わせて言葉
を失った。

「今日は孫が来てくれて私は嬉しいのよ。あなたたちはラッキ
ーね。さ、早く帰りなさい。何かあったら、必ず連絡しますか
ら」とペギーさんは僕らを追いやった。

　帰り際にアヴァを抱かせてもらうと、赤ちゃん特有のいいに
おいがした。着ている服のやわらかさにさわると、いつかの自
分もこんなふうに家族に愛されていたことを思い出した。

　僕とジャックは、いただいた『Ballet』を大事に抱えてアパ
ートを出て、「じゃあまた」と別れた。ジャックは『Ballet』

について何も話さなかった。

　アパートに着くと、管理人に呼び止められた。僕あての荷物があるから取りに来いとのことだった。なんだろうと思いながら、管理人室に行くと、古ぼけたギターケースと一通の手紙があった。送り主を見ると、ケンからだった。

　『A GOLD BOOK』を大切にします。これは私の宝ものです。宝ものの交換です。受け取ってください。ケンより。

　ギターケースを部屋に運び、開けてみると入っていたのは小ぶりのギターだった。小さなメモがあった。「一九二六年製のマーティンの0-45です。ジョーン・バエズがウッドストックで弾いたギターと同モデルです」と書いてあった。

　いつかケンと話していた時、彼が本だけでなく、ヴィンテージギターのコレクションもしていると聞いたので、戦前のマーティンを、いつか僕も手に入れたいと夢を語ったことを憶えていてくれたのだ。

　彼は『A GOLD BOOK』と同等の価値のある自分の宝ものを、僕に贈ってくれたのだった。

　すぐに電話をしてお礼を告げると、ケンは「いいんだ。そのギターでいつか何か弾いて聴かせてくれたら嬉しい」と言った。「ケンの好きな曲を教えてください。その曲を練習するよ」と僕が言うと、「ジェームス・テイラーの『You've got a friend（君の友だち）』がいいな」とケンは言った。

　仕事においては、決してお金を追ってはいけない。追うべきは自分のヴィジョンと夢。そして、精一杯に人の気持ちに応え、人を思い、人を助け、人と信頼という関係を築くこと。それがきほん。

　そんな父の言葉を僕は噛み締めた。ギターの音色は艶やかでやさしかった。

BABY コットンメッシュインナーボディ

赤ちゃんにやさしく

通気性のよいメッシュ素材は、天然のコットンを100%使用。汗かきの赤ちゃんのお肌をサラサラに保ちます。単糸ではなく、細い糸を2本撚り合せた双糸で織ることで、なめらかで毛羽立ちにくく、ヨレにくい生地に仕上げました。

特殊なミシン「フラットシーマ」を用い縫い目を平らにし、品質表示ラベルを外側に配置、金属アレルギーに配慮したプラスチックのボタンの使用など、赤ちゃんへの肌ストレス軽減を徹底的に考えました。

お母さんにやさしく

無地の商品には襟ぐり、足ぐりの内側を配色ステッチにすることで、お洗濯後にも生地の裏表がわかるように工夫しました。オムツをしっかり包み込む股下にある3つのスナップボタンは真ん中の色を変えて、オムツ交換時のかけ違いのストレスがないように配慮しています。60サイズは寝かせても着せやすい前開きタイプ。首がすわった70から90サイズは、活発な赤ちゃんもお着替え簡単なプルオーバータイプをご用意。男の子、女の子問わず着ていただける色柄を揃えています。

2017年には「マザーズセレクション大賞」を受賞。使ってよかったベビー肌着として、お母さんが他のお母さんにおすすめしたい商品の1位に選ばれています。

032

勝ち過ぎるといつか大負けする。

忘れてはいけないこと

　ケンの元に渡ったアンディ・ウォーホルの希少本『A GOLD BOOK』は、その後の僕に、ブックハンターとしてのステップアップと、独立のチャンスをもたらしてくれた。

　マンハッタンにおいて有名なアートブックコレクターであるケンが、沢山の顧客を紹介してくれたのだ。そしてまた、僕の師匠であるジャックの教えも相まって、今、どんな本に隠れた価値があり、その本をどんな人が求めていて、その本を探すにはどうしたらよいのか、しかも合理的に。そういう、これまでちんぷんかんぷんだったことが、知らず知らずの間に人一倍詳しく身についていた。

　ここ数カ月の間にあった本にまつわるいろいろな出来事を、久しぶりに会ったセスに話した。

　「とってもすてきな話なので、君のことをコラムに書いてもいいかい？」とセスは言った。もちろん僕は承諾した。

　すると、それから数日後、「君のことを書いたコラムが、あるタウン誌に掲載されることになった」とセスから連絡があった。

　そのコラムは、サンフランシスコからニューヨークにやってきた日本人の少年がブックハンターとして本探しをスタートさせ、ひょんなことから『A GOLD BOOK』に出会い、それがきっかけになってコレクターのコミュニティと親交を深め、さ

らにアレクセイ・ブロドヴィッチの『Ballet』にまでたどり着いたという、日々、マンハッタンを駆け巡りながら奮闘するショートストーリーだった。

　僕は気恥ずかしさもあったけれど、このニューヨークというエネルギッシュな街で、本を通じて知り合った、人と人のつながりがもたらしてくれた奇跡のような出来事をたくさんの人に知ってもらうのがとても嬉しかった。

　出来上がったコラムを見せてもらうと、そこには、僕らしき少年が、本探しをしている様子が描かれたイラストカットがちりばめられていて、そのコピーをもらった僕は、嬉しさと誇らしさで胸がいっぱいになった。

「これで君もいっぱしのブックハンターになったな。ニューヨークの有名ブックハンターだ。そう認められたってわけさ。これからも、君が変わらず一所懸命に仕事をし続けていけば、何も困ることはないだろう。よかったね」とジャックは僕に言った。

　そして、「何かに一所懸命に頑張っている人をほっとかないのがニューヨークなんだ。この街は、そうやって人と人が助け

合って、支え合って、認め合って生きていく街なんだ」と言った。

「でも、いいかい。ラッキーなことは、どこかからフワッとやってくるんじゃないし、どこかから落ちてくるものでもない。いつも人という誰かが持ってきてくれるものなんだ。そう、幸運は人が運んできてくれるものなんだ。だからこそ、何よりも、人との関係を大切にし、いつも感謝の気持ちを失ってはならないんだよ」

ジャックは僕の肩に手を置いてこう話してくれた。

確かにその通りだ。コラムだけを読めば、すてきでかっこいい自分がそこにいて活躍しているのだが、それは決して実力なんかではなく、いつもそこには僕を助けてくれた誰かがいた。得意気になって、それを忘れてはいけないと思った。

プロフェッショナルとは

そして、ジャックはこうも言った。

「目立ってはいけないよ。有名になろうとしてもいけない。鼻を高くしていばってもいけない。今回のコラムは、君がブックハンターとしてスタートするためのきっかけとして良しとするけれど、調子に乗って、さらに自分を、あたかもひとつの商品のように宣伝するようであってはならないよ。一時はそれで仕事が広がり、人脈もできて、ビジネスも増えるだろうが、今回のように目立ってしまった時ほど、できるだけ控えめになって、ひたすら地味に、目立たぬように仕事をするのがいい」

「ここニューヨークは、人と人が支えあい、助け合い、認め合う街だけど、同時に競い合い、戦い合う街でもあるんだ。君の活躍を賞賛する人の何倍もの人が、君をよく思わないってことも知っておくべき。足を引っ張りたいと思う人がたくさんいるんだ。だからこそ、謙虚になって、控えめになって、至って静

かに仕事をすることが賢い方法なんだよ」

　僕はジャックの言うことがよくわかった。

「本当にそうだね。右も左もわからなかった僕を、君を含めて
たくさんの人がサポートしてくれて、そのおかげで奇跡が起き
て、たくさんのストーリーが生まれたことを忘れないよ。おっ
しゃる通り、僕は得たものが多かった。だからこそ、これから
は、もっとさらに得ようと考えずに、得たもの以上の何かを、
今度は、自分以外の別の誰かに与えることに一所懸命になろう
と思う」と僕は答えた。

「そうだね。それが正しい。何事もバランスだしね。勝ち過ぎ
るといつか大負けする。大負けは再起不能になる可能性もある。
勝ったら負ける。負けたら勝つ。いつもひとつくらい余分に勝
つ感じ。これでいいんだ。そうしていれば、勝ちたい時に、必
ず勝てる自分になれるよ。普段は地味で目立たず、おとなしく
コツコツと仕事をする。けれども、勝ちたい時には必ず勝つ。
こんなに強いことはないんだから。それがプロフェッショナル
ってもんさ」と言って僕の肩を抱いて笑った。

「ま、あとは、仕事においては何が起きるかわからない。だか
らこそ、何が起きても慌てないようにいろんな準備をしておく
ことだね。じゃあまたな」とジャックが言ったその時、急に小
雨がパラパラと降り出した。

　慌てて目の前のスーパーマーケットの軒先に雨宿りをすると、
ジャックは、バッグからさっと丸めたパーカを取り出し、ふわ
っと羽織って雨の中を颯爽と歩いていった。

　その後ろ姿を見て、いつか自分はブックハンターではなく、
ジャックのようになりたい。そう思ったのだった。

MEN ポケッタブルパーカ

持ち歩ける高機能

　付属の収納袋にくるりと丸めてコンパクトに持ち運べるポケッタブルパーカ。素材はポリエステル100%。薄手で軽量ながらスポーツ色が強くなりすぎないように、カジュアルで丈夫なリップストップ生地の採用や、さらに合繊特有の光沢をおさえたマットな質感など、細かい工夫も行っています。

　表面には撥水剤をしっかり固着させることで、より効果が長持ちする耐久撥水仕様に。突然の小雨にも安心な機能を備えています。

暮らしのあらゆるシーンに

　スポーツだけでなくタウンウェアとしても着られるように、裾、袖口まわりのゆとりを少なくし、すっきりとしたシルエットに変更。フードもかぶった時にもたつかないフォルムに改良しています。フード口のアジャスト機能は、広げたり絞ったりすることで使い方や着こなしに幅が生まれます。

　旅のお供に、仕事帰りのランニングウェアや山登りの便利アウターに、オフィスでの冷房よけに。バッグやトランクに入れていつでも持ち歩きたいLifeWearの定番です。

033

同じランクで揃えること。

本のコーディネート

　ペギーさんからいただいたブロドヴィッチの写真集『Ballet』は、この本の注文をしてくれたケンには売らず、自分のコレクションにした。

「プレゼントでもらった本は、それがどんなに希少価値があっても、決して売り飛ばしてはならない」

　ニューヨークで本を扱う仕事をしている者にはこんな暗黙のルールがあったからだ。

　だからなのか、ブックハンターや書籍商の書棚には、持っているけれど売ることができない本がたくさんある。それは仕事を通じて、作家本人やその家族、本作りに関わった人などから、本をいただく機会が多いからだ。

「持っているのに、なぜ売ってくれないんだ？」とクライアン

トにしつこく言われて、困ったあげく「売れないものは売れない。どうしても欲しいなら盗んでいってくれ」と言って、店や部屋から出て、顧客に本を盗ませたという笑い話がある。そのくらいにブックハンターや書籍商は義理堅い。

　そんなある日、ペギーさんから電話があった。デンビーさんのことで何か進展があったかと期待をしたがそうではなく、別件で相談をしたいことがある、ということだった。

　あらためてペギーさんのアパートを訪ねた。

　ペギーさんは会うなり、「あら、今日はお花を持ってきてくれていないの？」と冗談を言った。

「次回は忘れずに持ってきます！」と言うと「いいのよ。お花は、たまにもらうから嬉しいのよ」とペギーさんは笑って答えた。

「あるセレブの方が引っ越しをすることになり、新しい家のインテリアを頼まれたのよ。リビングの壁一面に、本棚を備え付けるリクエストがあるんだけど、その本棚にセンスのいい本を揃えてほしいと言われたの。だから、あなたにそのセレクトをしてほしいと思って……どうかしら？」とペギーさんは言った。

　ニューヨークのセレブは、自宅のインテリアをプロのコーディネーターに依頼し、本棚の中身まで揃えさせるのか、と僕はびっくりした。いかにセンスのよい本を所有しているかを、家を訪れた人に見せつけるための本棚ということだ。アートブックから読み物まで、最低でも千冊は必要とのこと。

「予算はどのくらいですか？」と聞くと、「予算なんてないわよ。いくらでもいいのよ」と、ペギーさんは言った。

「セレクトした本が気に入られたら、この仕事はどんどん拡がるわよ。クライアントとしては、本棚を見せることで、いかに自分が知的で教養があり、センスがよいかを知らしめることができるんだから。本を揃えるって時間もかかるし大変だもの。インテリアではなく、本のコーディネーターという仕事ね」

面白そうな仕事だ。洋服やインテリアのコーディネートのように、インテリアの一部としての本のコーディネートもありうると思ったらワクワクしてきた。

「僕一人では手が足りないので、ジャックにも声をかけて、ぜひセンスのよい本を揃えさせていただきます」と即答をした。

コーディネートの秘伝

「ちょっと教えていただいてよろしいでしょうか?」

　ペギーさんに僕はこう話しかけた。

「インテリアコーディネートで心がけていることは、どんなことでしょうか?　たとえば、この部屋は、北欧デザインの家具がありながら、中国のアンティークや、現代アートの作品なども飾られていますが、とてもバランスよく感じるんです。どうしたらこんなふうに居心地よく、すてきなインテリアを作れるのでしょうか?」

「そうね……。大切なのはバランス。かんたんなようで難しいことのひとつだけど、たとえば、食器、家具、調度品、置物、アートなど、そういったものすべてを同じランクのもので揃えることね。テイストが違っていても、ランクが揃っていると不思議とバランスが整うのよ。中ランクの上であれば、中ランクの上のもので揃える。特上ランクのものをひとつ置いたり、逆に下ランクのものを使ったりするから、バランスが崩れてしまうのよね。とにかく、同じランクで揃えること。それがコーディネートのコツよ」

　ペギーさんはコーヒーを淹れてくれながら、こんなふうに教えてくれた。

「このコーヒーポットも、あなたが座っているソファも、このマグカップも、同じランクのもの。だから、とても自然に馴染んでいるのよ」とペギーさんは言った。

「そうすると、先程話してくれた本のコーディネートも、クライアントが、新しい家をどんなランクのインテリアで揃えるのかをわかっていないとできない仕事ですね」

「その通り。よく気がついてくれたわね。クライアントは、私のこの家をとても気に入ってくれて、インテリアコーディネートを依頼してくれたのよ。だから、このインテリアのランクと世界観に合わせて欲しいの。この家は、手仕事が優れた北欧モダンの家具を中心に揃えているけれど、先日あなたたちが話題にしていた五〇年代のフィン・ユールの椅子がランクの基準。そう思ってくれたら間違いないわ」とペギーさんは言った。

ペギーさんは、フィン・ユールのNO.45という、世界一肘掛けが美しいと言われる椅子一脚を、家の真ん中にぽつんと置き、この椅子に合うテーブル、この椅子に合うラグ、この椅子に合う食器……というように合うものを少しずつ揃えていったという。そして、今でも何か新しい家具や調度品を買う時は、この椅子に合うかどうかで判断しているともいう。

たった一脚の椅子からインテリアを考える。なんてすてきな方法だろうと思った。

「今、私が着ているルームウェアにしても同じように選んだものなのよ。いいでしょ、これも」とペギーさんは言ってクスクスと笑った。

なるほど。それならば、まずはフィン・ユールのNO.45という椅子に合う本とは何か。その一冊から本のコーディネートを始めてみよう。

バランスが大切。それはたったひとつの基準から生まれるもの。

こんなふうに、ペギーさんは、コーディネートだけでなく、これからの人生においても役に立つ、とても大事なことを僕に教えてくれた。

MEN ウルトラストレッチ
スウェットセット

極上のリラックスウェア

　どんな動きにも360°伸縮自在、さらに軽くてやわら
かな肌ざわりが特徴のウルトラストレッチ素材を使っ
たルームセットです。リラックス感を大切にしながらも、
伸縮性を活かして袖下の余分なゆとりをカットする事
で、だらしなく見えずすっきりとしたシルエットに仕上
げています。

　首まわりは脱ぎ着しても伸びにくいリブ素材に変更、
肌に直接触れる裏地は縫製・糸の種類を見直し不快
感がないように。ボトムは脇の接ぎ目を極力無くし、縫
いしろのストレスを軽減。毎日着るものだからこそ、ス
トレスフリーな着心地を目指しました。

ワンマイルウェアとしても

　洗いがかかったような差し色や、かすれたプリント
など、無地以外にもカジュアルなデザインを追加して
カラーバリエーションが豊富。またスウェットだけでな
くワッフル生地もご用意。上下色違いのセットも魅力
です。襟元のガゼットでヴィンテージの雰囲気をプラ
スしながら、ボトムのヒモ仕様のウエストや絞った裾な
ど、生活シーンでの実用性が高いデザインに。買い物
や散歩などのちょっとしたお出かけや旅のお供にも役
に立つLifeWearです。

034

料理とは、親切とまごころと工夫。

一時間のチャレンジ

　朝はだいたい六時に起きる。同じ場所、同じ時間に、トラックがキキーとブレーキを鳴らして停まる。ブロードウェイを行き来するトラックの音が僕の目覚まし時計だ。

　寝床で横になったまま窓に目をやると、ちょうど空の高いところがよく見える。青か、白か、灰色か。空の色で今日の天気がだいたい分かる。

　今日は雲ひとつない青空だ。お気に入りのくるぶし丈パンツを穿いて出かけよう。

　そして今日は何をチャレンジしようかな。

　暮らしも仕事も、意外にも単純なことの繰り返しでなかろうか。掃除、洗濯、食事、仕事、移動、学びなど、いわばルーティンなことばかり。そんな必要不可欠なルーティンで一日を終えてしまうのはなんだかつまらない。

　十％のチャレンジ。

　ある時、僕はこんなルールを自分に課してみた。寝ている時間や、食事の時間を抜いて、一日を十時間とした場合、まあ、だいたい十％くらいの余力というか、空いた時間が誰にでもあるはず。その時間を、今までやったことがない何か新しいことに使ってみる。一日のうちのたった一時間だ。ぼんやりしているとあっという間に過ぎてしまう。いや、過ごしてしまいがちな一時間をどう使うのかを考えてみる。

毎日一時間のチャレンジ。こう決めた時に僕はとてもわくわくした。ある意味、誰にも干渉されない自由な時間だ。

　その一時間でやることは、新しいチャレンジであれば、毎日変わってもいい。やってみたいこと、知りたいこと、見てみたいこと、なんでもいいんだ。何かひとつ同じことを繰り返してもいい。失敗なんて気にせず、思いついたことは何でもやってみる。なんたって、チャレンジなんだから。

　ある日、僕はこんなチャレンジをしてみた。それまでしたことがなかった料理をやってみたのだ。自分で食べるものを自分で作ってみる。ニューヨークでの一人暮らしだ。食事は外食もしくは作られたものを買って食べるか、そのどちらかでしかなかった。

　まずは食材を買いに、馴染みのスーパーマーケットに行った。そして、いつもおしゃべりをするデリカテッセン売り場の女性にこう聞いた。

「今日は自分で何か作ろうと思っているんだけど何がいいかな？　簡単でおいしい料理を教えてください」と。

「そうね……。それならサラダがいいんじゃない？　たとえば、ハーブと野菜があれば誰にでもおいしく作れるわよ。ドレッシングも自分で作ればいいわ」と女性は言った。

「えーと。何を買ったらいいかもわからないんです。よかったら書いてくれませんか？」と言ってメモを渡すと、女性は買い物リストを喜んで書いてくれた。

料理とは

　買い物リストには、レタス、ベビーリーフ、ルッコラ、クレソン、ディル、イタリアンパセリ、ラディッシュ、トマト、レモン、バルサミコ、オリーブオイルと書いてあった。

「作り方はかんたんよ。まず葉野菜をよく洗って、一枚一枚て

いねいに水気を拭いて、食べやすい大きさに手でちぎる。ハーブは葉の部分だけを使う。ラディッシュは切らずに、庖丁の腹でつぶして割る。そして、自分が食べたい量だけをお皿に盛りつけるの。そうしたら、それを大きめのボウルに移して、オリーブオイルとバルサミコを二：一の割合でかけて、レモンをぎゅっと絞る。塩と黒コショウをお好みで加えて、手でよく和えるの。手を使うことが大事。そうしたら、さっきのお皿に盛りつけて出来上がり。簡単でしょ。ゆで玉子やベーコンをトッピングしてもおいしいわよ。そこに並んでいるサラダはそうやって作ってるのよ」と言って女性は笑った。

　女性はデリカテッセン売り場のショーケースに入った皿から、サラダを少しつまんで僕の手の平に載せた。「この味を目安にして、あとはあなたが好きなように作ったらいいわ」と言った。「ありがとう。早速作ってみます！」僕はリスト通りに買い物をして帰った。

今日のチャレンジは料理。たった一時間のチャレンジだけど、とってもシンプルでおいしいサラダが出来上がった。

　ニューヨークに来て、はじめて自分で料理をした僕は、料理ってこんなに楽しくて、自分で作ってみるとおいしさが格別であることを、あらためて知ることができた。

　次の日、スーパーマーケットに行き、料理が楽しくて、おいしかったことを売り場にいた女性に伝えると、「何が楽しかった？」と聞かれた。「手で野菜をドレッシングで和える時が楽しかったです」と答えると、「その通りね！　料理で大切なのは、手を使って、まごころをこめて作ることなのよ。あ、そうそう、言い忘れたけど、料理は塩よ。おいしい塩を使えば、どんな食材もおいしくなるの。塩だけは贅沢しても損はないわ」と女性は言った。

　それからの僕はサラダ作りに夢中になった。野菜やハーブをいろいろと試してみたり、ドレッシングに工夫をしてみたり、もちろん塩をしっかり選んでみたりと。

　料理とは、親切とまごころと工夫。これだと思った。

　作れば作るほどにサラダはおいしくなった。そうすると、次にこんなチャレンジをしたくなった。自分で作ったおいしい料理を誰かに食べさせたいと思ったのだ。今の僕にはサラダしか作れないけれど、あとはパンとワインがあれば充分にもてなしができるだろう。

　僕はニューヨークで、日頃から僕を助けてくれているセス、ジャック、ケン、トーコさんの四人を、狭いわが家に招待して、サラダパーティを開くことにした。

　一時間という、ほんの小さなチャレンジが、大好きな人たちとおいしさや楽しさを分かち合えるような、大きな喜びとなった。

　しあわせとは、いつだってチャレンジの先にある。そう実感した。

MEN イージーアンクルパンツ

くるぶし丈の魅力

　ユニクロ自慢の、足元すっきりパンツの代表作です。フルレングスのテーパードパンツとは違い、アンクル丈だからこそ実現できた絶妙なシルエットと裾幅。スニーカー、革靴、サンダルなどあらゆるシューズと相性抜群です。

　素材バリエーションも幅広く用意し、さらにセンタープリーツを入れて、より立体的に仕上げました。ディテールにもこだわり、便利なコインポケットをプラス。特にウールライクタイプはクリーンな印象の表地に合わせて、ポケットは通常の斜めポケットではなく目立たないシームポケットを採用しました。

ラクなのにオールマイティ

　ウエストにヒモを通したイージーパンツの仕様ながら、腰部分にはよく伸びるオリジナルのゴムベルトを採用。腰まわりのすっきりと、ストレスない穿き心地が実現しました。

　ベルトループが付属しているので、ベルトを使ってシャツをタックインして少しドレッシーに、ポロシャツやTシャツでカジュアルに、スタイリングの幅を選びません。ストレッチが利いて動きやすく、ポケット裏地には抗菌防臭機能も追加したオールマイティなパンツです。

035

頑張りすぎない。無理をしない。

頑張りすぎた

　ある日、朝、目を覚まして起き上がろうとした時、身体にちからがはいらないことがわかった。おかしいと思って、腕や足を動かそうとしたけれど、ままならず、ベッドの上でゆっくりと寝返りを打つのが精一杯だった。

　ゆっくりと深呼吸して、自分に何が起きたのか冷静になって考えた。

　ここ最近、夜、寝ようとすると、疲れているせいかすぐに眠りにつくのだが、一時間くらいで目が覚めてしまい、再び寝ても、また一時間くらいで起きてしまうことを繰り返すのが習慣になっていた。

　そのせいか、日中もぼうっとしてしまうことが多く、やらなくてはいけない仕事があっても、なかなか手がつけられなくて、自分自身の暮らしと仕事から、気持ちが遠のいて離れている感覚といおうか、自分のことなのに、自分のことと思えない心境に陥っていた。

　たとえるならば、自転車のチェーンがギアから外れてしまって、空回りというか、それまで噛み合っていたものが、するっと外れてしまって、自分の気持ちや行動がどこにも引っかからない状態で、しかも、どこかに手を伸ばそうとしても、どこにも手が届かないというとてつもない不安に日々包まれていた。

　次第に人と会うのも苦痛になり、外出も減り、部屋でぼんや

りすることが多くなり、何もしないのに、ずっしりした重みを感じる毎日が過ぎていた。

　そういえば、いつ食事をしたのかな？　と考えた。おそらく、何か食べているはずなのに、それすら覚えていない自分がいた。

　僕の中の時間が止まってしまった。そう思った。何かひとつの部品が外れたせいで、それまでチクタクと動き続けていた時計が止まってしまった、そんな感じだ。

　ニューヨークにやってきて、英語を話せないながらも一所懸命にやってきた。仕事らしきものも手にできた。友だちや知り合いもできた。ささやかながら暮らしも立てることができた。とにかく必死だった。頑張った。

　それはそれで喜ばしいことではあるのだが、今、身体と思考が動かなくなった自分の口から出たのは「あれ？」という言葉だった。

「なんかおかしい……」ベッドに横になったまま、天井を見つめて僕はつぶやいた。そしてこうも思った。「そうか、僕は頑張りすぎたんだ。だからすべてが止まってしまったのだ……」と。

　そう思った途端に目から涙が溢れ出た。手を動かせないので、指で涙を拭くことすらできない。鼻から空気を「スー」と吸って「フー」と息を吐く。今、僕にできることはこれだけだった。だからそれだけを繰り返した。

　そうしていたら、「なるほどなあ…。人間というのは強いようで弱いんだなあ…」

　こんなふうに、僕はなんだかとても客観的に考えることができた。

　そしてこうも思った。「そっか、これは僕という人間が頑張りすぎたんだ。はじめての経験だから、びっくりしたけど、これは当たりまえで自然なことなんだ」

　ニューヨークでの暮らしに慣れて、これまでの緊張が緩んで、

何か小さな部品がポンと外れたのだろう。きっとそうだ。

トランクス一丁で

　一時間、いや、二時間くらいが経っただろうか。僕はどうしてもトイレに行きたくなった。

　この状態で、立ち上がって行けるだろうか。まずは、ゆっくりと寝返りを打って、うつぶせになり、手で身体を浮かせながら、膝を曲げるようにして、なんとか正座をしたような姿勢にもっていき、少し休憩しつつ、壁に手を伸ばし、ベッドから起き上がった。そして、手で掴めるところを探しながら、一歩一歩と足を動かし、トイレへとたどり着き、用を足すことができた。

「わあ、嬉しいなあ。ありがたいなあ。トイレには行けたよ」と感動する自分がいた。あたりまえのことをあたりまえにできることが、こんなにも嬉しいことなのかと思った。

　そのまま僕はグラスにミネラルウォーターを注いで飲んだ。

「水ってこんなにおいしかっただろうか。水のおいしさはわかるよ」

　ゆっくりと僕は部屋を歩き、窓辺に置いた椅子に腰を下ろして、窓の外を見た。

太陽の光がさんさんと照りつけていた。ブロードウェイには車が走り、たくさんの人が歩いていた。その景色は平和だった。けれども、「ちょっと頑張りすぎた」自分という一人の人間が、誰も知る由もなく、窓から外を眺めている。

　元気で、強くなければならない。それが正しくて、それが当たり前。それまでずっと僕はそういう概念を持っていた。病気は別として、人はいくらでも頑張れるんだと思っていた。少なくとも、身体のちからが入らなくなるなんて、自分にはありえないことだと思っていた。そして、この一見平和そうな世の中だけど、どれほど多くの人が、調子を崩して、僕と同じように、こんなふうにして部屋の窓から外を眺めているのだろうと思った。

　人の営みとは、そのほとんどが目に見えるものではない。だからこそ、他人を思いやり、人の気持ちを、もっと深く理解しようと心を働かさなくてはならない。

　よく言われる、「森を見て木を見ず。葉を見て木を見ず」という言葉の意味がやっとわかった気がした。
「頑張りすぎないこと。無理をしない」これは父の言葉だ。
「こんな経験ができてよかった……」おかげでいろいろと学ぶことができそうだ。少なくとも大事なことが何かがわかった。そして人間は意外ともろくて弱い。スーパーマンではないともわかった。

　僕は頑張ってシャワーを浴びた。そして、買ってあった新しいトランクスを穿いて、鏡の前に立った。ピカピカのトランクスだ。
「頑張りすぎない。無理をしない」という父の言葉を僕はもう一度つぶやいた。

　ミネラルウォーターをもう一杯飲んだ。おいしかった。

　元気が出た。もう、大丈夫と思った。トランクス一丁で背伸びをした。

MEN トランクス

動きやすさの追求

一番のこだわりは「動きやすさ」。国内外のブランド、またユニクロがこれまでにリリースしたトランクスのサンプルを試着し、階段の上り下りなどを実際に行って動きやすさを徹底的に検証。ゆとりと身幅を充分に確保したパターンを採用し、さらに両端にスリットを入れることで動きやすさに大きな違いが生まれました。

ユニクロのトランクスは、絶えずフォルムを微妙に変えています。これはお客様の声をもとに改善と進化を繰り返している証拠です。

最高の上質を目指す

生地に採用しているのは、シャツに使われるオックスフォード地を軽くしたライトオックス素材。サラリとした肌ざわりとやわらかな風合いが特長のコットン100%です。ウエストのゴムは、肌当たりのよさやずり落ちにくさを追求し、何種類も試作を繰り返して選びました。

定番に加えてご用意した春夏らしい色柄展開にもご注目ください。下着であっても洋服づくりと同じクオリティを貫くこと。トランクスにはLifeWearの精神が宿っています。

036

もっとシンプルに、もっと簡単に。

考えを言葉にする

　インテリアコーディネーターのペギーさんから依頼された仕事は、ジャックと一緒に手がけることになった。

　ある顧客が家を新調するにあたって、リビングに大きな本棚を誂えるので、そこに収めるセンスのよいヴィンテージブックをセレクトするという、これまでにない新しい取り組みだった。

　セレクトの手がかりはデンマークの家具デザイナー、フィ

ン・ユールの名作椅子NO.45だ。この椅子の、センスと価値の
レベルに合った本を、どれだけ集められるのかが僕らの腕の見
せ所だ。幸いにも予算の上限はない。

「ものすごくモダンでセンスの良い古書店を一軒作り出すのと
同じ労力が必要だな。最低でも二千冊の本を揃えよう」とジャッ
クは言った。

「二千冊！」と僕が驚くと、「ダンボール箱百箱くらいだ。や
ればできる。二カ月でなんとかしよう」とジャックは僕の肩を
叩いた。

　それはさておき、ニューヨーク滞在中、僕は何度か日本に一
時帰国し、その都度、今、自分が取り掛かっている本を探すと
いう仕事について、両親や友だちにぽつぽつと話し、自分のこ
れから先のビジョンを伝えていた。

　手探りであっても、自分が信じているビジョン、または価値
というものを、そうやって誰かにわかってもらうために、あれ
これと考え抜いて、言語化する努力の繰り返しは僕には必要だ
った。

　そうすることで、自分自身の理解も深まり、見えなかったも
のが見えてくることが多かったからだ。

　なぜ、なにを、どうやって、それでどうなるのか、なにをし
たいのか、その先になにがあるのか。誰がどんなふうに、しあ
わせになるのか。僕は一日中考えていた。

　印刷技術や製本、紙、デザイン、その内容や表現など、すべ
てにおいて、その時代の才能とクリエーティブが、ぎゅっと凝
縮された書籍という印刷物の美しさ。そして、情報ではなく感
動を伝えるという本来あるべきメディアの姿から、今を生きる
僕らが学ぶべき大切なことがある。

「時代を超えて、新しさと美しさを備えた美しい本の存在とそ
の価値を伝えたい」これが僕の描いたビジョンだった。

「ジャック、ちょっと聞いてもらっていいかな？」と、僕はい

つもジャックを相手に、自分のビジョンをあれこれと言葉の表現を変えて話した。

「うーん、僕にはわかるけれど、何も知らない人にはさっぱりわからないだろうな」と、ジャックは僕にダメ出しをし続けた。「もっとシンプルに、もっと簡単に、誰もがわかるようにまとめるといい。君にとって本は大事だけど、本質はもっと大きなものだと思う。あえて本のことを言わなくてもいいんじゃないか?」とジャックは言った。

この言葉に僕ははっとした。

ビジネスだから

本のコーディネートには、古書店仲間の協力が必要だった。僕とジャックは、日頃から付き合いの深い古書店の店主に相談して歩いた。

この頃から僕は、白いシャツにネイビーのジャケットを着るスタイルが自分の定番になっていた。シャツは、オックスフォードのボタンダウン。ジャケットは、ベーシックなデザインで、シャツ感覚で羽織れる、薄手で軽やかなものを選んでいた。ボトムスは、デニムもしくはチノパンをその日の気分で選び、靴は黒のローファーを履いていた。場合によってはレジメンタルのタイを結んだ。

相手が誰であろうと、仕事の話をする際は、その相手への敬意を払った服装をしていくのがマナーである。そう心がけ、いつしかそれが毎日の身だしなみになった。

ベテランばかりの中で、駆け出しの自分ができる精一杯は、身だしなみを整え、謙虚さを失わずに、すべてのことから学ぼうとする素直さを保つことだった。

ジャックにしても同様で、彼のようなベテランであっても、仕事の打ち合わせをする時には、身だしなみを整え、相手への

敬意を払っていた。

「身だしなみで大事なのは何か？」と、僕らはよくこんな話をした。

　というのは、僕にしてもジャックにしても、基本的に服が大好きで（特にトラッドなもの）、ファッションを楽しみたい気持ち（目立ちたいのではなく）は人一倍あったからだ。

「身だしなみとは、まず清潔であることだよ。髪型や肌、指の先、たとえば、匂いもそうだ。清潔であるということは、自分は人間関係を大切にしているという姿勢の表れだよね。何を着て、どんなものを身につけるってことではないんだ。僕らは一日に何度もハグをしたり、握手をしたりするけれど、だからこそ清潔さはマナーでもある」と、ジャックは言い、僕はうなずいた。

「本を集めるために、毎日たくさんの人に会って、いわば僕らの仕事のために、貴重な本を譲ってくれとお願いして、こうして実際に集められているのも、僕らが身だしなみに気をつけているからこそでもあるんだ。僕らが一所懸命であることが、身だしなみという見た目でわかるからこそ、みんなは力を貸してくれるんだ」

「僕は昔、そんなこと関係ない。不潔だろうと清潔であろうと、仕事は才能と実力がすべてだと思いこんでいた。けれども、それよりも、相手へのマナーと敬意と思いやりが大切だと気づいたんだ」とジャックは話した。

「なぜ気づいたの？」と僕は聞いた。

「それは、自分がやっていることが、趣味や単に好きなことではなく、ある日、ビジネスであると気づいたんだ。ビジネスだからこそ、マナーと敬意と思いやりが大切なんだ」とジャックは言った。

　その言葉に、僕はまたはっとした。

MEN 感動ジャケット

超「高機能」ジャケット

　超軽量・超伸縮・超速乾。未体験の着心地に「感動」する高機能ジャケットです。東レと開発したポリエステル100%の素材は、軽やかでお手入れも簡単。同素材のパンツとセットアップでの着用が可能です。

　汗をかきやすい裏地の脇下には抗菌防臭機能がついた通気性抜群の「Air dots」を使用。夏場のビジネスシーンや旅行先のレストランなどで食事する時、カジュアルにTシャツやパーカなどと合わせた普段使いにもおすすめです。

動きやすさとデザインの両立

　素材の特性に合わせてミリ単位のバランス調整を行いました。袖や肩にゆとりあるパターンを採用しながらも、すっきりとした袖のフォルムに仕上げました。さらにフロントポケットの下にある縫い目をなくしたことで、ストレッチによる動きやすさとクリーンな印象を両立しました。

　ウルトラライト、ウールライク、コードレーンの3パターンをご用意。素材ごとにそれぞれ異なる表情は、幅広いシチュエーションでお楽しみいただけます。

037

ニューヨークが大好きと
アシャは言った。

コーヒーショップ

　僕は、週に二、三度、ユニオンスクエアパークの目の前にある「コーヒーショップ」というカフェに行き、本を読んだり、手紙を書いたり、ぼんやりしたりして過ごした。

　僕は「コーヒーショップ」が大好きだった。このカフェにいると、ニューヨークでの寂しさや不安な気持ちが不思議と紛れたからだ。

　この店には、世界中から夢を追ってニューヨークにやってきた人がたくさん集っていた。店で働くスタッフもそうだ。皆、モデル、俳優、アーティスト、デザイナーなど、何かを目指している人たちばかりだった。

　とはいえ、サラリーマンや、近所に暮らすおばあちゃんも安心してくつろげる、庶民的な雰囲気もあった。

　通っていてわかったことがある。それは毎週火曜と木曜が、この店の面接の日なのだ。気立て良く、真面目で、そしてスタッフの空きがあれば採用されるのだが、この二日間は、「コーヒーショップ」での仕事を求めてやってくる若者で店は賑わった。

　僕はここで働くアシャという女性と仲良くなった。

　僕がまだ「コーヒーショップ」に通い始めた頃、サンドイッチを選ぶのに迷っていると、たまたまテーブルの横を通った彼女が「そうね、ツナサンドがおいしいわよ」と声をかけてくれ

たのだ。

　帰り際、「サンドイッチおいしかった。ありがとう」と、カウンターの中でコーヒーを淹れていた彼女にお礼を言うと、「また明日ね！」と笑顔を見せてくれたのが嬉しかった。

　それからというもの、僕は「コーヒーショップ」に行くとアシャの姿を探すようになった。アシャは、週に三日、店がオープンする朝の六時半から深夜まで働いていた。いつしか僕はアシャに会うのが楽しみになっていた。

　ある日、アシャは休憩時間に、僕のテーブルにやってきて隣に座り「で、あなたはニューヨークで何をしているの？」と聞いてきた。僕は日本からサンフランシスコを訪れ、古書の魅力に触れ、ここニューヨークに行き着き、ヴィンテージブックを扱う仕事を、自分なりにやっていることを話した。「すてきね。私も本が好きよ」とアシャは言った。

　そして、アシャは自分のストーリーを僕に話してくれた。

　彼女は十五歳の時に、カトリック学校の交換留学生として、アフリカからニューヨークに一人でやってきた。それは彼女の意志ではなく、両親が決めたことだった。なんと出発の二週間前まで、留学のことを両親から聞かされていなかったという。

ロウェナのユニフォーム

　ニューヨークにやってきた時、アシャは英語が一言も話せなかった。だから、他の子が一時間でできる宿題が五時間もかかり、泣きながら徹夜をした日もあったと言う。

「あの頃は、言葉の不自由と、何より家族や友だちと別れたのがつらかった。でも今はここニューヨークが大好き」と、アシャはにこやかに話してくれた。

　僕は、「コーヒーショップ」で働くスタッフが皆、アシャに一目置いている理由がわかった。彼女くらい苦労している人は

いないからだ。

「アシャは今、何をしているの？」と聞くと、「高校を卒業して、好きだったファッションの道を目指して勉強中なの。絶対に成功してやるわ」とアシャは言って微笑んだ。

「じゃ、また明日ね」と言ってアシャは仕事に戻った。二十二歳のアシャが淹れるコーヒーは実においしかった。

その次に「コーヒーショップ」で友だちになったのはロウェナという女性だった。

二十六歳のロウェナはしっかりもので、みんなのお姉さん的存在。ウエイトレスとして働いていた。

アシャとロウェナは仲良しだったので、僕がアシャとおしゃべりしていると、「私の妹と何を話しているの？」と必ずロウェナがやってきた。

ロウェナは「コーヒーショップ」内で、男性客から一番人気のある女性だった。いつも白いリブ編みのタンクトップに、白いシャツを着て、デニム姿で、テーブルの間をきびきびと働く、ショートカットのロウェナにたくさんの男性客が見とれていた。

ロウェナはブロンクス生まれの生粋のニューヨーカーだった。スペインとプエルトリコとイギリス、フランス、ドイツとウエールズの血が流れていて、「私自身がまさに移民が集まるニューヨークみたいね」と笑った。

ロウェナの夢は作家になることだった。大学でクリエーティブ・ライティングを学びながら、週に四日「コーヒーショップ」で昼間働き、あとは文章を書く時間に費やしていた。

一度だけロウェナと、二十一丁目の古書店で会ったことがあった。手に持っていた本を見ると、ミヒャエル・エンデの「モモ」だった。

「『モモ』は僕も好きな本です」と言うと、「本当は、いつか子どものための物語を書きたいの」とロウェナは言った。

ある日、僕が白いタンクトップに、白いシャツを着て「コー

ヒーショップ」を訪れると、「あら、その私のユニフォームを
返してくれない？」と、ロウェナはふざけて僕の着ているシャ
ツを脱がそうとした。

「ごめんごめん、君のクローゼットから勝手に借りてきたん
だ」と冗談を言うと、店にいたロウェナ目当ての男性客が一斉
に僕をにらんだ。

「しょうがないわね。今日だけよ」と、ロウェナは言って、僕
に投げキッスをする真似をした。

MEN ドライカラータンクトップ

スタンダードを貫く

ほどよいフィット感とすっきりとした着用感が自慢の
タンクトップです。伸縮性のある着心地バツグンなリ
ブ素材は、コットン100%のような風合いと「ドライ機
能」がポイント。コットンにポリエステルを加えて型崩
れしにくく、汗をかいたり洗濯してもすぐに乾くのが特
徴です。

肌に直接触れるものだから、襟やアームホールは縫
い目が目立たない特殊縫製で肌ざわりもなめらか。ネ
ックラインはゆるめに、インナーでも1枚でも着られる
汎用性の高いデザインです。

豊富なカラーパレット

「色」にこだわりました。同シリーズのクルーネックT、
VネックT、タンクトップそれぞれに白や紺、杢調のベー
シックカラーはもちろん、オレンジやピンクなどのトレ
ンドカラーを色付け。そしてパッケージも小さめのサイ
ズに変更。よりたくさんのカラーバリエーションを店頭
に並べられるようにして、色選び自体を楽しんでいた
だけるように考えました。

ジャケットやシャツの下の差し色肌着に、ご自宅で
のリラックス時に。タンクトップはTシャツのインナーと
しても。幅広くお使いいただけるはずです。

038

これはジャックからもらった
シャツだよ。

仕事の証を

　ペギーさんの顧客のために、二千冊の本を収集し、新しく誂えた本棚に収める仕事は無事に終わった。

　顧客は、たくさんのゲストを招待し、インテリアの主役になった本棚と本のお披露目パーティを開いた。

「ランボーの『地獄での一季節』と、エドワード・ウエストンが撮った希少な写真集『草の葉』の横に、鈴木大拙の禅の本があり、その隣にはケルアックの『路上』の初版がある。エズラ・パウンドとエリオットの貴重な詩集や、『ホビットの冒険』の初版揃い、O.ヘンリーのニューヨーク短編集もある。なんてすばらしいセレクトなんだ。できることなら本棚そのまま持ち帰りたくなるくらいだ」

　ある著名な詩人は、本棚の本をくまなく見てこう言い放ったという。

「実を言うと、これらの本は僕が集めたのではなく、ふたりの若い書籍商が、僕のためにニューヨーク中から集めてくれたものなんです。僕ではなく、彼らの素晴らしいセンスなんです。僕はこれから一冊一冊読んで、この本が飾り物にならないようにしたいと思います」

　顧客は、こんなふうにスピーチをして、その場にいない僕とジャックに敬意を表してくれたと、ペギーさんは嬉しそうに話してくれた。その謙虚さにゲストは感動し、とてもいいパーテ

ィだったと言った。

　その数日後、顧客から僕とジャックに、特別ボーナスがメッセージとともに届けられた。

「すてきな本をありがとう。これからの人生における新しい友だちとして、大切に読ませていただきます。ふたりの仕事に、敬意と感謝を送ります。ありがとう」

　僕とジャックはいただいたボーナスを使って、リトルイタリーの小さなレストランを貸し切り、本の収集にちからを貸してくれた古書店店主、コレクター、ブックハンターらを招待し、ワインと料理を振る舞った。

　僕とジャックは、集めた二千冊すべての本に、ある仕掛けを施していることをみんなに話した。

　本の扉ページの裏の片隅に、米粒ほどの大きさの「YJ&CO」というスタンプを押したことだった。それは僕とジャックと仲間たちという印で、今回の仕事の証を本のどこかに残したかったのだ。だから、万が一、その印のある本が市場に流れたら、ただちに引き取って自分の手元に置いてほしい、と。そして、コピーした二千冊のブックリストを全員に配った。

「そんな仕掛けをしてあるのか。そりゃ嬉しい。買ってもらった本でもあるけれど、集めたのは僕らだ。これだけセンスの良い二千冊の本を集めるのは、もう二度とできないし、僕らでなければできない仕事だった。その証がある本はさらに希少になるぞ！　そうだ、このブックリストも希少といえば希少だ」と、ブックハンターの一人は言った。

「確かにもうできないだろう。というか、これだけの本はもう揃わないだろう……」

　ニューヨークで四十年、古書店を続けている店主はこう言った。

「さあ、みんな乾杯しよう」

　僕らは夜通し飲み食いしながら、互いの仕事を称えあい、そ

の喜びを分かち合った。

朝のドーナツ屋で

「さあ、これからどうする？」とジャックは言った。

「君はもう一人前のブックハンターだ。ここニューヨークで仲間もいる。コレクターのクライアントもいる。ペギーさんからの仕事もある。僕がいなくても本の仕事はいくらでもやっていけるだろう」

　僕とジャックは、リトルイタリーからの帰り道、ブロードウェイを歩きながら話した。

「うん、僕はニューヨークに来て、ジャックと出会って、本の仕事を通じていろいろなことを学ばせてもらった。それは、本の仕事に限ったことではなく、どんな仕事にも通じる大切なことばかりだった。その多くは人と人とのつながりというか、すべてはコミュニケーションだということを知ったんだ。コミュニケーションとは何か。それは相手に愛情を伝えることだとわかったんだ。仕事とは、困っている人を助けること。そのために世の中の人の感情を深く理解すること。そういうことに僕はニューヨークという街で気づいたんだ」

　僕は独り言のように話した。

「ああ、そうだね。君が気づいたことはほんとに大事なことだ。その気づきという種を、これからどんなふうに育てて、どんな花を咲かせたいのか、よく考えるといい。それが君のこれからのビジョンだね、きっと」ジャックは夜明けまぢかの青みがかった空を見上げて言った。

「それより今日、君が着ているリネンのシャツ、いいな。リネンのシャツは、着て二日目の身体になじんだシワがなんとも言えない良さがある。それ二日目だろ」

「これはジャックからもらったシャツだよ。元々、自分のもの

だったのに何を言ってるの？」と僕は笑った。

「そうか。同じ服でも着る人によって、違って見えるな。君のほうが似合ってる」とジャックは言った。

「ビジョンの話だけど、明日、『コーヒーショップ』で出会ったアシャと会うんだ。彼女も自分のビジョンが何かを今探している。もしかしたら、僕と彼女のビジョンが重なるかもしれない。そんな予感がしているんだ」

「アシャはいい子だ。あんなピュアな子は珍しい。君らは同じ世界を生きているから、きっと何か新しい扉を開くことができると思うよ」ジャックは僕の言葉にこう答えた。

「でも、一度、僕は日本に帰る。今まで身勝手に旅を続けてきたから、親孝行をしたいんだ。自分の経験が日本で役に立つかもしれないし。そしてまた必ずニューヨークに来るよ」と僕は言った。

「君はもう僕のルーティンを知っているね。だから、いつニューヨークに来ても、僕を捕まえられるだろう」とジャックは笑って言った。

「さあ、あったかいコーヒーを飲んで帰ろう」

　ジャックは僕らがはじめて一緒にコーヒーを飲んだドーナツ屋のドアを開けた。朝のドーナツ屋は、揚げたてのドーナツの甘い香りが充満していた。

　僕とジャックはコーヒーを注文し、カウンターに座り、何も語らずにぼんやりと過ごした。

「僕らはここで別れよう……」

　ジャックはカウンターに肘をつき、マグカップを両手で包みながら言った。

「うん、そうだね」と僕は答えた。

MEN プレミアムリネンシャツ

最高級のリネンシャツ

　ユニクロのこだわりと情熱を込めたリネン100%の
シャツです。最高級のリネンを生み出すことで知られ
るフランス・ノルマンディ地方。その中でもナンバー1の
メーカーに原料となるリネン作りを依頼。その後の紡
績、パターン、縫製といったシャツ作りすべての工程を
信頼する中国の会社と製作しました。

　たくさんのお客様に本物のリネンシャツをお届けし
たい。フランスと中国、ユニクロのパートナーシップが
最高品質とコストパフォーマンスを実現しました。

極上の着心地と楽しみ

　生産段階で空気を含ませてふんわりさせる「エアタ
ンブラー加工」を行い、ゴワつきのないコットンのよう
なやわらかさを実現。またリネン素材では避けられな
い生地表面のネップ（糸のかたまり）をすべて手作業
で取り除き、極上の風合いを生み出しています。

　色付けにもこだわりました。13色の無地、6色のスト
ライプとチェックをご用意。先染め、後染め、デラヴェ
加工（特殊な染めの一種）と、色ごとに最適な染め方を
採用して表情豊かなバリエーションを展開しています。

早起きして朝食を食べに行こう。

旅で着る服

　ノートの白いページに「旅」と書く。

　そして、自分で書いた「旅」という文字をじっと見つめる。そうすると、「旅」という文字の中に、見えてくるもの、聞こえてくるもの、感じるものがある。

　大きな空、広い景色、街の音、人の声、あの匂い、あの色、あのぬくもり、あの人のこと、いつかの記憶。「旅」という文字を書くと、ゆっくりと扉が開くのがわかる。旅の扉だ。

　いつだって、そうやって僕の旅ははじまる。さあ、今日はどちらに歩こうか。街のほうか、それとも海のほうか、この道をまっすぐ行こうか。山に登ろうか。そこには何があるんだろう。地図は持たない。そう、地図は自分で作るんだ。それが旅。

　旅の支度くらい楽しいものはない。思い切りわがままになれるからだ。いわばとびきり自由ってこと。自分が一番リラックスできるように、どうすればいいのか。それを考えながら、あれやこれやと揃えていく。わくわくする。嬉しくなっていく。旅の醍醐味だ。

　旅の服について考えよう。

　無くてはならないのは、肌ざわりのよいコットンのTシャツ。たとえば、その上に、肉厚で、少したっぷりしたサイズの、カットソー的なTシャツを着る。要するにTシャツの重ね着だ。

これが僕のいつもの旅の装いになっている。

Tシャツ一枚だと、カジュアル過ぎるけれど、その上にしっかりした素材のTシャツを重ねると、ほんの少しだけフォーマルになる。

場合によってはジャケットを羽織ってもいいだろう。とにかく、Tシャツを二枚着るというのは、僕なりの旅の身だしなみである。襟元が二重になっていると、不思議と安心するのは僕だけだろうか。

色の組み合わせも楽しい。ブラックのTシャツのインナーをグレーにしているけれど、この組み合わせはかなりの定番。旅でなくとも、こんなスタイルで過ごすことが多い。

ブラックの代わりにネイビーでもいい。ホワイトのTシャツのインナーに、グレーというのも気に入っている。そうそう、リラックスできるのが基本だから、上に着るTシャツはワンサイズ大きめがいい。

Tシャツの袖を無造作に折って、袖からインナーの色を見せる時もある。

ボトムスはチノパンが絶対いい。Tシャツに合わせて、ゆったりとしたサイズを選ぶ。裾はロールアップして足首を軽やかにすると、ヴィンテージチノの絶妙なフォルムが、さらに際立ってスタイリッシュに。

旅で着る服の組み合わせは、いつもの服よりもすてきに思えるのはなぜだろう。

さあ、早起きして朝食を食べに行こう。旅先のあの店で、熱いコーヒーと一緒に、とびきりおいしいエッグベネディクトを食べるんだ。

僕はこんな感じがすごく気に入っている。

はじめての旅

　はじめて旅したのはいつだろうか。そう思ったら、いつかの光景が目に浮かんできた。

　僕は小学二年生だった。当時、飼っていたジョンという名の柴犬と一緒に、僕は知らない街に立っていた。夕暮れだった。

　ある日曜日の午後。僕は暮らしていた街のはずれにあった、一人で渡ったことのない広い大通りの向こう側の街を冒険してみようと思い立った。

　いつも車や大きなトラックが走っているこの道の向こうには何があるんだろう。もしかしたら、とっても楽しい公園や遊び場があったり、すてきなおもちゃ屋があったり、おもしろいものを売っているお店があるのかもしれない。それを見つけて、友だちに教えてあげよう。あとは、一人で遠くに行けることを、お父さんお母さんにほめてもらおうと思ったのだ。

　とはいえ、一人では心細かった。僕は大好きだったジョンを連れていこうと思った。

　大通りを渡るために信号待ちをしていた時、ドキドキした。向こう側に行ったら帰ってこれるのだろうか。そう思ったら怖くもなった。信号が青になった時、「行こう、ジョン」と声をかけて、僕とジョンは勇気を振り絞って、大通りの横断歩道を駆け抜けた。

　僕とジョンは知らない街をどんどん歩いた。帰る時の目印を見つけながら、まっすぐに歩いた。すると見たことのない商店街があり、たくさんの人で賑わっていた。僕とジョンは、人混みをかきわけるようにして歩いた。どこまでも歩くと商店街の端っこに着き、人混みは無くなっていた。

　ジョンがハアハアと口を開けて喉が渇いたようだったので、文房具屋の前にいたおばさんに「すみません、水をくれませんか」と言うと、「ぼうや、水飲みたいの？」と言って、店の中

からコップ一杯の水を持ってきてくれた。僕がそれをジョンに飲ませると「犬にコップを使っちゃダメよ」とおばさんが怒鳴った。僕は「すみません、ありがとうございました」と言ってコップを返し、店を後にした。

　知らない街には、知らないことばかりで、僕とジョンはキョロキョロしながら歩いた。とても楽しかった。

　一時間くらい歩いただろうか、僕はさすがに疲れて、「ジョン、帰ろうか」と声をかけた。そして来た道を戻った。まっすぐ歩いてきたから、まっすぐ戻れば帰れる。そう思った。

　しかし、歩けど歩けど、目印にしていた場所を見つけることができなかった。日は暮れて夕方になっていた。僕とジョンは道に迷ったのだ。もう家に帰れないかもしれないと思ったら僕は急に悲しくなった。座り込んでジョンを抱きしめた。

「あなたどこの子？」と声をかけてくれたおばあさんがいた。僕は自分の名前と学校名を言い、大通りの向こうから来たことを話した。家の電話番号を聞かれたのでそれを言うと、おばあさんは電話をかけてくれた。「すぐにお母さんが迎えに来るから大丈夫よ」とおばあさんは言って、僕とジョンにお菓子をくれた。

　待っていると、エプロン姿の母が走ってやってきた。母は「何をしにこんな遠くに来たの？」と僕に聞いた。「こっちに何があるか知りたかっただけだよ」と言って僕は泣いた。ジョンは僕の手の甲をなめてくれた。

　僕とジョンは、迎えにきてくれた母と一緒に家に帰った。

　そこに何があるのか知りたかった。ただそれだけで僕は歩いた。怖かったけれど楽しかった。はじめての旅だった。

特別編 2

ポケットに文庫本を

チノパンのポケットに入るから、文庫本をいつも旅には持っていく。どこを読んでも、何度読んでも飽きない大好きなヘミングウェイやO.ヘンリーを。

ネックをピシッと

Tシャツの二枚重ねが好きな理由は、ネックが二重になることで、少しピシッとすること。こうすると、Tシャツでもルーズに見えない。

朝はお茶を飲む

お湯さえあればおいしく淹れられるから、部屋ではハーブティや紅茶を飲むことが多い。お気に入りのマグカップも持っていくとどこでもわが家。

だらしなくしない

ワンサイズ大きめのチノパンは、ベルトをしっかり締めて、ウエストの位置を下げないように気をつける。カジュアルでも、だらしなくならないように。

友だち作りに

旅先では時間がたっぷりある。トランプがあれば、一人遊びはいくらでもできるし、誰かと一緒に楽しむこともできる。知恵の輪ひとつで友だちも作れる。

忘れたくないから

カメラとノートはどこに行っても一緒です。写真を撮れない場所では、ノートにその時の様子を、絵を描くように書き記す。旅とは思い出作りでもあるから。

足元はすっきりと

裾を短めにロールアップしたチノパンには、上質な革靴を合わせる。足首をすっきり見せたいから、裸足でも良いし、ショートソックスでも良し。

040

僕は今日アシャと会う。

五年後、同じ場所で

　セントラルパーク。初夏のやわらかい陽射しに包まれて、僕はベンチに座って一冊の本を読んでいる。あまりの心地よさに自然と眠気がやってきて、目をつむったり、開けたりをゆっくりと繰り返した。

　腰を少し前にずらして足を伸ばし、手を頭の後ろに組んで空を見上げた。木々の若葉がきらきらときらめき、すずめが枝から枝へと遊んでいるように跳ねている。

　傍らに本を置き、座りながら背伸びをして、「フー」と大きく息を吐いた。

　ニューヨーク・ヤンキースのTシャツを着ている六歳くらいの少年が蹴ったサッカーボールがコロコロと僕の足元に転がってきた。

「こっちに蹴って！」と、少し離れたところに立っていた少年が僕に声をかけた。僕は「オーケー」と答えてから立ち上がり、少年に向かってボールを蹴り返した。

　少年は「ありがとう！」と言って、ボールを上手に足で受け止めると、すぐにまた僕のほうに蹴り返してきた。

「カモーン」と少年はにこにこしながら言った。

　苦笑いしながら、僕はまたボールを蹴り返した。すると、また少年は僕に向かって蹴り返す。にこにこ顔で「カモーン」と言う。

「よし！」僕は足の内側で蹴るインサイドキックというのを思い出し、少年に向かって少し強めに蹴り返した。

　少年はそのボールを受け止められず、逃したボールをあわてて拾い、「すごい。それどうやるの？」と聞いてきた。
「軸の足先を相手に向かってまっすぐに向けておく。その軸足を一歩前に踏んでから、蹴る足を大きく開いて、足の内側で蹴るんだ。蹴るんだけど、あまり蹴り上げずにシュッと蹴る感じ。ほら、やってごらん」と、僕は少年にインサイドキックを教えた。
「この蹴り方だと蹴りたいところに、正確にボールが転がっていくんだ。相手が捕りやすいところに蹴るんだよ」と言うと、少年はうんうんとうなずいた。

　僕は少年との距離を縮めて、「練習しよう！」と言い、インサイドキックでボールを蹴り合った。「ナイス！」「グッド！」「サンキュー！」僕らは、そんな言葉をお互いにかけあいながら、ボールを蹴るのに夢中になった。

　インサイドキックを覚えた少年は、実に嬉しそうだった。
「すみません、遊んでもらって……ちょっと仕事がトラブってしまって……」と、近くのベンチで、ずっと携帯電話で誰かと会話をしていた母親らしき女性が申し訳なさそうに声をかけてきた。そして、「さあ、そろそろ帰りましょう」と少年に言った。
「いいんです。僕も楽しかったし」と僕は答え、少年に「バイバイ」と言って手を振った。「教えてくれてありがとう！」と少年は言って、大きな声で「バーイ」と言った。

　腕時計を見ると、約束の三時が近づいていた。僕は今日アシャと会う。いや、会えるかもしれない。

　きっかり五年後の今日、同じ時間に、僕らが出会った「コーヒーショップ」の前で待ち合わせしよう。

　別れのキスもハグもなく、五年前そうやって僕らは別れたの

だ。

裸足が似合うドレス

「私はまるで『ミッドナイトカウボーイ』のジョーだった」と
アシャは言った。

　初夏のある日、僕らはセントラルパークのコンサバトリーガ
ーデンの階段に座り、一人分のローストナッツとアイスティー
をふたりで分け合いながら、これまでの互いの人生を語り合っ
た。

　高校生の時、エチオピアから一人でニューヨークにやってき
たアシャ。英語が話せなかった苦労、家族も友だちもいない
日々、高校を卒業し、好きだったファッションの道へ進むが、
イタリア人の母とエチオピア人の父の間に生まれたハーフであ
るがゆえの健康的な肌色とスタイルの良さが徒になり、男性か
らのセクハラに悩まされた。

「今度こそ本当の恋愛ができる、と思って、人を好きになるん
だけど、長く続いたためしがなかったわ。私が思い通りになら
ないとわかるとみんな去っていったわ。いつも嘘をつかれて騙
されちゃうの。友だちは、何も考えずにエンジョイすればいい、
というけれど、そうはなれなかった。私には夢がある。今しか
できないことを精一杯やりたいの。ドレスメーカーになりたい
の。そのためのデザインを学びたい。ただそれだけ。毎日いち
ゃついて、週末は夜通し遊びまわることが楽しいと思えないの。
週に一度しか会えなくても、その一度をたっぷり楽しむ。その
ほうが私はいい。私は彼氏のアクセサリーじゃないもの。いろ
いろな男性に出会ったけれど、うまくいかなくて人間不信に陥
ったわ。遊べないのよ、私」

　アシャはナッツをひと粒、空に向かって放り投げ、それを上
手に口でキャッチした。

「一人ぼっちでいると、こんな遊びが上手になるのよね。ほら、ふたつ投げても落とさずに食べれるわよ」アシャは続けざまにナッツを投げて、口で受け止めるのを僕に見せて、無邪気に笑った。そして、四つまでできると自慢した。

「『コーヒーショップ』でバイトしたのは、私のように外国からやってきている人が多いからよ。みんな苦労している。あなたもそうね。仲間ができるから。私は一日に百杯以上、今、流行りのカプチーノを淹れて、ここに集まる『寂しきニューヨークの旅人』を励ましたい。負けるな！　とね」

　アシャは薄手のワンピースドレスを素肌に着て、裸足でスニーカーを履いていた。

「今日の服、すてきだね」と言うと、「ありがとう！　これは私がデザインしたドレスなの。動きやすくて、楽で、それでいてフェミニンで健康的でしょ。この手のワンピースってセクシーになりがちだけど、そうならないように試行錯誤したの。バイトではいつもパンツルックだけど、今日みたいにデートの時はワンピースのほうが、女性は気分も上がるのよ。あ、でもスニーカーじゃ男はがっかりかもね。でも見て」と言って、アシャはスニーカーを脱いで、裸足になって立ち上がり、腰に手を当てて僕の目の前に立った。

「ね、どう？　私のワンピースって裸足が一番似合わない？」そう言って、ワンピースをひるがえしながら、くるくると回って見せた。

「このあとどうする？　どこ行く？　今日は裸足で街を歩こうかしら」

　そう言ってアシャは、片手に脱いだスニーカーを持ち、もう片方の手で僕の手を引いて歩き出した。

　五年前、僕らはそうやって休日を楽しんだ。

　きらめく陽射しに眩しそうに目を細めるアシャの顔は美しかった。

WOMEN ブラロングフレアワンピース

快適で美しく

　ルームウェアとして使われることが多かったブラトップドレス。ブラトップの快適さと、ドレスとしてのエレガントさを両立させた自信作です。裾の部分はトレンドのギャザー仕様、シルエットは少しオフボディで、着た時にふわりと揺れる美しさをデザインしました。

　素材は、しなやかなモダールコットンを使用。さらりとした感触とストレッチ性、しっとりとしたドレープ感が特徴です。重くなりがちなロングドレスですが、適度な落ち感と光沢がとてもきれいです。

夏オシャレの主役

　ブラトップのホールド感、安心感をキープしながら、女性らしいドレスのシルエットを兼ね備えたことで、ノースリーブにありがちな横から下着が見えてしまうことや下着のアタリ、ボディラインの心配はいりません。マスタードイエローやカーキなどファッション目線でのトレンドカラーを展開。

　ルームウェアとしてはもちろん、普段使いからリゾート地でのちょっとしたレストランまで、いろんなシーンで夏のオシャレを楽しむことができるアイテムです。

041

彼女にはじめて手紙を書いた場所。

着こなしを

「トップスは、どんなにカジュアルでもいいけれど、パンツは
きれいなラインがプレスされた、上質なスラックスを穿くとい
いわ。Tシャツにきれいめのスラックスという、シンプルなコー
ディネートって、私すごく好き」

　アシャは僕によくこう言った。それまでは、カジュアルか、
フォーマルか、そのどちらかしか自分のスタイルにはなかった
が、こんなふうに、カジュアルとフォーマルを混ぜたような、
ファッションセンスという言い方がよいのかわからないが、服
の選び方や組み合わせ、こんなふうにしたらいい、という着こ
なしについて、僕はアシャからたくさん教わった。

　一言で言うと、普通だけどおしゃれ。

　一般的に男というのは、好きな服についてのこだわりは強く、
身に着けたら、それで満足してしまう傾向がある。しかし、コー
ディネートやバランスまでを考えていないので、いいものを
身に着けているかもしれないが、すてきに見えない、というパ
ターンが多い。正直、僕自身がそうだった。

「何を着るかよりも、どう着るかのほうが大切で、その人が何
を着ていたかという印象よりも、どんな着こなしをしていたか
という印象のほうが記憶に残るのよ。服が人を輝かせてくれる
のではなく、着こなしが人を輝かせるの。あのね、私はそんな
提案ができる服を作りたいの」

カフェで働きながらファッションビジネスを学んでいるアシャはこんなふうに話した。

　アシャの着こなしはまさにそうで、周りの女性が彼女を見て、真似したくなるのは着ている服というよりも、彼女のように着こなすことだったりする。

　その日のアシャは、きれいにプレスされたカーキ色のワイドパンツに、白いサマーニットのアンサンブルを着て、真っ白なテニスシューズを履いていた。そして、首元にさらりと巻いた黄色のスカーフがアクセントになっていた。姿勢良く歩くアシャに、道行く人は皆、目を奪われた。

「男の人のTシャツにデニムのスタイルもすてきだけど、靴をスニーカーにしてしまうと、うーん、悪くはないけれど、ちょっと子どもっぽいというか、カジュアル過ぎるかもね。まあ、休日ならいいけれど。だから、スニーカーを革靴にするだけで、ぐっと印象が変わるのよ。その場合ソックスはショートか、素足がいい」

　こんなふうに、アシャは会うたびに、僕の着こなしにダメ出しをしてくれた。それもいいけれど、こうするともっとよくなるよ、という言葉のおかげで、いつだって僕は素直に耳を傾けられた。

　そして、バランスよく着こなせた時は、心から「とってもすてき」と、ほめてくれるのだった。特に、きれいにプレスされたスラックスを穿いていると、ニコっと笑って、「すてきよ」と言ってくれた。

　こんなふうに、僕は在りし日のアシャを思い出して、再びニューヨークにやってきた。

キッチンで

　アシャと出会った頃に暮らしていたアパートのキッチンは、

　右の壁側にシンクとガス台があり、左の壁側は作業台があり、その下は収納になっていた。その壁と壁の間、そう、人が一人動けるくらいの空間に、木の白いスツールを置いてみた。ちょこんと。

　スツールは三本脚の北欧メイドで、実を言うと、道端に捨てられていたのを拾って、白いペンキを塗ったものだ。

　小さなキッチンに置いたスツールに腰掛けると、まるで乗り物のコクピットに座ったような、懐かしい居心地良さを感じた。子どもの頃に押入れに入った時のような、なんだか、ここにずっと座っていたいような感じ。

　ブーンという換気扇のファンの音や、大して料理をしないくせに買ってしまった、いろいろなスパイスの混ざった匂いも、不思議なことに、却って心地良い理由になっていた。手を伸ばせば何でもある感じも嬉しかった。

　キッチンっていいな。

　そんなふうに、アパートの中で新しい居場所を見つけてしまった僕は、部屋に帰ると、そこに座り、コーヒーを飲み、読書をしたり、新聞を読んだり、時には昼寝をしたり、ぼうっとし

たりして過ごした。座った位置から小窓を覗くと見える、庶民的な教会の景色にもいやされた。

そうそう、アシャにはじめて手紙を書いた場所も、そのキッチンだった。

ユニオンスクエアパークの目の前にある、「コーヒーショップ」という名のカフェに通うようになり、そこで働くアシャと知り合った。

顔を合わせれば、二言三言話すようになってから一週間ほど経ったある日、いつしか僕はアシャに会うのが楽しみになっていた。

どんなにつらいことがあっても、どんなに不安なことがあっても、彼女の笑顔で何もかもが吹き飛んで、明るい気持ちになれた。

この気持ちを言葉で伝えたくて、せめて「いつもありがとう」という感謝だけでも言葉で伝えたくて、そのチャンスを待っていた。

しかし、働くスタッフの中でも大人気のアシャとふたりきりになるのは難しかった。それならば、彼女に手紙を書こうと思った。手紙を渡すことくらいはできるだろう。そう思って僕はペンを取った。

これってラブレター？　いやいや、「ありがとう」を伝えるだけさ。何をどう書こうか？　どんな便箋、もしくはポストカードを使おうか。そんなことを考えたらドキドキしてきた。

アシャの顔、瞳、立っている姿を思い浮かべると、僕は、ますます何を書いたらよいかわからなくなった。

何も書かずに、ただただ、キッチンのスツールに座って過ごすばかりだった。そういえば、手紙なんてしばらく書いてなかった。

胸が痛くなった。

MEN 感動パンツ

おどろきの穿きやすさ

超軽量・超伸縮・超速乾がコンセプトの感動パンツです。英国に起源を持つトラウザーパンツが持つ、品格はあるけど動きづらい、伸びないという常識を変えたアイテムです。

生地は東レと開発したポリエステル100％の、糸からこだわったオリジナル素材。足通りのスムーズさと、空気のような穿き心地に驚いていただけるはずです。生地だけでなく、ウエスト部分もストレッチ仕様。どんな動きにも締め付けを感じることはありません。

夏場のあらゆるシーンに

ポケット裏の当て布、ウエストまわりには特殊加工で格子状に穴をあけた「Air dots」を使用。さらに抗菌防臭機能をプラスして夏場に嬉しいアップデート。素材は超軽量でストレスフリーな穿き心地の「ウルトラライト」で、ウールライクとコットンライクを展開することで幅広い着こなしを楽しんでいただけます。

ビジネスやゴルフはもちろん、アンクル丈に裾上げすればスマートな街着としても活躍すること間違いなしです。

042

セントラルパークでサイクリング。

アシャへのラブレター

　手紙を書く。そんなどうってことない行為に戸惑う自分がいた。アシャに対して、特別な感情があったからだ。自分をよく見せようという気持ちが働いて、言葉も文字も嘘っぽくなった。

　うまく書こう。きれいな字で書こう。知的で、やさしくて、すてきに思われたい。仲良くなりたい。そして、アシャを思う自分を知ってもらいたい。

　そういう気持ちで胸がいっぱいで、どうしようもない自分を抑えられなかった。

　便箋に言葉を書き、破いて捨てる。それを繰り返した。そんな書き損じた便箋が十枚を超えた時、「もう書けない……」という言葉が口からポロッと出た。

　僕ははっとした。「もう書けない」これが嘘のない本当の気持ち。それを僕は言葉にしたかったのだ。

　僕は新しい便箋に「もう書けない」と一言書いた。そして、あなたへの感謝と、今の自分の気持ちを、手紙で伝えたいのだけれど、下心が邪魔して、ペンが動かない、と書いた。

　たった数行の手紙。

　へんてこりんな手紙になったが、下手な英語で長々と言葉を綴るよりも、自分らしいと思った。

　次の日の朝、僕は封筒に入れた手紙を片手に持って、「コーヒーショップ」を訪れた。いつものように、朝食代わりのレー

ズンパンとコーヒーを注文し、アシャに挨拶をした。

　その日のアシャは、髪をポニーテールにまとめて、ピンク色のワンピースの上に、メンズサイズの白いTシャツを着て、真っ赤なサンダルを履いていた。

「おはよう、元気？」とアシャは笑顔で言った。「うん、おはよう。元気です。いつもありがとう。君に手紙を書いたんだ。はい、これ」と言って僕は封筒をアシャに渡した。

「ワオ！　私に？　ほんとうに？　もらっていいの？　ありがとう。もしかしたら、ラブレター？　えー！　あとで読むわ」と、アシャはカウンターの中で飛び跳ねるようにして喜んで受け取ってくれた。

「大したものではないんです。ただ、いつも君から元気をもらっているので……」と僕は照れをごまかすように言った。

　アシャが無邪気に喜んでくれたのが意外で嬉しかった。「ラブレター？」と聞かれ、僕が「うん」とうなずいた時、一瞬だが彼女と目が合った。それだけで僕は自分の気持ちが彼女に伝えられたような気持ちになって嬉しかった。

　そうだ。僕はラブレターを書いたのだ。

　コーヒーを飲み終わった僕は、おもむろに、カウンターの中にいるアシャを見た。彼女は僕の書いた手紙を両手に持ち、じっと見つめて読んでいた。

　僕は恥ずかしくなって、パンとコーヒーの代金をテーブルにそっと置いて、そそくさとカフェから出て、ユニオンスクエアの雑踏にまぎれた。

　顔が赤くなった。

はじめてのデート

「ちょっと待って！」というアシャの大きな声が後ろから聞こえた。

足を止め、後ろを振り返ると、手紙を持ったアシャが僕に向かって走ってきた。

「こんなラブレターもらったのはじめてよ。変なラブレターね。でも、あなたの気持ちが嬉しいわ。ありがとう！　明日、私休みなの。よかったらセントラルパークでサイクリングしない？」

　こんな展開になるとは思ってもいなかった僕は驚いた。

「明日の朝、起きたら電話するから、あなたの電話番号教えて」

　アシャは息を弾ませながら言った。

「うん、嬉しいけど、自転車持ってないんだ」と答えると、「私もよ。レンタルできるから大丈夫。ね、行こ」とアシャは微笑んだ。

　電話番号をメモに書いて渡すと、「じゃあ、明日ね」と言って、アシャはカフェに走って戻っていった。途中で後ろを振り返り、僕に向けて大きく手を振った。

　次の日、朝七時過ぎにアシャから電話があった。僕らは十時にコロンバスサークルで待ち合わせし、レンタル自転車を借りにいくことにした。

「おはよう。いい天気でよかったね」

　アシャはグリーンのTシャツにカットオフしたデニムのパンツを穿いて、デイパックを背負って待ち合わせ場所にやってきた。

　白のオックスフォードシャツ、カーキのショートパンツにテニスシューズを履いた僕を見て、「ショートパンツ似合うわね。はじめて見たわ」と笑った。

「時々、こんなふうにセントラルパークを自転車で走るの。一人で」

　僕とアシャは、セントラルパークの自転車レーンをのんびり走りながらおしゃべりをした。

「ニューヨークで一番好きな場所どこ？」と聞くので、「ここ。

セントラルパーク」と答えると、「私も！」とアシャは言った。
「ニューヨークに来たばかりの頃、毎日セントラルパークで本
を読んでいたんだ」と言うと、「私はいつも公園内を歩き回っ
ていたわ。探検家のように。私たち似てるね」と言って笑った。
「街中はとにかく人が多いし、うるさいし、せわしくて苦手。
ここに来ると気持ちが落ち着くの」
　　アシャはペダルをこぎながら、遠くの景色を見ていた。
「ねえ、子どもの頃、どんな子どもだった？」
「知りたいことを何でも知りたがる子どもだったよ。大人に質
問ばかりして困らせるような。あとは一年中ショートパンツを
穿いていたよ。今思うと、どんなに寒くなってもショートパン
ツを穿き続けることで、自分は強いんだ、と主張していたんだ
ね。クラスにもう一人、いつもショートパンツの子がいて、彼
と競争していたんだ」
「何を競争していたの？」
「いつまでショートパンツを穿き続けられるのかの競争だよ。
いわゆる我慢比べ。結局、冬になって雪が降ってもショートパ
ンツを穿いて学校に行った僕が勝ったんだけど」
「雪の日にショートパンツ？」
「そう、上はダウンジャケットを着ているんだけど、下は素肌
丸出しのショートパンツ。みんなにすごーいと言われてご満悦
だった」
「アハハハ、おかしい！　でも、そういう子、私、嫌いじゃな
いわよ。そっか、だから、ショートパンツが似合うのね」
「じゃあ、今日は私と競争しよ！」
　　アシャは自転車のスピードを上げて走った。
「私は子どもの頃、自転車が大好きだった。はじめて自転車に
乗った時、これでどこへでも行けると思ったの。毎日自転車に
乗っていたわ。だから自転車が得意！」
　　僕も負けじとスピードを上げたが、アシャには追いつけなか

った。

「今日わかったのは、私もあなたも負けず嫌いってこと」

　自転車を止め、大きな池のほとりのベンチで休んでいた時、アシャはこう言って、クスクスと笑った。そして、「ミスターショートパンツさん、よろしく」と言い、自分の手を僕に差し出した。

　僕は彼女の手をはじめて握った。

KIDS イージーショートパンツ

選ぶ楽しさ

　子どもの夏に欠かせないショートパンツは、男女で全30色柄という豊富なバリエーションが自慢です。海を思い出させるヨット柄、アウトドアなヒッコリー柄、バケーション気分のリーフ柄、ビタミンカラーの無地、さらにはデニムやツイルなどの素材違いまで。その子のカラーに合った1枚を一緒に楽しんで選んでいただけるはずです。

　また、夏休みの素敵なお出かけの思い出に、さりげなく色や柄を合わせた親子コーディネートにチャレンジするのもおすすめです。

パパとママに嬉しい

　ウエストの左脇裏に開けたゴム穴は、成長の早いお子様に合わせてサイズを調整したり、ゴムを引き出して取り替えたり、少しでも長く愛用していただける工夫です。ウエストにストレッチが利いているので、お子様が自分でも着替えやすいのも魅力です。

　スリムですっきり見えながらも、動きやすいフィット感と丈感に改良。さらにウォッシュの加工方法を変更し、よりやわらかな風合いに仕上げました。大人用のアイテムにも負けない本格仕様も自慢です。

043

僕はようやく気持ちが吹っ切れた。

次の日の朝

　アシャとはじめて手をつないだ日の翌日、待ち遠しい気持ちで朝を迎えた。アシャに会いたい。そんな気持ちで胸が一杯だった。

「コーヒーショップ」へと向かった。

　朝のきらきらした陽射しは、もう夏そのもので、地面に映った、うきうきと小走りする、アシャのお気に入りのポロシャツを着た自分の影は、まるでダンスをしているように見えた。

「コーヒーショップ」のコーヒーカウンターには、これからオフィスに出勤するサラリーマンらが、朝のコーヒーを買うために五人ほど並んでいた。背伸びをすると、人の肩越しにアシャの顔が見えた。ウェリントン型の眼鏡をかけていた。なんだかいつも以上にすてきに見えた。

　アシャはお客を待たせないように、てきぱきと注文を聞き、次から次へとコーヒーを淹れては手渡し、「行ってらっしゃい、今日もがんばって！」と、お客一人ひとりに笑顔で声をかけて送り出していた。

「びっくりするかな？」僕もその列に並び、自分の番が来るのを待った。

　前に並ぶ人がふたりになった時、アシャと目が合った。アシャははっとしてから、顔を伏せた。いつもの満面の笑みが無かった。あれ、気がついていないのだろうか？　「お次の方、何

にいたしましょうか？」アシャが僕に言った。

「おはよう、アシャ」

「何にいたしましょうか？」と、アシャは僕にもう一度聞いた。

「あ、はい、Mサイズのカプチーノを……」と告げると、「わかりました」と答えて、うつむいてコーヒー豆をセットし、コーヒーマシーンのボタンを押した。

「二ドルです」僕は代金を払い、カプチーノを受け取った。

「ありがとう、アシャ……」と言うと、アシャはこちらを見ようとせず、次の客からの注文を受けていた。僕は立ち止まることができず、そのまま店の外へと出た。

なぜアシャは僕に素知らぬ顔をするのだろうか。なぜ冷たい態度を取るのだろうか。僕はカプチーノを片手に持ったまま、そこに立ちすくんだ。

昨日、別れる時、「また明日ね」とアシャは笑顔で言った。つないだ手を離そうとしても、ふざけて離そうとしなかったアシャ。道路の反対側に渡っても手を振ってくれたアシャ。

僕は何がどうなったのかわからず、自分がひどく嫌われてしまったような気持ちになって悲しさに包まれた。

真新しいポロシャツに、プレスをしたスラックスを穿き、足元は革靴という、彼女の好きそうな着こなしで出かけた自分がひどくむなしくなった。

僕は道端に座っていた老人に「もしよかったらどうぞ」と言ってカプチーノを渡し、その場を離れた。

僕が一体何をしたって言うんだ。なぜあんな態度をとられないといけないんだ。なんだか自分がばかみたい……。

僕はポケットに手を入れ、背中を丸めて、ワシントンスクエアパークを横切って歩いた。

もしかしたら前のように、アシャが追いかけてきてくれるかもしれない。二、三度、後ろを振り返ったが、アシャの姿はどこにも見えなかった。

アシャからの手紙

　アシャのことを思うと胸がキュッと締めつけられるような気持ちで一杯のまま、三日が過ぎた。

　あの日以来、同じように冷たい態度をとられるのが怖くて「コーヒーショップ」に行く気にもなれなかった。けれども、いつか電話がかかってくるかもしれないと思い、部屋の電話の前から離れられない自分が情けなかった。

　何かしら理由があって、きっと僕はアシャに嫌われたんだ。アシャのことはもう忘れよう。考えるのはやめよう、と思っても、日を追うごとに悲しみは増すばかりだった。

　僕はアシャのことが本当に好きだった。ニューヨークに一人でやってきて、はじめて好きになった女性がアシャだった。孤独を当たり前と思い、まさか恋愛ができるとは思わなかった自分にとって、アシャはかけがえのない存在だった。

　少しおしゃべりして、公園を散歩したりして、ちょっと手をつないだだけで、仲良しのつもりになった自分が間違っていたのだろう。期待しすぎた自分が嫌になった。ぐるぐるとそんなことばかり考えた。そのあげく、もういいや、と開き直る自分がいた。

　あの朝から七日後、僕はようやく気持ちが吹っ切れた。そして「コーヒーショップ」へと行った。今日を最後の日にしようと思ったのだ。何気なくアシャを探すと、いつものように忙しそうにコーヒーを淹れていた。

　コーヒーカウンターに立ち、「Mサイズのカプチーノを」と言った。僕に気づいたアシャは、はっとしたような表情を見せ、僕の目をじっと見てから、「わかりました」と答え、カプチーノを淹れてくれた。

　僕は代金を置き、カプチーノを受け取り、「ありがとう。じゃあまた」と言って店を出ようとした。すると、「待って

……」とアシャが小さな声で言った。

「もう大丈夫。気にしないでいいから」と僕はアシャに言った。「そうじゃないの……。これ読んで」と、アシャは一通の手紙を僕に手渡し、再び僕の目をじっと見つめた。

アシャの目には涙が浮かんでいた。そして、「じゃ、またね……」と言ってアシャは僕に背中を向けた。

手渡された封筒を見ると、隅にピンクのクレヨンで「Love、Asha」と小さく書かれ、その横に記号のようにxxxが添えられていた。

「ピンクが好き……。子どもの頃、ピンクのクレヨンが宝ものだったの。だから減らないように大切に使っていたのよ。今でもピンクのクレヨンを使う時は特別な時よ」

セントラルパークで自転車を漕ぎながら、アシャはそんな話を僕にしてくれた。

片手にカプチーノを持ち、もう片手にアシャから渡された手紙を持ち、ニューヨークのワシントンスクエアパークで、呆然と立っている自分がいた。なぜ、アシャは目に涙を浮かべていたのだろう？　この手紙には何が書かれているのだろう？

僕はアシャの手紙を読むのが怖かった。もう何も言ってくれなくていい。放っておいてくれていい。そういう気持ちだった。

手に持った手紙を見つめれば見つめるほど、読んだら何かが起きそうな予感がしてならなかった。

僕はポロシャツのボタンをひとつ外した。夏のじりじりとした暑さが僕を包み込んでいた。

MEN ドライカノコポロシャツ

大定番だからこそ

　表地は、上品な光沢となめらかな風合いが魅力の、希少なスーピマコットンを用い、さらに汗をかいても乾きやすいドライ機能をプラスして鹿の子編みに。縫製糸の裏糸には、やわらかくて伸縮性に富んだウーリー糸を使用し、肌あたりをやさしくしました。

　ポロシャツの顔である襟は、首のラインに美しく沿うように「伸ばし付け」という縫製を採用。前立ては縫いしろの厚みを軽減させる「切り前立て」仕様にすることですっきりとした着用感に仕上げました。もっともベーシックでクラシックだからこそ、LifeWearの精神が宿ります。

夏の毎日に

　耐久性の高い特殊な紡績糸を使用した襟は、色あせにくく毛羽立ちにくいのが特徴。これは、夏の日々にくり返し洗うことを想定したこだわりの改良ポイントです。ネイビーやホワイトなどの定番カラーに、フェードしたピンクやグリーンといった西海岸の夏を思わせるトレンドカラーをご用意。

　お仕事やプレッピーな着こなしには定番色を、トレンド色はショーツに合わせて軽快な大人のカジュアルスタイルをお楽しみください。

044

もう一日だけデートしませんか？

三枚の便箋

封筒の中には、夏の青空を思わせるスカイブルーの便箋が入っていた。

僕は便箋の枚数を数えた。便箋は三枚だった。開くと、青いインクで、丸っこい文字がころころと転がるように並んでいた。

アシャとの関係をあきらめていた僕は、自分が救われた気持ちになった。少なからず、「さようなら」の一言ではない。

便箋の枚数にしても、そこに書かれている文字にしても、アシャが僕に何かを伝えようとして、時間と心を使ってくれているのがわかったからだ。

この手紙をどこで読もうか。できるだけ早く読みたい気持ちをおさえ、僕はゆっくりと落ち着いて読めるふさわしい場所を探した。

ストロベリーフィールズに行こう。

僕にとって一番落ち着く場所。一人でいても不思議と寂しい気持ちにならないストロベリーフィールズで、アシャの手紙を読もう。そう思って僕はセントラルパークへと向かった。

昼前のストロベリーフィールズは、人の姿も少なく、しんとして静かだった。夏の木漏れ日できらきらした芝生が眩しかった。

大きなナラの木の下に腰を下ろすと、赤い羽の野鳥がちょんちょんと跳ねるように近づいてきた。

「お腹が空いてるんだね。ごめん。今日は何も持ってないんだ」そう言うと、野鳥はしばらく僕のまわりを歩き回ってから、木の上のほうに飛んでいった。

アシャの手紙を開いた。この時くらい英語をしっかり読めない自分を悔やんだことはない。書いてあることは理解できても、感情のニュアンスまでを読み取ることができない。読み違いがあるかもしれない。だから僕は、一字一句できるだけ見落としのないように読んだ。

手紙にはこう書いてあった。

せっかく会いに来てくれたのに、この前はほんとうにごめんなさい。あなたがどんな気持ちで会いに来てくれて、そして帰っていったのかを考えると、胸が苦しくなるくらい辛い気持ちで一杯になります。

あんな態度を取ってしまったのは、あなたとの仲をこれからどうしたらよいかわからなかったのです。あなたはとても親切で、とても魅力的で、とても尊敬できて、私にはもったいないくらいの人。私はあなたを好きになろうとしている。けれども、あなたを好きになっていいのかわからない自分がいるのです。

僕は、先を読むのにためらいを感じ、広げた手紙を一度たたんで、バッグの中に入っていたサングラスをかけた。

遠くに目をやると、木陰に座った仲睦まじいカップルが見えた。

一日だけのデート

アシャが誠実に自分の気持ちを書いてくれていることが嬉しかった。

手紙の続きを読んだ。

　実は今、私は付き合っている男性がいるのです。その人とは
週に一、二度会っています。私たちは悪い関係ではありません。
私はふたりの男性を愛することはできない人間ですが、今あな
たを好きになろうとしている自分に戸惑っているのです……。

　恋人がいるのを黙っていたこと、あなたの気持ちを受け入れ
たような態度をとってしまったこと、ほんとうにごめんなさい
……。

　そこにはアシャの声が聞こえてきそうな正直な言葉が綴られ
ていた。

　働いている「コーヒーショップ」では、彼女目当てのお客が
たくさんいることも知っていたし、いろいろな男性から言い寄
られているのも知っていたから、彼女に恋人がいることはひと
つもおかしくない。当然のことかもしれない。でも……。

　私が知りたいこと。それはこれからのあなたのことです。あ
なたはこれからもニューヨークに居続けるのですか。それとも
日本に帰るのですか。これから、どこで、どんなふうに生活を

していこうと思っているのですか。私はもっとあなたのことを知りたいのです。

　なぜなら、あなたと一緒にいることで、自分の日々がよりよく変わるのかもしれない。もっとしあわせになれるかもしれない。もっと成長できるかもしれない。日々が楽しくなるかもしれない。そんなふうに予感したのです。

　私からあなたへ提案させてください。もう一日だけデートしませんか？　あなたとたくさんおしゃべりして、たくさん一緒に過ごして、もう一度、自分の気持ちを確かめたいのです。私も自分のことを知ってもらうための努力をします。だから、あなたも自分のことを私にたくさん教えてください。

　そのデートの後、お互いの気持ちを確かめましょう。もっと会いたい。もっとお話ししたい。もっと手をつなぎたい。そう思うかどうか試しましょう。私は恋人にこのことを正直に話します。隠れてあなたとデートすることはしません。

　人が人を好きになるのはすてきなこと。

　これは私からあなたへのラブレターです。最後まで読んでくれてありがとう。

　手紙の最後にこう書いてあった。

　サングラスは陽射しを遮ってくれるだけでなく、僕の涙も隠してくれていた。

　悲しいのか嬉しいのか、自分でもわからない涙だった。

サングラス

レンズに機能を

　ユニクロのサングラスはレンズにとことんこだわっています。紫外線を99%カットし、デジタルデバイスから出るブルーライトを低減して眼を保護する「UVカット400」レンズをすべてのサングラスに採用。

　さらにレンズ上の反射を抑え、クリアな視界にする「反射防止コーティング」をプラスしました。ハーフリムタイプには光の乱反射をカットする「ポリカーボネート偏光レンズ」を使用。水面や窓面、路面における光のギラつきを抑え、すっきりした視界を確保します。

あらゆるシーンに

　「フレキシブルノーズパッド」を採用することで、鼻のフィットは自在に調整可能。テンプル(つる)の終わりにある滑り止めは、スポーツやアウトドアアクティビティにもぴったりです。

　細身のライトウェイトタイプは、フレームに弾力性と強度に優れた「TR-90」素材を使用し、壊れにくい工夫をしました。デザインはユニセックスでカラーバリエーションも豊富にご用意。普段使いから旅行まで、胸ポケットやバッグに気軽にいつでも入れておきたいサングラスです。

045

困っている人を、
自分の得意なことで助けたい。

自分を知ってもらうために

　デートについて、アシャからひとつの提案があった。
「デートのプランを、互いにひとつずつ考えましょうよ。私は、
あなたに私を知らせるために何か考えるわ。だから、あなたも、
あなたのことを私に知らせるために何か考えて」
「うん、そうしよう。いいアイデアだね」
　僕とアシャは、一週間後にデートの約束をした。朝十時にセン
トラルパークのストロベリーフィールズで待ち合わせをした。
　アシャはどんなふうにして、自分のことを僕に知らせてくれ
るのだろう。そう思うと、デートの日が待ち遠しくて仕方がな
かった。
　しかし、僕は困った。
　好きな映画、好きな場所、好きな時間の過ごし方といった
「自分の好き」を、誰かと一緒に楽しむことはできても、自分
のことを相手に知ってもらうためのデートなんて、これまで一
度も考えたことはなかったからだ。
「もちろん、いろいろと話をすることも大事だけど、私は、私
のことをあなたにもっと知ってもらいたいの。私がどういう人
間かということをね。それであなたは私にがっかりして、私を
好きではなくなるかもしれない。でも、それはひとつも悪いこ
とではないと思う。仕方ないことですもの。私は私をよく知っ
てもらったうえで、私を好きになってもらいたいの」

　アシャは僕の目をまっすぐに見て、そう言った。普段は照れ
くさそうにして、ちらちらとしか目を合わせないアシャだった
が、こんなふうに自分の考えを相手に伝えようとする時は、ど
きっとするくらいに僕の目を見つめてきた。「私の目をしっか
り見て」というように。

「自分で言っておきながらだけど、どうしようかな、と悩むよ
ね。本当の私を知ってもらうためにあなたをどこに連れていっ
たらいいのか、とか、何を見せたらいいのか、とか、どんなふ

うに過ごしたらいいのか、とか。でも、それは自分が大切にしていることは何か。自分にとって、一番自分らしいことは何かを見つめるいい機会でもあると思うの」

アシャはそう言って、「来週ね」と、自分の手を差し出してきた。僕はアシャの手を握って、「うん、楽しみにしてる」と答えた。

アシャは僕の手を握ったまま、手をぐるぐると回してから、ぱっと手を離して、「そのポロシャツ、襟がきりっとしていて、すてきね。じゃあね」と言って、立ち去っていった。

着ていたのは、少しばかりドレスアップした、ボタンダウンのポロシャツだった。暑い日のシャツ代わりに着ると、快適だし、なにより大切な人に会う時の、きちんとした身だしなみに便利だった。

なにものかの答え

自分は一体なにものなんだろう？

部屋の椅子に座って、窓の外の景色を見ながらそればかりを考えた。

頭の中がぐるぐると回って、出口のない迷路をひたすら歩きまわっているような気持ちになった。

なにものなのか？……、なにものなのか？……、と呪文のように言葉にしては、目を閉じて考え続けた。

そうしていたら、ふとこんなふうに気づいた。なにものであるかと考えることは、なにをしたいのか、なにをしようとしているのか、ということの、ひとつの表れではないかと。

では、僕はなにをしたいのか。そうだ、それが自分そのものなんだろうと思った。それがなにものかの答えなのだと。

ヴィジョン。すなわち、自分の人生をかけて、なにをどうしたいのか。それを自分の言葉で語り、決意で切り拓き、情熱で

チャレンジする。もしかしたらそれは夢かもしれない。いや、夢でもいい。人生をかけて必ず実現させるんだという僕の夢はなにか。

僕は素直に自問した。今自分が一番したいことは何か？　と。

目を閉じて、それを静かに考えた。もっともらしいことではなく、かっこつけたものでもなく、自分の心の声に耳をすませた。

すると、ふわっと、そして、しっかりとある言葉が思い浮かんだ。

「親孝行」

今、僕が一番したいこと。今の僕の夢。したいけれどできていないこと。それは親孝行だった。我ながら、なんて小さな夢なんだと思った。しかも当たり前すぎて、他人に言うのも恥ずかしいことだ。

世界中の人の困っていることを、自分の得意なことで助けたい。嘘ではなくそんな考えも浮かんだが、それはあまりに抽象的で、それよりも大きく、そしてくっきりと見えたのが、親孝行というヴィジョンであり夢だった。

親孝行。生まれてからこれまで、両親から受けた愛情は計りしれず、どんな時でも僕を支えてくれて、なにがあろうと僕を信じてくれて、誰よりも僕の味方でいてくれた両親を喜ばせたい。安心させたい。しあわせにしたい。なぜなら、今だけでなくずっと、僕は心配ばかりをかけ続け、なにひとつしてあげることもなく、決して良い息子とは言えないからだ。

僕のヴィジョンは親孝行だ。

両親を思い切り喜ばせたい。もっとしあわせになってもらいたい。困っていることがあれば助けたい。たっぷりと愛情表現したい。そんなふうに心から思う自分がいた。

自分の夢、ヴィジョンは親孝行。なぜならば……。そういう自分をアシャにありのままに見せればいい。そう思った。

MEN エアリズムポロシャツ

シャツ仕立てのポロシャツ

ビジネスシーンで着用できるように、襟と前立てに布帛（シャツ）素材を用いたポロシャツです。こだわったのは、何度洗濯してもきちんとした印象と洗練さを失わないこと。そのため襟の芯地選びには時間をかけました。襟のバランス、色、柄、ボディとの組み合わせ、そしてジャケットの中で1枚で着てもさまになるように、何度も試作を重ねてたどり着いたデザインです。

襟型はボタンダウンとセミワイドをご用意。ビジネス需要の高い定番カラーに加え、差し色も清潔感のあるクリーンなカラーを揃えました。

クールビズへの提案として

湿気と熱気を放出するエアリズム機能を搭載したポロシャツ、ポイントは裏糸にあります。着た瞬間に感じる滑らかな肌ざわり、さらに汗をかいても乾きやすいドライ機能と、ひんやりと心地よい接触冷感機能をプラス。ジメジメした季節や暑い夏に、その効果を実感していただけるはずです。

月曜から金曜は仕事着として、週末はカジュアルなジャケットに合わせてタウンユースとして、またゴルフなどのライトスポーツにも。シャツのようなきちんと感と抜群の着心地です。

046

彼女は自分の腕をからませてきた。

母のお弁当

　アシャとのデートの日。僕はいつもより早起きをした。

　今日のデートは、自分を知ってもらうためのプランを互いに用意することが約束だった。

　悩んだあげく、僕は、自分の夢をアシャに伝えたいと思った。夢を知ってもらえれば、きっと僕という人間のこともわかってくれるだろう。それ以外に考えられなかった。僕にとって夢とは一番大切な宝もの。

　僕の夢は、親孝行だった。ほんとはもっとかっこいい夢もあるかもしれないが、なによりも先に思いついた夢が親孝行だ。

　心配ばかりかけて、なにかあるたびに助けてくれて、いつだって自分の味方でいてくれる両親が、僕の宝ものだ。

　父も母も、いたって普通の勤め人であるが、人一倍やさしく、いろいろなことに好奇心をもった勉強家で、苦労の多い人生に対して、しっかりと前を向いて生きている人生の先輩。

　そんな両親を喜ばせたい。いつか安心させたい。とびきりしあわせになってもらいたい。それを自分のちからで叶えたい。

　僕の夢は親孝行。なぜなら僕の両親はこんなに素晴らしい人だから、ということをアシャに知ってもらえたら嬉しい。一番いいのは会ってもらうことだけど、遠い外国の地ではそれは無理だ。さて、どうしようか。

　ふと思い出したことがある。幼い頃、休日になると、僕ら家

族は、家から少し離れた大きな公園によく遊びにいったことだ。

　その時に母が作ってくれるお弁当があった。それはおにぎりと少しのおかずという素朴なものであったけれど、芝生に座って家族全員で食べるお弁当の味は、今でも忘れることができないくらいのおいしさだった。

　あの味は母の愛情であり、あの楽しさは父のやさしさだった。

　僕はひらめいた。母のおいしいお弁当を作って、アシャに食べてもらえれば、僕の両親がどんな人だったか伝わる。そうだ、あの頃のように、お弁当を持って公園に行き、ふたりでお弁当を食べよう。食べながら、僕の大好きな父と母がどんな人なのかを話そう。

　プランは決定した。ふたり分のお弁当を作って、セントラルパークの芝生の上で一緒に食べる。

　母の作るお弁当は、味の違ったおにぎりがいくつかと、おかずはウインナーと卵焼き、鶏の唐揚げと、デザートはいつもりんごだった。

　僕は前の晩から鶏の唐揚げを仕込み、当日の朝にご飯を炊いておにぎりを握り、おかずを作ることにした。おにぎりに使う海苔（のり）は、ニューヨークでお世話になっているトーコさんから分けてもらおう。

　母のお弁当を、アシャはおいしく食べてくれるだろうか。そう思うと、どきどきして眠れなかった。楽しみだ。

一番好きな服

　待ち合わせ時間の十分前、セントラルパークのストロベリーフィールズに行くと、アシャがベンチに座って待っていた。
「おはよう、アシャ。早いね」
「おはよう、なんだか落ち着かなくって早く来ちゃった。あら、すてきなシャツを着てるね」

アシャは僕の着ていた麻のシャツの袖を指でつまんで言った。
「アシャのブラウスもとても似合ってるね」
　僕もアシャを真似て、ピンク色のブラウスの裾を指でつまんで、そのなめらかなレーヨン生地をさわった。
　人の着ている服をほめるようになったのは、アシャの影響だ。それまでは照れくさくてできなかったことが、いつしか自然にできるようになった。
「いい天気。気持ちいいわ」
「うん、雨が降らなくてよかった。さあ、どうしようか？」
「お先にどうぞ」
　アシャはおどけて言った。
「うん、少し歩こう。今日のランチは、我が家のお弁当を作ってきたから、あとでどこかに座って食べよう」
「え⁉　私も今日お弁当を作って持ってきたのよ！　エチオピア料理のお弁当よ」
　アシャは肩から下げたトートバッグをポンポンと叩きながら言った。
「わあ！　じゃあ、一緒に食べよう。今日は日本料理とエチオピア料理のパーティーだね」
　そう言うと、アシャは自分の手を僕の肩にのせて、「そうしましょう！　楽しみ！」と言った。
　僕とアシャはストロベリーフィールズからザ・レイクのまわりを歩き、ベルヴェデーレキャッスルへと向かった。僕はアシャを意識してしまって、いつものようなおしゃべりが進まなかった。ときおり互いに無言になってしまうことにドキドキした。
「離れて歩くって、なんだかぎこちないから、腕組んでいい？」
　アシャはそう言うと、すっと自分の腕を僕の腕にからませてきた。
「ほら、こうして歩くほうが自然よね。今日はデートだもんね」

　アシャはにこにこと笑いながら言った。

「たしかにそうかも」と僕は照れながら答えた。その瞬間から
スッと緊張が解けて、気持ちが楽になって、とりとめのない会
話で和むことができた。

　アシャの着ていたピンクのブラウスのやさしい肌ざわりが心
地よかった。ストライプ柄のコットンパンツと真っ白なスニー
カーの着こなしは、いつもより女性らしさを感じさせていた。

「いつも思うんだけど、アシャっておしゃれだね」

「今日は何を着ていこうかと迷ったんだけど、結局、自分が一
番好きな服を着ていくのがいいと思ったの」

　アシャは着ているブラウスのボタンをさわりながら、小さな
声でつぶやいた。

　僕がアシャの手を握ると、アシャもぎゅっと握り返してきた。

WOMEN
レーヨンエアリーブラウス

極上のとろみ素材

レーヨンのやわらかな風合いとしなやかな肌ざわりを残しながら、お洗濯後のシワも気にならない、ユニクロ自慢の上品ブラウスです。その秘密は東レと共同開発した生地。ソフトで艶のあるレーヨンと、洗濯に強いポリエステルを混用した特殊なハイブリッド紡績糸を採用。

生地作りの段階で、肌に触れる面により多くのレーヨン成分がくるように設計しているので、レーヨン特有の肌ざわりはそのままに、洗濯後のイージーケアを実現しました。

着まわし力抜群

着る人もシーンも選ばないベーシックなデザイン、シルエットを目指して開発したブラウス。素材感を活かしたペールトーンを中心にご用意。もちろんコーディネートしやすいベーシックカラーもあります。

通勤や通学などのクリーンな着こなしにも、カジュアルなボトムとの合わせにも相性抜群。肌寒い時はレイヤリング用のブラウスとしても便利です。お手入れしやすいので、忙しい女性たちの時短にも活躍してくれること間違いなし。

047

インジェラはかんたんに焼ける。

ありがとうを

　僕らはセントラルパークのベルヴェデーレキャッスルの展望台に上がった。
「私、ここから眺めるセントラルパークの景色が好き。いつも一人で来ていたけど、今日はふたりで来ることができて嬉しい」
　アシャは、僕の腕を組み直して言った。
「この景色を誰かと一緒に眺めるなんて、ニューヨークに来たばかりの頃は想像もできなかったわ」
「うん、僕もそうだ。ニューヨークでデートなんて、夢というか、信じられないよ。誰に感謝すればいいのだろう」
　長年付き合っているかのように触れ合ってくるアシャに僕はどきどきしていた。
「自分自身に感謝するべき。自分をもっとほめてあげて。父がよく言ったの、人生とはすべて自分の心の表れ。誰のせいでもなく、すべて自分のせいであり、自分のちから。嬉しいこと、悲しいこと、すべてそう」
「うん、僕もそう思う。すてきなお父さんだね」
「だけど聞いて。父は私が中学を卒業したらニューヨークに留学させることをずっと前から決めていて、それを私に寸前まで何一つ話さなかったのよ。ひどいと思わない？　私は急に家族と友だちと故郷と離れることになって、一人でニューヨークに

やってきたの。英語も話せなかったのよ。だから、父をどれだけ恨んだかわからない」

「今でも恨んでる？」

「ううん、今は感謝してる。さみしいけれど、ニューヨークでたくさんの友だちもできたし、故郷では知ることができない素晴らしい世界に触れることもできたし、あなたとこうしておしゃべりができるのも父のおかげ」

「お父さんはきっとアシャ以上にさみしかったと思うよ。大切な娘を、こんな大都会に行かせるんだから。それだけアシャを愛しているんだね。君の未来を想って」

「うん、わかる。家族も故郷も大事だけど、父は私の未来を広げようとしてくれたんだと思う。だって学費だって大変だったはず。私の家はそんなに裕福ではなかったから」

「お父さんに会いたい？」

「お父さんにもお母さんにもすごく会いたいわ。会って子どもの頃のように、くっついて甘えたいわ。ぎゅって抱きしめてもらいたい、それだけでいい」

「僕も同じ気持ちなんだ。大人になっても、両親に抱きしめてもらいたい。寂しい時、ベッドの中で丸くなってそればかりを考えてる自分がいる」

　アシャは僕の手を自分の腰に回して、両手で僕を抱きしめた。

「最初はお父さんのハグ。次にお母さんのハグね」

　アシャはぎゅーっと僕を二回抱きしめた。

「はい、今度はあなたの番。私を抱きしめて」

　アシャはくすくすと笑いながら、目をつむって僕の腕の中に立った。

ふたりのお弁当

「ねえ、今日はどんなランチを作ってきてくれたの？」

僕は持ってきたトートバッグから、ラップで包んだおにぎり
を出し、おかずの鶏唐揚げと卵焼き、ウインナー炒めを詰めた
容器のふたを開けた。
「これは我が家の味というのかな。休日になると、今日みたい
に家族全員で公園に出かけて、このお弁当を広げてピクニック
をするのが僕は大好きだったんだ」
「わー。おいしそう。このご飯を丸めたものを食べるのはじめ
てだわ。黒いのは何？」
「黒いのは海苔。海藻を紙のように平らにしたもので、日本料
理を代表する食べ物。丸めたご飯は手で食べるんだけど、その
ままでは指にご飯粒がくっつくから、海苔で包んで食べるん
だ」
　アシャは早速おにぎりを頬張った。
「おいしい！　中に何か入ってる！」
「そう。中に好みの具を入れるのがおにぎり。今日は梅干しを
入れてきた」
「梅干し知ってる！　前に日本人の友だちから教えてもらった
わ。すっぱいけど大好きよ」
　アシャはおにぎりを子どものようにむしゃむしゃと食べた。
「おかずも母の味だよ。どうかな？」
「うん、鶏のフライは最高。卵焼きも甘くておいしい。ウイン
ナーはトマトケチャップで炒めるのね。どれもおいしいし楽し
い！」
　アシャは足を伸ばしてくつろぎながら、何度も「楽しい！」
「しあわせ！」と言葉にした。
「私のお弁当も食べてみて」
　アシャは茶色い紙袋から、いくつもの容器を出して僕に言っ
た。
「これはインジェラという薄いパン。ワットというカレーみた
いな具を、このインジェラにのせて食べるの。これもおにぎり

と同じように手で食べるのよ」

　僕はインジェラを食べやすい大きさにちぎって、その上に野菜と肉を煮込んだワットをのせて食べた。

「おいしいね！　これカレーみたい。インジェラはすっぱいパンなんだ。この味も好き。アシャが焼いたの？」

「そうよ。インジェラはかんたんに焼ける。いろんな種類のワットを作ってきたからもっと食べて」

　アシャは僕のためのインジェラをちぎって、その上にワットをのせて、「次はこれ」というように目の前に置いていった。豆や肉を煮たのや、野菜サラダがあったりと、多彩なワットが楽しかった。

「エチオピアでもこんなお弁当をピクニックに持っていくの？」

「うんそうね。考えてみたら、ワットはおにぎりの具と同じね。あと、食後にコーヒーを飲むの。一杯目はそのままで、二杯目に砂糖を入れて、三杯目はバターとスパイスを入れて楽しむの。今度あなたのためにコーヒーを淹れてあげる。父が淹れるコーヒーはほんとにおいしいの。我が家の秘伝なのよ」

　アシャは隣に座って、僕の膝の上に手を置いて話し続けた。

「あなたってショートパンツ似合うわね。私の父もショートパンツを一年中穿いていたわ」

　突然アシャは僕の膝を枕にして寝転んだ。

「これもエチオピア流。夫婦やカップルはこうするの」

　彼女のカールしたやわらかい髪を指でさわると、アシャは目をつむってくつろいだ。

MEN チノハーフパンツ

オーセンティックな本格派

　短すぎず長すぎない絶妙な丈感が自慢のハーフパンツです。高密度ツイルを微起毛させ、製品を縫い上げてから染める製品染めと洗い加工によって独特の風合いを表現。ステッチ近くに現れるパッカリングやコインポケット、腰裏のシャンブレーパイピングなど、本格的なヴィンテージのディテールにもこだわりました。

　お客様の声をもとにパターンを見直し。リラックス感ある穿き心地はそのままに、ウエストはフィットするようにサイズ調整。穿いた時に裾幅とのバランスがよくなり、きれいなシルエットが実現しました。

夏本番の主役として

　定番のカラーに加えて、スモーキーなパステルトーンのカラーやタイダイ染めなど柄物もご用意。色の濃淡にこだわったタイダイ染めは1点1点ていねいに染めることで表情豊かに仕上がりました。

　繰り返し洗濯しても変わらない耐久性、サラサラして心地よい肌ざわりは、夏本番の強い味方。シャツやポロと合わせてクリーンに、裾をロールアップさせて少し大きめのTシャツでアクティブに、シーンに合わせて着こなしの変化が楽しめるLifeWearです。

048

ねえ、ふたりで写真を撮ろうよ。

リラックスできる服

「あなたって人がどんな人か、なんとなくわかったわ……」

　座っている僕の膝に頭をのせたアシャがつぶやいた。

「なんとなく……ね」

　なんて答えたらいいのか戸惑っていると、アシャは僕を見て、「あなたは私がどんな人かわかった？」と聞いた。

「……アシャは家族が好きなんだね。一番大切なのはお父さん。次にお母さん。アシャのお弁当を食べていたらそんなふうに感じたよ」

「あたり！　どうして私が父を好きなのがわかったの？」

「だって、僕を見て、ここが父に似ているとか、父はこうしていたとか、いつも話してくれるからさ」

「そっか。私をニューヨークにやった父のことを怒っていた時期もあったけれど、よく考えてみれば、私を一番愛してくれていた証拠だとわかったの。エチオピアに居ても、私の夢はきっと叶わないもん。ニューヨークで自立することは大変だけど、その分、チャンスも可能性も大きいわ。夢も見られるし」

「アシャの夢って何？」

　アシャのカールした髪を指でさわりながら聞いた。

「私の夢は、ここニューヨークで暮らすたくさんの女性のために、気持ちも身体もリラックスできる、それでいてエレガンスでシンプルな服を作りたいの。見て、今日私が穿いているパン

ツは、エチオピアの民族衣装をヒントにして自分で作ったもの
よ」

　アシャはピンク色のブラウスの下に、ストライプ柄のコット
ン素材で、ゆったりとしたくるぶし丈のパジャマのようなパン
ツを穿いていた。

「すてきだね。ほんとに着心地が良さそう。そして、よく似合
っている」

「ありがとう。このパンツは部屋着ふうなんだけど、今日みた
いなピクニックにはほんとに楽なの。レストランには行けない
けどね」

　アシャはそう言って笑った。

「決してセクシーな服ではないから、デートにはどうかと思う
けれど、私はセクシーな服を着て、男性に会うのはどうも苦手。
それはそれで問題だけど。だって男の人はセクシーな服のほう
が好きでしょう？」

「たしかにセクシーな服を着ている女性は魅力的に見える。け
れど、今日みたいな日に着てこられると困っちゃうよ。今日の
アシャの着こなしは、女性らしくもあり、上品で、しかも一緒

にいる僕もリラックスできる感じというのかな。とっても好き
だよ」

　アシャは目を閉じて、僕の膝にキスをした。

「ありがとう。今日はほんとにいい日だわ。ずっとこうしてい
たいな」

　アシャはそう言って、僕の手を握った。

家族が大事

「アシャが好きな人のタイプってどんな人？」

「私はとても簡単でシンプル。なによりも家族を大事にしてい
る人が好き。どんなに才能があったり、どんなにかっこよかっ
たり、どんなに社会的地位が高くても、家族を大事にしていな
い人って、どうしても好きになれない。すてきに見えても、家
族をないがしろにしている人ってだめね。あなたはどんな女性
がタイプなの？」

「なんだか、嘘っぽく聞こえるかもしれないけれど、アシャと
一緒だよ。僕も家族を大事にしている人が好き。家族愛って言
うのかな。家族を大事にするって、他人に対する思いやりや気
遣い、助け合いや支え合いのきほんだと思うんだ。家族は小さ
な社会だからね」

「ほんとそう。私たち好きなことが一緒ね。私はあなたが家族
を大事にしていることがすぐにわかったわ。だから、もっとあ
なたのことが知りたいと思ったの。そうそう、あなたの夢は
何？」

「僕の夢は……。日本語に『親孝行』という言葉がある。要す
るに、両親を助け、両親をいたわり、両親を安心させ、両親を
喜ばせることなんだけど、その『親孝行』が夢。これって、簡
単そうでとっても難しい。今みたいに日本を離れていると『親
孝行』はできないし、近くにいたとしても、何かしてあげられ

るかというと、未熟な自分には、まだそんなにちからもないし。僕の家は裕福ではなく、経済的にとても苦労をしながら、両親は僕を育ててくれたんだ。だから、仕事を頑張って、たくさんお金を稼いで、早く両親を楽にさせてあげたい。自分自身のやりたいことはいくらでもあるけれど、それはすべて『親孝行』のためなんだ。お金が欲しい。なぜなら、『親孝行』したいから」

「うん。よくわかる。私も似てる。ほんとに私たちって似たもの同士ね。でもね、お金が無ければ『親孝行』できないかというと、そうではないと思うわ。お金が無くても『親孝行』できることはある。あなたが家族を大事にして、『親孝行』したいと思っていること自体がすでに『親孝行』だと私は思うし」

　寝転がっていたアシャは身体を起こして、そう言った。そして、にっこり笑って、僕の目を見つめた。

「ねえ、ふたりで写真を撮ろうよ。その写真を私たちの家族に送ろうよ。それって立派な『親孝行』じゃない？　きっと喜ぶわ。私たちの両親は、私たちがニューヨークでどんなふうにしているかいつも心配してるからね。私は今この人と一緒にいるって知らせるのは、きっと喜んでくれるわ。カメラ持ってきてる？」

「うん、バッグの中にあるよ。でも、どうやって撮ろうか？」

　バッグからカメラを取り出すと、アシャは少し離れたところに座っていた女性に声をかけて、私たちのためにシャッターを押してもらうように頼んだ。

　アシャは僕の首に手をまわして、頬と頬をくっつけた。

「もっと近くに寄ってください。アップで撮りたいんです。もっともっと」と頼んだ女性に言った。そして、自分で「はい、チーズ」と言って、女性にシャッターを押してもらった。

　夏の午後、僕らはセントラルパークのベルヴェデーレキャッスルを背景にして、五枚ほど写真を撮ってもらった。

WOMEN リラコ

涼しい夏の服

しなやかでなめらか、肌を滑るような感触が気持ちいい夏のLifeWearです。素材はドレープ感が魅力のレーヨン100%。清涼感たっぷりの穿き心地を追求しました。

ゴム仕様のウエストにはリボンをつけることで、腰の位置が自由に調整可能に。締め付け感のない心地よいフィットが自慢です。デザインはトレンドのワイドシルエット。お部屋だけでなく外出着としても使えるようにデザインしました。

楽しい夏の服

ルームウェアとして親しまれてきたリラコですが、Tシャツなどと合わせて外にも出かけられるイージーボトムとしてお使いいただけます。

特に色柄にこだわりました。トレンド性のあるドットや定番のストライプ柄、花柄に加えコラボ柄も登場。家族や友人とお揃いの柄を着て、海やバーベキューなどのイベントを盛り上げるアイテムとして。女の子同士のパジャマパーティやリゾート地などの旅先で。リラコは夏をもっと快適に、楽しくしてくれるはずです。

049

鼻のまわりのそばかすが
キラキラして見えた。

人を好きになるとは

　まぶしい陽射しに目を細めて、アシャは麦わら帽子を被り直した。
「私、今付き合っている人と別れることにする……」
　アシャはそう言って、地面に落ちていた木の枝を拾ってベルヴェデールキャッスルの池に投げ入れた。
「今夜、彼に会って話してくる。これは私の問題だから、あなたは気にしないで。いずれ、こうなると思っていたんだもん。実は、こうしてあなたと会っていることに、心から楽しく思えない自分がいるの。それはきっと私には付き合っている彼がいるってことが理由だと思う。今日あなたと会うことを彼に伝えてあっても、なんだか嘘をついているような気分は拭えないわ」
　僕はアシャの話を黙って聞いていた。
「だから、今日のデートはここまでにしましょう。私は自分の問題を解決する。それからもう一度あなたとのことをよく考えてみる。気持ちがもやもやしながら、あなたと一緒にいるのは申し訳ないから」
　アシャは麦わら帽子を脱いで、満面の笑顔を僕に向けた。鼻のまわりのそばかすがキラキラして見えた。
「今日はありがとう。お弁当おいしかったし、あなたのすてきな夢を話してくれて嬉しかったわ。ここで別れましょう。じゃ

あね」

「うん、わかった。僕こそありがとう……」

　僕は「アシャのことが好きだ」という自分の気持ちを、きちんと言葉にして伝えたかった。けれども、小走りしてアシャが去っていったので、声をかけるタイミングを逃してしまった。小さくなっていく彼女の後ろ姿を見つめることしかできなかった。

　嬉しいような悲しいような気持ちで、僕はセントラルパークの小道を歩いた。夜、アシャに電話してみようか？　いや、アシャから電話がかかってくるのを待ったほうがいいのか？　明日の朝「コーヒーショップ」に行って、彼とはどうなったのか聞こうか？　そんなことをあれこれと考えていたら、いつの間にかセントラルパークウエスト通りに出ていた。

　胸が苦しくなるほどアシャに対する気持ちが高まっていくのを、自分の心の中に感じていた。

　こんなふうに苦しくなるほど、人を好きになったのははじめてかもしれない。人を好きになるって、こんなに苦しいことだっけ？　こんなにドキドキすることだったっけ？

　アパートに戻った僕は、アシャが頭をのせていた膝のあたり、そして、アシャの髪をさわった自分の指、アシャが腕をからませたシャツの袖に、アシャのほのかな香りが残っていることに気づいた。さらに胸がキュンと苦しくなった。

「苦しいな」とつぶやいた。

もっと楽に

　丸一日経っても、アシャから連絡は無かった。僕はセントラルパークで一緒に撮った写真を現像し、その中で一番アシャがすてきに写っている写真を選んで持ち歩いた。そして、一緒にお弁当を食べたひとときを思い出していた。

お弁当を食べ終わった時、「暑いから脱いじゃお」と言って、アシャは着ていたレーヨンのブラウスを脱いで、キャミソール一枚になった。

　小麦色の肌をしたアシャの素肌を間近で見た僕は目のやり場に困った。

　キャミソールの胸元に、糸のように細いシルバーチェーンのネックレスが見えた。ネックレスには星のペンダントトップがぶら下がっていた。

　アシャは猫のようにしなやかな動きで、座っていた体勢を変えて、僕の身体に背中をあててよりかかった。

　そして、「あなたも私に寄りかかってもいいよ」と言った。

「私って小さい頃からこんなふうに身体をつけて寄りかかるのが好きだったのよね。まるで犬とか猫みたいに。家族や好きな人の身体に、自分の身体のどこかがちょっとでもくっついていれば落ち着くというか、安心するの。変でしょ」

　肩から外れたキャミソールの紐を気にせずにいるアシャのナチュラルなスタイルは、セクシーさよりも、すごく健康的に見えた。

「エチオピアはニューヨークよりも暑いから、昼間はいつもこんなふうに木陰で昼寝するのよ。友だち同士のこともあれば、恋人とだったり、必ず誰かと一緒にくつろぐの」

「あなたもシャツを脱げば？　涼しくなって気持ちいいわよ！」

　アシャはそう言って、僕が着ているリネンシャツのボタンを外そうとした。

「大丈夫、大丈夫。僕はこのままでいいよ」

　僕はあわてて外されたボタンをはめ直した。

「日本人は、どうしていつもそんなふうにきちんとしてるの？エチオピア人はとにかくリラックスするのが好きだから、着ているものはどんどん脱いじゃうのよ。気にせず、もっと楽に生きればいいのに！」

　アシャのスキンシップにドギマギする僕を見て、アシャは大笑いしながら言った。

　アパートの部屋で、僕はコーヒーを飲みながら、アシャとのそんなやり取りをぼんやりと思い出していた。

　そうしていたら電話のベルが鳴った。アシャかもしれない。そう思って受話器を取った。

「もしもし……私」

　受話器の奥からアシャの声が聞こえた。

WOMEN エアリズムインナー

365日の快適機能

　ユニクロが誇るエアリズムインナーは、"夏を気持ちよく"から"1年を通して快適"に進化しました。吸放湿性を持つ植物由来のキュプラ繊維を使用した生地は、汗を吸収し、拡散することで衣服内環境を快適にコントロールし、なめらかでやわらかな肌ざわり。また、特殊な加工が衣服についた汗などのにおいを吸着、中和して消臭。洗濯を繰り返しても消臭効果が持続します。

　さらに身体の動きにフィットするストレッチ、涼しくサラサラな肌ざわりが続く接触冷感とドライ機能、雑菌の繁殖を防ぐ抗菌防臭などの機能が満載です。

着やすさへのこだわり

　キャミソール、UネックTシャツとともに、ネックラインを深めに設定。胸元の開いたアウターやシャツのボタンを開いても見えにくいように改良しました。また、身幅を広くして身体のラインが出過ぎないフィットにすることで、動いた時のずり上がりも軽減。軽量化したことで、もたつきのない快適な着心地を実現しました。

　汗ばむ季節だけでなく、意外と気になる秋冬のムレ、寒暖差にも対応する次世代のスマートインナーです。

050

明日の仕事は何時から？
と僕は聞いた。

深夜のカフェで

　電話口でのアシャの声は沈んでいた。
「こんな時間だけど、これから会える？」
　アシャは息を詰まらせるようにして言った。時計の針は深夜
一時を過ぎていた。
「うん、もちろん。一時間後に七丁目の『カフェテリア』で会
おう」
「カフェテリア」は二十四時間営業のカフェレストランで、ニ
ューヨーカーに人気の店だった。この店のシェフは古い料理本
のコレクターで古書仲間の一人だ。決して安い店ではないけれ
ど、深夜に出かけるなら知り合いのいる店が安心だった。
「三十分で行ける。早く会いたい……」
「うん、わかった。じゃあ、三十分後に」
「ありがとう。あとでね」
　電話を切った僕は急いで身支度をした。アシャの気持ちはわ
からないが、「早く会いたい」と言われたら、僕も彼女に早く
会いたくなった。アパートの部屋を出ると、こんな時にかぎっ
てエレベーターが故障していた。僕は非常階段を走って降りた。
　外に出ると街はがらんとしていた。地下鉄で行こうか、タク
シーに乗ろうか、ポケットには五十ドル。ブロードウェイを見
渡すと一台のタクシーが停まっていた。運転手に「七丁目の
『カフェテリア』まで五ドルで乗せてくれませんか？」と言う

と、「何があった？」と聞かれた。「恋人に急いで会いに行く」と答えた。運転手はにっこりと笑って、「乗れよ」と言って僕を乗せてくれた。

とっさに出た言葉だが、アシャのことを恋人と言ったことに僕は照れた。

タクシーはものすごいスピードでブロードウェイを疾走した。流れゆく深夜のニューヨークの景色をぼんやりと眺めながら、電気が点いている部屋を見つけると、こんな時間なのに、まだ眠っていない人がいるんだと想像して、なんだかせつない気持ちになった。ニューヨークは夜の街という顔もあるけれど、僕にとっては誰もが明日のために必死に働く街というイメージが強かった。

「兄ちゃん三ドルに負けてやるよ。彼女にアップルパイでも買ってやんな。泣かせるなよ」

「カフェテリア」の目の前に車を停めたタクシーの運転手は、にっこりと笑いながらそう言って僕に二ドルを返した。

「ありがとうございます」と言って頭を下げると、運転手は手をひらひらとさせて、車を出した。

深夜の「カフェテリア」は、バーやクラブ帰りのきらびやかな服を着た客でにぎわっていた。「人と待ち合わせしています」と言うと、勝手に探せと言わんばかりにうなずかれる。薄暗い客席を見渡すと、一番端の席にアシャが座っているのが見えた。一人ではなかった。

やっと会えた人

アシャと一緒にいるのは男性だった。テーブルの前に着くと、アシャは僕に気がついて椅子から立ち上がった。

「夜中に呼び出しちゃってごめんなさい……」

「ううん。大丈夫だよ。座ってもいいかな？」

テーブルにつくと、男性が僕に手を差し出して「はじめまして。アシャと付き合っているハリーです」と自己紹介した。僕は彼の手を握って「こちらこそはじめまして」と言った。「すみません。あなたに会いたかっただけです。すぐに帰りますから安心してください」と彼は言った。

　彼は僕に対して、きちんとした礼儀を持って接してくれて、とても好印象だった。

「ごめんなさい。今日私は彼に別れたいと言ったの。なぜなら好きな人ができたからと。そうしたら、私が好きになった人がどんな人なのか教えてくれないと納得できないと彼が言って……」

「さあ、僕は帰るよ。お役御免だ。ほんとは何か言ってやって帰ろうと思ったんだけど。握手をしたら彼が決して悪い人間ではないことがわかったよ。いやな気持ちにさせて悪かった」

「ありがとう、ハリー」

　アシャと彼は立ち上がってしっかりとハグをした。そして彼は、近くのウエイターにお札を数枚渡して、後ろを振り向かずに立ち去っていった。

「ほんとごめんね…。あなたのことを話さずにはいられなくて。でも、彼があなたを見て、私の気持ちを理解してくれたからよかった……。彼はあんなふうに真面目そうだけど女性問題がいろいろあって、私は彼にとって絶対に必要な女性だと思えなくなっていたの。別に私じゃなくてもいいんじゃないかと。理由はわからないけれど、これから先、あなたには私が絶対に必要な気がするの。そして、私にもあなたが絶対に必要な気がするの……。あなたの夢を叶えるには私が。私の夢を叶えるにはあなたが……。そう信じられる何かをあなたに感じたのよ。こんな寂しい大都会でそう思える人にやっと出会えたと思ったの」

　アシャは目に涙を浮かべながら言った。

「オーダーは何にしますか？」とウエイターが声をかけてきた。

　「ごめんなさい。すぐに出ます」と僕は答え、アシャの手を引いて店を出た。細いジーンズにヒールをはき、Tシャツ姿のアシャは、普段に比べ、シンプル過ぎるくらいシンプルな着こなしだったけれど、なぜだか一段とすてきだった。

　僕はタクシーを拾い、自分のアパートにアシャを連れて帰った。

　「明日の仕事は何時から？」と聞くと「お休み！」とアシャは答えて微笑んだ。

WOMEN ハイライズシガレットジーンズ

新感覚のシルエット

ロサンゼルスにユニクロが設立した「ジーンズイノベーションセンター」で誕生したシガレットジーンズ。最大の魅力はシルエット。

全体のフィットはスキニー、シルエットはストレートで仕上げ。そして膝下からのストレートなデザインが、一般的なスキニーよりも脚の形をきれいにカバー。ふくらはぎの締め付けがないので、どんな女性の脚も細く、美しく見せてくれます。さらにウエストはハイライズで脚長効果も抜群です。

快適な本格派

生地は、世界でも名高い日本のデニムメーカー「カイハラ社」と共同開発した上質でやわらかなコンフォートストレッチデニムを使用。伸縮率は30%でよく伸び、ラクに穿いていただけます。

また、ステッチやボタンなど本格的なディテールにもこだわりました。リジッドはもちろん、ヴィンテージデニムを参考にしたウォッシュ加工のバリエーションも幅広くご用意。休日はスニーカー、夜はヒールを合わせて。デイリーでのワードローブにおすすめしたい自信作です。

051

細身のカラーパンツを、
自分の腰にあてて鏡に映した。

今どこに立っているのか

　横になったまま窓を見上げると、朝の空はどこまでもきれいに澄みきっていた。

　指の先が触れたので手をつなぐと、アシャは指と指をしっかりとからませて「おはよう」と言った。

「おはよう……。今日はいい天気だね」

「うん、暑くなりそうね。よく眠れた？」

「うん、眠れた。アシャは？」

　アシャはつないだ手にぎゅっとちからをいれて「もちろん」と言って微笑んだ。アシャの甘い香りが鼻をくすぐった。

「リンカーンって好き？」

　アシャは突然僕に聞いた。

「リンカーンって大統領の？」

「そう、エイブラハム・リンカーン。私ニューヨークに来て、はじめてリンカーンの伝記を読んだの。そしてとても好きになった。『自分が今、どこに立っているかを知って、これからどの方向に向かおうとしているかを知ることができたら、何をどうやってするべきかのよい判断をきっと下せるはず』という彼の言葉に、はっとしたの。それからいつも考えたわ。自分は今どこに立っているのか、そして、どこの方向に向かおうとしているのかとね」

「リンカーンって、たしか木こりだったんだよね。その考えは

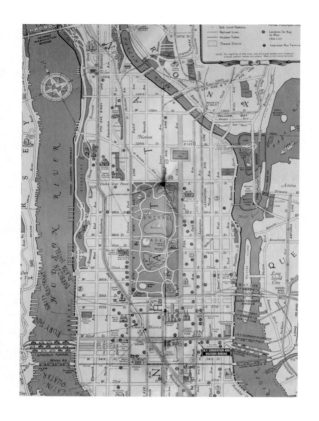

森の中で気づいたのかな。深い言葉だね」

「そうよ、彼は木こりなのよ。そこがすごいところ。あと彼は、猫とりんごとイソップが大好きだったのよ。私も猫とりんごとイソップが大好き。あなたは？」

アシャは身体を起こし、僕の手を引いて顔を向き合わせた。「猫とりんごとイソップかあ。僕も好きだな。『北風と太陽』って知っている？」

「知ってる！　どんなことも、ちからまかせにやってもうまく

いかないって話よね！　旅人の服を脱がすのに、ちからでは無理っていう教えね」

　僕とアシャは、自分たちが知っているイソップの寓話をあれこれと話して楽しんだ。

「リンカーンって、大切なことを人々に面白く話すのが得意だったから、それはきっとイソップから学んだのよね」

「すごいなあ。リンカーンって」

「ねえ、あなたは今どこに立っているの？　そして、どの方向を向いているの？」

　アシャは僕の腕の中でこう聞いた。

　自分は、今どこに立って、どの方向を向いているのだろうか？　僕は窓から見える青い空を見つめてぼんやりと考えた。

「私とあなたは、きっと違った場所に立っているはず。だけど、向いている方向が同じでありたい。そうだったら嬉しいなと思って……」

　アシャはそう言って、僕の腕に頬を乗せた。

アシャのおしゃれ

「あなたが、こんなに服を持っていたなんて知らなかったわ！　なんておしゃれさんなの！」

　僕の部屋のクローゼットを開けて中を見て驚いたアシャは叫んだ。

「違うよ。これはこの部屋の持ち主のボーイフレンドの服で、僕の服ではないんだ。だけど、自由に着てもいいってことになっている。家具付き、服付きの部屋ってこと」

　僕は、この部屋を借りた時の経緯や、服の持ち主であるジャックとの奇遇をアシャに話した。

「へー、そんな出会いがあったのね。アメリカントラッドな服はあなたに似合うからラッキーね。どれか私も借りようかしら

…」

　おしゃれで、服好きなアシャは、宝ものを発掘するようにクローゼットにしまわれている服を物色した。

「みいつけた！　これ、私穿いてみよう。きっとかわいいわ」

　アシャは細身のカラーパンツを、自分の腰にあてて鏡に映した。

　普段からおしゃれなアシャが、メンズの服をどんなふうにコーディネートして着こなすのか僕は興味津々になった。

「ほら、やっぱりかわいい！　メンズの少し大きめを穿いても大丈夫ね。ロールアップさせて足を見せればバランスいいし」

とアシャは鏡の前ではしゃいだ。

「上は何を着るの？」

「そうね。上はシンプルにシャツがいいわ。これもメンズの少し大きめを着て、タックインするとか」

　アシャは、パジャマ代わりに着ていたTシャツをぱっと脱いで裸になり、クローゼットの中から探しあてたチェック柄のシャツの袖に腕を通した。

「ほら、どう？　この上にデニムジャケットでも羽織ればいいんじゃない？」

　アシャは鏡の前でおどけてくるりと回った。

「ねえ、朝食を食べに行こうよ。私この格好で出かけるわ。いいでしょ？」

　無邪気な子どもみたいに飛び跳ねながら、アシャは言った。

「私は、こんなふうにメンズのシンプルな服をシックに着こなすのが好き。あとは靴とアクセサリーで女性らしさのバランスをとればいいし。さあ、出かけましょう。おなか空いたわ！」

　ふたりにとってはじめての朝だった。

MEN EZYスキニーフィット
カラージーンズ

新感覚の新素材

本格的な5ポケットジーンズのディテールと、新感覚の穿き心地を両立させたEZYカラージーンズ。表地はベルベットのような深い光沢が魅力。ストレッチ性のあるサテン素材を使用し、微起毛加工することで上質な表情が生まれました。

生地段階で横糸（肌面にあたる糸）にコットン／レーヨンの混紡糸が配置されるように設計し、肌面にあたる風合いにもこだわりました。さらにウエスト内側にはゴムを、フロント内側にはウエストコードを配置。快適で絶妙なフィット感がポイントです。

豊富なカラーバリエーション

定番のブラックやネイビー、スモーキーなグレーなど、上品な素材感を活かしたカラーをご用意。レッドやブラウンカラーは、差し色としてスタイリングのスパイスに。トータルでのワントーンコーデもおすすめです。

すっきりとしたテーパードシルエットの足元は、カジュアルなスニーカーはもちろん、革靴を合わせて落ち着かせながら、シャツやジャケットなどの組み合わせでキレイ目に仕上げるなど、幅広い着こなしをお楽しみいただけます。

052

飾った時に人に喜ばれるような
人生を歩む。

トーコさんの家で

　自由を愛するアシャ。
「私の思う自由とは、良識と良心をしっかりと持ったうえで、
既存のルールに縛られずに、常に自分に素直であり続けること。
ルールを嫌っているわけではないの。もしルールが必要であれ
ば、ルールは自分で作るってこと。他人が作ったルールに従う
のはどうかってことよ。あと、自由って孤独よ。これはいつも
そう思うわ。でも、人間って一人で生まれてくるし、死ぬのも
一人じゃない？　だから孤独って生きていくための条件なのよ。
みんないっしょ。だから孤独を悲しむって変だと私は思う。孤

独は抱きしめてあげないとね。けれども、孤立はしてはいけない。孤独だからこそ、人と人とのつながりを大切にするの。人を愛せるのよ」

ワシントンスクエアパークのベンチに座った僕の腕の中でアシャは言った。

「僕はアシャがこれから作ろうとしている服がとても楽しみ。着ると誰もがリラックスできて、着る人の生活を助けるような服、みんなが自由になれる服って言ってたよね。僕自身そういう服があればいいなと思う」

その日の午後、トーコさんの自宅に、僕とアシャは招待されていた。

偶然セントラルパークで出会い、それからずっと親交を深めていたトーコさんの話をアシャにしたら、ぜひ一度会いたいと言っていた。僕もトーコさんにアシャを会わせたいと思っていた。

トーコさんは、アッパーウエストサイドのブロードウェイ沿いのモダンなアパートに暮らしていた。

僕とアシャが訪れると、トーコさんは大喜びして出迎えてくれた。

トーコさんの家の、広いリビングにはたくさんのアートが飾られていた。それを見たアシャは「すてき！」と声を上げた。

トーコさんは僕らに抹茶を点ててもてなしてくれた。

「ごめんなさいね。ほんとうは和菓子を食べさせたいんだけど、今日は私の焼いたクッキーでがまんしてね」

「とんでもありません、おいしそうなクッキーです。しかし、すてきなお家ですね。飾ってあるアートもすばらしいです」

アシャがそう言うと、トーコさんは、抹茶の入った茶碗を両手で持って話した。

「ありがとう。私は、飾って見ることでしあわせを感じるものが好きなの。それと同時に、自分自身の人生もしくは生み出す

ものが飾れないものかと、いつも考えてるの」

「飾って見ること？」とアシャが聞いた。

「そうよ。飾って見られるかどうかはとっても大切」

　トーコさんは壁に掛かっている絵や写真を目を細めながら眺めた。

踊りたくなるスカート

　トーコさんは壁にかかった一枚の絵に近寄って言った。絵はアレックス・カッツというアーティストの作品だった。

「自分の日々、自分の仕事、自分の人生など、どんなことでも、一枚の絵として飾って見られるかどうか。私はそんなふうに考えるの。シンプルで、わかりやすくて、誰もが飾って見ていたいと思う、よい作品なのか？　ってね。私っておかしいでしょ？」

　トーコさんはそう言って笑った。

「おかしくないです。私わかります。きれいとか、すばらしいとか、そういうことではなくて、人がいつまでも見ていたいと思えるかどうか。人の役に立つかどうか。人の暮らしを支えるものかどうか。そのための物語を感じるものであるかどうかってことではないでしょうか？」

　アシャがそう言うと、トーコさんはソファに座っているアシャを引き寄せて、両手で抱きしめた。

「あなたはすてきな人ね。そうなのよ。人生は自由。自由だけど、飾れないものでは駄目。飾った時に人に喜ばれるような人生を歩まないとね」

　トーコさんはアシャの手を握りながら言った。

「あなたは服を作りたいのよね。彼からそう聞いてるわ。流行のことなんか忘れなさい。それよりも着心地のよい、ずっと長く着られる服を作るといいわ。流行を追って服を買うお金を減

らしてあげるような服を作りなさい」

「はい。私もそう思っています。人々の暮らしを支えるような
服を作りたいんです。その人がその人らしく、自由に生きるこ
とを支える服を」

　アシャをトーコさんに会わせてよかったと心から思った。今
日はじめて会ったのに、アシャはまるでトーコさんの娘のよう
に見えた。そのくらいふたりは仲良しになった。

「アシャ。あなたにあげたいものがあるの。受け取ってもらえ
る？」

　トーコさんはきれいにたたまれた布地を奥の部屋から持って
きた。

「わあ、なんでしょう。広げてみていいですか？」とアシャは
言った。

「これは私が昔、自分で作ったスカートなのよ。サーキュラー
スカートってわかる？　くるっと回ると、ほら、軽やかできれ
いなシルエットなの。きっとあなたに似合うと思うの」

　アシャはデニムをその場でぱっと脱いで、トーコさんからプ
レゼントされたスカートを穿いた。

「見て！　ほら、動くとスカートがふわってなって、きれいで
かわいい！　見て見て！　なんだか、踊りたくなるわ。私が作
りたい服ってこういうのなの！　トーコさんありがとう！」

　アシャは、鏡の前でくるくる回って、スカートのシルエット
を見ては、子どものようにはしゃいで喜んだ。

WOMEN サーキュラースカート

レディなシルエットの秘密

　動くたび、風が吹くたびにふわりと揺れる上品なシルエットが自慢のサーキュラースカート。女性らしく、美しく見えるフレアなAラインにこだわりました。その秘密は生地にあります。

　ストレッチ性があって、しっかりとした素材感のコットンツイルを使用。そしてウォッシュ加工を工夫することで、生地にハリとやわらかさが生まれ、たっぷりとしたボリュームときれいな広がりをキープ。洗濯してもシワになりにくく、お手入れが簡単なのもポイントです。

簡単に着られて美しく

　ウエストのうしろ側にはゴムを使っているので圧迫もなく、すっきり見せながらラクに穿けます。さらにファスナーは自動ロック付き。着用した時にジッパーがくずれる心配もありません。

　シャツや短めのジャケットに足元はヒールできれい目な着こなしはもちろん、ウエストとポケット口のステッチが適度なカジュアルさをプラスしているから、Tシャツやスニーカーとも相性抜群。通勤から週末までいつでも活躍してくれるLifeWearです。

053

心地よいというのも
小さなラッキーだよね。

小さなラッキー

　ニューヨークにやってきて、人のために本を探し、本を売る
という仕事らしきことを見つけ、小さなアパートを借りること
ができて、アシャという恋人との出会いもあった。たいして英
語も話せず、お金も無いが、こうしてささやかなしあわせを感
じているのは、すべて友だちの助けがあったからだと思ってい
る。

　いろいろな意味で僕はラッキーだった。そんなラッキーとい
うのは一体なんだろうか。

　ラッキーは、決してまぐれや奇跡ではない。ことわざに「棚

「からぼた餅」という言葉があるけれど、それだって必ずそうなるための理由がある。ラッキーはどこからやってくるのだろう。

　今朝、僕は半分に切ったベーグルに、クリームチーズをのせ、ブルーベリージャムを塗って食べた。コーヒーにはミルクをたっぷり入れて、窓から見える街の景色を見ながら、そんなふうにラッキーについて考えた。

　なぜなら、今、自分がラッキーであることが少しだけ怖くなったからだ。いつまでもラッキーが続くはずがない、きっといつか不幸がやってくる。すごくラッキーでなくてもいいけれど、これから先、ささやかなラッキーでいられたら嬉しい。そのためにはどうしたらよいのか。足るを知った上で、多くはもとめないけれど、ラッキーのために必要な心がけはなんだろう。

「世の中の成功者に比べたら、足元にも及ばないけれど、僕はすごくラッキーだと思う。これからもラッキーな自分でいるためにはどうしたらいいのだろう。アシャはどう思う？」

　小さなテーブルの向かいに座ったアシャに僕は聞いてみた。

「自分がラッキーだと感じているのなら、それを当然と思っているか、もしくは感謝をしているかのどっちかだと思うけれど、そう考えているあなたは感謝をしているのよね。感謝をしているのならそれでいいと思う。感謝という態度があなたから消えなければ、あなたはきっとずっとラッキーでいられるわ」

　アシャは、自分好みに軽くトーストして、バターを塗ったベーグルを食べながらこう言った。朝食にはコーヒーではなく、水というのもアシャのスタイルだった。

　アシャの言葉を聞いて僕はこう思った。人も含めて、日々出会うものすべてに向き合う、「感謝をしている」という自分の態度から、ラッキーは生まれるものだと。

「むつかしいのは、ほんの小さなラッキーに気づくかどうかだと思うわ。ほとんどの人は、小さいラッキーのことを見逃してしまうわ。たとえば、道を歩いていて、さわやかで気持ちいい

風に吹かれた時、そんなことをほとんどの人はラッキーとは思わないじゃない？　けれども、それは小さなラッキーだと私は思うの。『ああ、風が気持ちいい。私はなんてラッキーなんでしょう』とね。そして、誰に言うともなく『ありがとう』と言葉にする。私はそんな自分でいたいと思うわ。今、私が着ているシャツに対してもそうよ」

アシャはそう言って、残りのベーグルを口にぽんと入れて微笑んだ。

人を愛したくなる服

今朝のアシャは、真っ白なコットンのシャツを、素肌にふわっとはおるように着ていた。

少し大きめで、肩は落ちているけれど、それがまたかわいらしくて、袖の長さはちょうどよく、身幅もたっぷりしているので、とっても着心地がよさそうだった。

「このシャツ大好きなの。丈も短めだから、スカートにもパンツにも合うし、襟も小さめなのも好き。さらさらしたコットンの感じとか、とにかく着心地がいいのよ。こんなことも、自分が選んだ服だから当然と思うのではなく、着るたびに『ラッキー』と私は思うの。そして『ありがとう』とつぶやく自分がいるの。わかるかなこの感じ？　私ばかみたい？」

そう言ったアシャは、グラスの水をごくりと飲み込んだ。

「よくわかる。着ている服が心地よいというのも小さなラッキーだよね。だから感謝の気持ちが湧く。そういうのって、ひとつのしあわせだよね」

「うん、そう。ほんとにしあわせよ。そういうしあわせに感謝できる自分ってすてきだと思う。私ね、このシャツを着ると、誰かを愛したくなるの。そういう気持ちってわかる？　ようするに、このシャツを作ってくれた人は、きっと着る人の気持ち

やライフスタイルのことをめちゃくちゃ思いやって、いわゆる愛情をたっぷり注いで作ったと思うの。だから、その愛情の連鎖が起きるのよ。めちゃ愛された気持ちになるから、嬉しくなって、その感謝の気持ちで、誰かを愛したくなる。そうやって、愛情が広がっていくってすばらしいと思わない？　だからこそ、日々、小さなラッキーを見逃さないのが大事よね」

「着ると人を愛したくなる服ってすごい発想だなあ。それさ、そのシャツを作った人が聞いたらきっと喜ぶよ。でも、アシャが作りたい服ってそういう服だって前にも言ってたよね」

「そうよ。着る人のあらゆる気持ちを受け入れて、深く理解した服を作りたいの。それって、でも、すべて愛するってことよね。仕事って、自分が日々の暮らしの中で、与えられたラッキーを、自分のできることで返していくってことだと思う。私にとってそれはコーヒーを淹れることでもあるし、服作りもそうよ。小さなラッキーに感謝して、そのラッキーを独り占めしないで分かち合う。そうすれば、またラッキーは与えてもらえるような気がするの」

アシャはそれが自分の生き方そのものであるというように語った。

「結局、ラッキーへの感謝と、ラッキーのお返しを、自分のできることでするのが大事なんだね。そうすればきっとラッキーな自分でいられるのかもね」

「私って、なんでも『ラッキー』って思っちゃうの。おかしいでしょう。嫌なことがあってもその時は悲しんだりするけれど、すぐに『これも学びだわ。ラッキー！』ってね」

アシャはベーグルをもう一個焼いて、自分の皿にのせた。

「ベーグルおいしいわ。ラッキー」とアシャは笑い転げた。

WOMEN エクストラファイン
コットンシャツ

あたらしいベーシックシャツ

襟の形、袖のつくり、身幅のサイジングなど何度もフィッティングを重ねてたどり着いた理想のシャツです。

肩のラインを下げることで生まれたリラックス感あるシルエット、ほどよい着丈は後ろを長くしてヒップをカバー、サイドスリットはトレンドを取り入れてやや深めに、フロントインしても綺麗に見えるように設計しています。前立てはシンプルなステッチにして、カジュアルながらクリーンな表情に仕上げました。

ワードローブの主役に

生地に使用しているエクストラファインコットンは、軽くて肌ざわり抜群な上質コットン100%。シーズンを通して快適に着られる素材感が自慢です。そして、幅広いスタイリングに対応できるのもポイント。

スキニーパンツやスカート、ワイドパンツ、アンクルパンツなど合わせるボトムスを選びません。さらにシャツをタックインすればクリーンな印象に、アウトすればリラックスシルエット。表情豊かな着こなしを楽しみながら、タイムレスに愛用いただきたいLifeWearです。

054

まずは自分の頭で考える。

アシャの部屋

　エチオピア生まれで二十二歳のアシャと僕の関係は、いわゆる恋人同士というよりは、友だちのような、家族のような関係が主で、恋人である関係はおまけのようだった。

　イーストヴィレッジにあったアシャのアパートをはじめて訪れた時、部屋があまりに簡素で僕は驚いた。

　十二畳くらいのキッチン付きのリビングと、六畳くらいのベッドルームという間取りだったが、リビングには、小さな丸テーブルと椅子が二脚。壁に沿って作られた本棚があり、そこには本がぎっしりと収まっているけれど、それ以外の家具はなかった。木の床には何枚かラグが敷かれていて、そのラグの上でアシャは、くつろいだり、本を読んだり、ある時は服の勉強をしたりして、いつも過ごしていた。

「私、ソファのある生活に慣れていないのよね。楽ちんだけど、こうして広い床に座っているほうが落ち着くわ。たしか日本人もそうよね。家の中では靴を脱ぐのも私にとっては当たり前だし」

　アシャはそう言って、床にごろりと横になって、ヨガのポーズをとった。

「アハハ。アシャの部屋ってヨガスタジオみたいだね。でも悪くないよ。僕も子どもの頃は、日本ならではの畳というマットが敷かれた床で生活していたから、こうしているのはなんだか

懐かしくて楽しいよ」

　きれい好きなアシャは毎朝部屋の掃除をしてから出かけると言う。たしかに、アシャの部屋でくつろいでいる時、床はいつもピカピカに磨かれていて、ちりひとつ落ちていることはなかった。

「服のデザインをしたり、何か物事を考えたりする時、ごちゃごちゃした部屋よりも、何も無いようなすっきりした部屋のほうが、私は落ち着くのよね。ここニューヨークは隙間を見つけるものむつかしいくらいゴミゴミしているし、余白なんてひとつもないじゃない。だから、自分の部屋はいつも清潔で、気持ちいい風が通り抜けるようでありたいの。だから、こんなふうにモノがないのよね。そうそう、この前、ロウェナがウチに遊びに来たんだけど、『何ここ空き家？』っていうのよね。失礼しちゃうわ。でも、こうして彼女と床に座って、おいしいコーヒーを飲んでいたら、『意外と落ち着くわ』と言ってくれたのよ。でもテレビくらい買いなよと言われちゃった。大きなお世話よね。アハハ」

　アシャの実家にはテレビが無かったという。その分、両親は彼女に本を買い与え、欲しい本はすべて買ってくれたらしい。「テレビは自分の時間を奪っていくような気がしてならない」とアシャは言った。前に付き合っていた彼氏はテレビが大好きだったらしく、彼の家に行くとずっとテレビがつけっぱなしになっていてそれが嫌だったとも言った。

「アシャが暮らしの中で大切にしていることって何？」

　床で寝転んで、窓からそよぐ風を味わうように目を閉じていたアシャに僕は聞いてみた。

自分の頭で考える

　アシャは静かに目を開けて、ゆっくりと起き上がって、あぐ

らをかいて座ってこう言った。

「まずは自分の頭で考える、ということだと思う。さっきも言ったけれど、こんなふうにすっきりした空間を大事にしているのも、できるだけリラックスして、考える時間を大切にしているからなのよ。人は普通に暮らしていても、人生を悩んだり、未来に不安を抱いたり、今日の問題に向き合ったり、どう解決しようか、どう対処しようか、どっちにしようかと選ばなくてはならないことばかりじゃない？　でもそういうことを、あたかも、どうでもいいとばかりに自分の頭で考えずに、世の中や便利なことに頼って、ま、いいかとしてしまうことって多いと思うの。自分自身の問題に無関心になるって一番よくないわ」

　アシャはゆっくりと静かな言葉で話した。

「うん、確かにそうだね。困ったことや、できないことや、わからないことが起きた時、知識や情報に頼って、たとえば普通こうだからとか、みんながこうしているからとか、今までこうだったからという知識からの判断で、ひとつも自分の頭で考えてない場合が多いと思う。確かに知識も情報も必要だけど、まずはじっくりと自分で思考することは暮らしに大切なことだね」

「そう、あなたの言う通り、思考するのが大切。それなのに今の世の中って、思考する時間を作るのがむつかしいくらい忙し

くなっているのが怖いわ。人に思考させないようにしてるのか
しら」

「私ときどき思うんだけど、自分が何かにコントロールされて
いるんじゃないかって怖くなる。ここにはテレビも新聞もない
けれど、外で仕事をしていると、否が応でもいろんな情報が耳
や目に入ってくる。だからこうして、静かで、広くて、一人で
いられるゆったりした部屋が、私には必要なの。日々の困った
こと、怖いこと、不安なことを自分の頭で考えるために……」

　アシャは脱いだソックスをくるくるっと丸めて裸足になった。
小麦色をしたアシャの肌に、白くて小さな貝殻のような足の爪
がかわいく見えた。

「ねえ、ソックスって何色が好き？　私は自然をイメージした
アースカラーが好き。ブラウン系とか、グレー系とか、そうい
うの」

「僕はグレーが好き。どんな服にも合うからね。あとは白か
な」

「あなたはいつも白を選ぶよね。すてきよ」

　アシャは丸めたソックスを指で転がしながら言った。

「私ソックスを丸めると、いつもお母さんを思い出すの。お母
さんはいつもこんなふうに洗濯したソックスをひとつひとつ几
帳面に丸めていたなって。日本でもソックスって丸める？」

「僕のお母さんは、こうするんだ」

　僕は丸まったアシャのソックスを一度広げて、ソックスのリ
プの部分だけを丸めて、左右のソックスをひとまとめにした。

「あ！　それはお父さんのやり方と一緒！　アハハ。あなたっ
てほんとうに私のお父さんと似てるのね」

　そう言ったアシャは僕の額にキスをして、「とっても楽しい
わ」と言った。

MEN 50色ソックス

ユニクロの大定番として

　コーディネートを選ばない細かいリブ編み、カラーバリエーション豊富な50色展開、さらに消臭機能も付いたユニクロを象徴する定番ソックスです。

　芯となるポリウレタン弾性糸にナイロンを巻きつけた加工糸“フィラメントツイストヤーン”を使用することで、締め付けのない絶妙な履き心地が実現。ほどよい厚みは、スニーカーはもちろん、滑りやすい革靴の中でもズレて邪魔になることはありません。オンでもオフでも活躍間違いなしのLifeWearです。

足元から色遊びを

　発色にこだわり、ソリッドカラーは鮮やかさを大切に糸から染色。杢や霜降りは立体的で表情豊かな色糸を編み込みました。

　春夏と秋冬シーズンでは、トレンドを加味した新色を入れ替え。流行の色をまずはソックスから取り入れてみるのもおすすめです。ソリッドカラーの白、黒、ネイビーはスーツやフォーマルな装いに、杢や霜降りはヴィンテージチノやデニムと相性抜群。またワントーンコーディネートでの色合わせや、ワンポイント使いなど、いつものスタイルの幅を広げてくれる自慢のアイテムです。

055

嬉しそうに
コーディネートを僕に見せた。

Hip Hopを知った日

　ある日、働いているカフェの常連からもらったというレコードを、アシャが僕のアパートに持ってきた。僕の部屋にはレコードプレイヤーがあったのだ。

「今一番かっこいい音楽よ。ね、一緒に聴こうよ」とアシャは言った。

　レコードジャケットには「Funky4＋1」というアーティスト名があり、タイトルは「That's The Joint」とあった。

「これが本物のラップだって。デボラ・ハリーの『ラプチュアー』の歌い方は、この曲からってレコードをくれた人が言ってたわ」

　アシャはデボラ・ハリーが大好きだった。僕はレコードプレイヤーにレコードをのせて針を落とした。

　聞こえてきた音楽を耳にした僕らは息を飲んで目を合わせた。

「かっこいい……」

　スピーカーから聞こえてきた「That's The Joint」は、今まで聴いたことのない、まったく新しい音楽だった。それは商業的な歌というよりも、リアルなストリートの人の言葉そのもの。人々の言葉による会話がメロディでありビートになっている。

「すてきすてき！　なんてかっこいいのでしょう！」

　アシャは我慢できずに立ち上がり、部屋の中で踊りはじめた。そしてサビの部分の「She's The Joint!」を、飛び跳ねながら

レコードと一緒に歌っていた。

「ねえ、『That's The Joint』ってわかる？ めっちゃ最高！
って意味よ」

「That's The Joint」は、九分を超える長い曲で、僕らは何度
もレコードをかけ続けて、踊りながら、「こう言った、ああ言
った」と、歌われている言葉の意味を味わった。アシャは、後
半の「He's The Joint!」の部分で、僕を指さしながら「The
Joint!」を繰り返し叫んだ。

「これってハーレムやブロンクスで生まれた、楽器を使うミュ
ージシャンではなく、レコードを楽器代わりに使ったストリー
ト音楽よ。私ほんとうにすごいと思う。こんなの今まで無かっ
たもの！」

僕らはこの新しいストリート音楽がなんという名前なのかわ
からなかった。 カフェで会う友だちも皆、「That's The
Joint」の話題でもちきりだった。

それから少し経った頃、僕らと同じように新しい音楽に夢中
になっていたロウェナが、「もうHip Hopしか聴きたくない」
と言って、一本のカセットテープをアシャに渡した。

カセットテープのケースには「Rapper's Delight」と太いマジックで書かれていた。

　その日の夜、僕とアシャはロウェナおすすめの「Rapper's Delight」を聴いた。

　アシャは僕の腕を掴んで言った。「ね、わかる？　『I said a Hip Hop』って最初に言ったわ」

　アシャは「Rapper's Delight」で歌われる最初の言葉を聴き逃さなかった。そして曲の中で歌われる言葉のひとつひとつを、あたかも本を読むように聴き入ってから言った。

「これがHip Hopよ」と。

「Rapper's Delight」のメロディは、大ヒットしたChicの「Good Times」だった。

ハーレム探検を

　僕とアシャは、いつもニューヨークという街の探検を楽しんでいた。

「ねえ、明日の休みの日にハーレムかブロンクスに行ってみようよ。私、ヒップホップをこの目で見てみたいわ」

　ブロンクスという言葉に僕は反応した。というのは、少し前にジャックの手伝いで、車でブロンクスを訪れていたからだ。

　車がブロンクスというエリアに入っていった時、「ドアをロックをして、窓は絶対に開けるな」とジャックは言った。

　そこで見た光景は、僕の知る華やかなニューヨークではなく、空き地が多く、建物のほとんどが廃墟と化したゴーストタウンのような街並みだった。

　冷や汗をかいたのは、信号が赤になり、僕らの車が止まった時、道の脇から数人のホームレスが現れて、何かを言いながらドアを開けようとしたことだ。

「無視しろ」とジャックは言って、車を走らせた。ホームレス

は車に向かって何かを叫び、ゴミのようなものを投げつけていた。

「このあたりは一番治安が悪い。都市計画の末、たくさんの住民が郊外に移ってしまって、残ったのは貧困層だけなんだ。街並みが取り壊されていく中で、ビルの持ち主が保険金を得るために建物に放火したりして、街はこんなありさまになったんだ。ひどいもんだ」

　ジャックは首を振ってこう言った。

　ブロンクスがどんなところか知っていた僕は、そんな危険な場所にアシャと行く気にはならなかった。

「ブロンクスは危ないよ。行くところではない」と言うと、「ハーレムなら大丈夫よ。私、前に行ったことがあるわ。昼間なら絶対安心よ」とアシャは言った。

「このレギンスパンツは、ハーレムのアフリカンアメリカンの女の子がかわいく着こなしていて、真似して買ったのよ。ほら、足にぴったりで細くてすてきでしょ。このパンツにバスケットのスニーカーを合わせるのが好き。細い足にしっかりしたスニーカーのバランスはかわいいわ」

　おしゃれなアシャは、嬉しそうに自分のコーディネートを僕に見せた。

「ね、ロウェナを誘って三人で行こう。彼女ヒップホップにも詳しいから！」

　ロウェナに電話すると「私が案内するからまかせて！」と言った。

　僕らはハーレム探検にわくわくしながら、その日の朝を迎えた。

WOMEN レギンスパンツ

本格ジーンズのルックス

　ラクに穿けて動きやすく、すっきり美脚ラインが自慢のレギンスパンツです。

　穿いた時の美しさにこだわり、ディテール、ステッチ幅などすべて見直し。側面のラインを後ろに移動し、前ポケットの幅を広く、後ろポケットはお尻を隠しながらヒップが高く見える位置と大きさにパーツのバランスも変更。さらにヨークのラインやステッチもよりシャープにすることで、スキニージーンズのような本格パンツのルックスが実現しました。

極上の穿き心地

　素材はタテにもヨコにも自由に伸びて動きやすいカットソー生地ながら、ツイルのような凹凸のある表面感が特徴です。通常よりも高い弾性を誇る繊維"スパンデックス"を使用することで抜群のストレッチ性が生まれました。

　ウエストのゴムは薄いながらも、キックバックのしっかりとしたものを使用しているので快適な穿き心地はそのままです。短いトップスと合わせてスタイリッシュに。圧倒的な色展開は日々のスタイリングの幅を大きく広げてくれるはずです。

056

あの人、マリポールじゃない？

はじめてのハーレム

　僕らはロウェナと、ハーレムの中心である地下鉄百二十五丁目駅のホームで待ち合わせをした。

　わずか数十分で行ける場所であっても、アシャと一緒に出かけるということが僕には嬉しかった。ちょっとした小旅行ははじめてだった。

　この日のアシャは、真っ白の長袖Tシャツを着て、オーバーサイズのヴィンテージデニムを穿き、足元はワークブーツで、ヤンキースのベースボールキャップのつばを後ろに被っていた。

　百二十五丁目駅には当然ながら、白人の姿は少なく、そこにいるのはアフリカ系アメリカ人やスパニッシュ系の人たちばかりだった。

　アシャは、自分の目の前を若者たちが通り過ぎるたびに、彼らの服の着こなしや、斬新な色使いに目を見張って、「かわいい！　かっこいい！」を連呼していた。

　いつものタンクトップにシャツを羽織ったロウェナは、待ち合わせ時間に十分遅れでやってきた。

「絶対に十分遅れるという、相変わらずのロウェナタイムね」

　アシャはチクリと皮肉を言ってロウェナをからかった。ロウェナは「あら失礼しました」と言って、負けじとアシャの着ている長袖のTシャツの裾をめくり上げた。

　その一瞬、おへそから胸までがむき出しになったアシャは

「ちょっとやめてよ！」とムキになって怒った。ロウェナは笑い転げて、「今日はピンクのブラジャーか」とからかってお返しをした。

「この辺のように人がたくさんいる場所は安全よ。でも、ここから北へ行くほど人通りが減って危なくなるの」

　ロウェナは少しだけ緊張した面持ちで言った。路上にはゴミが散乱し、決してきれいな街ではないが、独特の活気には満ちていた。

「さあ、出発しましょう！」

　そう言ってアシャは意気揚々と僕らの先頭を歩いた。

「ちょっと右も左もわからないのに、勝手に歩かないでよ」とロウェナはアシャの腕に自分の腕をからませ、まるで幼い姉妹のようにじゃれあって歩いた。

「知ってる？　ハーレムってオランダ語で『楽園』って意味。昔ここはオランダ人の別荘があったエリアなのよ」

　ロウェナは街のあちらこちらを指差しながらハーレム案内をしてくれた。目抜き通りには商店が連なっているが、一歩路地に入ると、シャッターの閉まった店や、窓ガラスが割れたままになった建物が多い。

　ハーレムには、ニューヨーク特有のタクシーである、イエローキャブが走っていないことに驚いた。その代わりにジプシー

タクシーと呼ばれるグリーンのタクシーが走っていた。その多くは乗る前に行先を告げて、値段交渉をするらしい。

一八六〇年代に建てられた、有名な劇場アポロシアターの前を通った時、アシャがぴたりと足を止めた。

アシャのアイドル

アシャは口に手を当てて、「待って、あの人、知ってる…」と言って立ちすくんだ。

アシャの視線の先は、雑踏の片隅に立っている三人の女性と一人の男性だった。

「あの人、マリポールじゃない？　いや、きっとそう。私の憧れの人。どうしてここにいるの？　え、うそ！」

アシャは一人で興奮して、「どうしよう、どうしよう」と言葉を繰り返した。

「マリポールって誰？」と僕は聞いた。

「スタイリストでカメラマン、ファッションデザイナーもやっている人よ。マドンナのスタイリストでも有名だし、『フィオルッチ』のアートディレクターもやっているし、ほら、みんなが夢中になったラバーのブレスレット。あれも彼女のデザイン。とにかくニューヨークで一番おしゃれでクールな女性よ。アシャの憧れよね。袖を切ったTシャツに黒いスリムデニム穿いた人。ほら、真ん中に立っている」

ロウェナがアシャの代わりにこう言った。

僕はマリポールという女性のことを知らなかった。しかしアシャやロウェナにとって彼女は、いや、今のニューヨーク・アンダーグラウンドにとって彼女は、ものすごい影響力を持ったクリエイターであるらしい。

「アシャ、せっかくだから話しかけておいでよ。何かのチャンスだよ」と僕が言うと、アシャは「無理無理……」と言って退

いた。

　マリポールらしき女性は、細くて長い煙草を吸って、仲間たちとおしゃべりをしていた。

　いざって時は、絶対に照れたらいけない。恥ずかしがってもいけない。あとで必ず後悔するから。といういつかの学びを僕は思い出した。

　僕はアシャにいいところを見せたいという思いと、またマリポールという名前を知らないという強みもあって、一人で彼女に話しかけにいった。

「こんにちは。あなたはマリポールさんですか？」

　すると、彼女は煙草の煙をふーっと吐いてから「あら、こんにちは。そうよ。私はマリポールだけど、あなたとどこかで会ったかしら？」と微笑みながら言った。

　ただものでないその瞳に、僕は一瞬ひるんだ。なんてきれいなんだろうと思った。

「いえ、お会いしてません。僕の彼女があなたのファンで、もしよかったら挨拶だけでもしてくれませんか？　彼女『コーヒーショップ』で働いているんです」

「あそこにいるかわいい彼女？　いいわよ」

　マリオポールはアシャに向かって「ハーイ」と言って、「こっちにおいでよ」と言った。

「マリポールさん、はじめまして。私はアシャです」とアシャは言った。

「あなたかわいいわね。よろしく」と、マリポールはアシャをぎゅっと抱きしめた。

WOMEN コンパクトコットン
クルーネックT

進化したベーシック

大定番の長袖Tシャツが素材、フィット、ネックのデザインを変更して生まれ変わりました。

通常よりも毛羽立ちを抑えたコンパクトコットン糸を使用し、上品な光沢と滑らかな肌ざわりの生地が完成。太めの番手の糸を用いたことによるしっかりとした生地感は、インナーが透けにくく、1枚でも綺麗に着ていただけます。また、横方向への伸縮率が抜群のフライス編みで仕上げているので、ほどよいフィット感とストレッチ性もアップしました。

ながく付き合えるように

どんな世代にも満足いただけるベーシックを目指して。重ね着のインナーとしてだけでなく1枚でも着ていただけるように。さまざまな試行錯誤を重ねて完成した長袖Tシャツ。

ネックは深すぎず詰まりすぎず、デコルテラインを美しく見せるデザインを探しました。着丈にもこだわり、どんなボトムスにも合わせやすく、幅広いコーディネートにお使いいただけるはずです。夏の冷房対策に、秋口はジャケットのインナーなどに、旅先ではバッグの中に。ロングシーズン着回せる心強い定番です。

057

ごめんなさい。私、今日帰る。

ハーレムの路上で

　マリポールは、ぎゅっとハグしてから、アシャに言った。
「うん、あなたほんとうにかわいいわ。スタイルもいいし。ま
たいつか会いましょ」
「『コーヒーショップ』で働きながら、何をしているの？」
　マリポールと一緒にいた一人の女性が、やさしい言葉でアシャに話しかけた。
　女性は金髪をクルーカットのように短く刈って、たっぷりした黄色いシャツに、カーキ色の軍パンを穿いたおしゃれな人だった。
「はい。服を作っています……。というか、まだできていませんが、これから作るんです。おしゃれというよりも、誰もがリラックスできる服を私は作りたいんです……」
　僕はこんなに緊張しているアシャをはじめて見た。
「そうなのね。私も服作りをしているのよ。いつかあなたのようにかわいい人が作った服を私も着たいわ。がんばってね」
　女性はそう言って、アシャの頬にキスをして「じゃあね」と言った。マリポールも微笑みながらアシャに投げキッスをした。
「あの……服を作るにあたって、どんなことでもいいので、ひとつアドバイスをしてください……」
　アシャは急に積極的になって、服作りをしているという女性に聞いた。すると、女性はクスクスと笑って答えた。

「着た人が元気になる服を作ってね。人を元気にするには何が
必要だと思う？　それは見た目ではなく愛よ。ステッチひとつ、
肌ざわり、色カタチなどすべて、その隅々まであなたの愛情を
表現すること。ね、わかる？」
「私が着ているこのシャツは、私が作ったのよ。穴も開いてい
るけれど、これもひとつの愛情なの。何年も着ていて、肌ざわ
りがなめらかになって、本当の意味での私の服になっている。
愛情が注がれてね。だから、あなたの愛をどこまで服に注げる
のか。大切なのはそれだけだと思うわ」
「ねえ、今、着ているそのTシャツを脱いで」と女性は言って、
その場で自分が着ていたシャツを脱いだ。
「早く脱いで。交換しましょ」
　女性は、ハーレムの路上でいきなり着ている服をぱっと脱い
で、僕らを驚かせた。
　アシャは一瞬戸惑ったが、思い切って着ているTシャツをそ
の場で脱いで、女性が手に持っていたシャツと交換し、そのシ
ャツを羽織った。
「いつかまた服を交換しましょ」と女性は言った。

肌ざわりのいい服

　マリポールと一緒にいた、服作りをしているという女性から
もらったシャツを着たアシャは呆然と立ち尽くした。
「あの女性どこかで見たことあるわ。思い出せないけれど有名
なデザイナーよ……」
　ロウェナはアシャの肩に手を回して言った。
　ハーレムのアポロシアターの前で、アシャが着た大きめの黄
色いシャツは、穿いていたヴィンテージデニムにも絶妙にマッ
チして、そのコーディネートは誰の目にもすてきな着こなしに
見えた。それだけそのシャツは輝いていた。

道行く若者たちが、アシャの前を通るたびに「君、クールだね」と声をかけていった。

「さあ、行こうよ」とロウェナはアシャに言った。

「ねえ、このシャツ。よれよれだし、ところどころに穴も開いているし、私のサイズに合ってないのに、どうしてか心地よいの。フィットしていないのにフィットしてるの。私の服って思えるのはどうして？　ねえ、どうして？」

　アシャは独り言のように言った。

「肌ざわりがいい……。コットンなのに、こんなに肌ざわりがいいシャツってはじめて着たわ。デザインや色ではなく、肌ざわりがいいってことがこんなに嬉しいものとは知らなかった、私……」

　アシャは着ているシャツの襟や袖、裾を指でさわりながら言った。アシャが何か新しい気づきを得ていることが僕にはわかった。

「ごめんなさい。私、今日帰る。家に帰って肌ざわりのいい服のことをしっかり考えたい……」

　アシャは僕とロウェナに申し訳なさそうに謝った。

「うん、わかった。今日はアシャのアイドルに会えたことで十分よね。これからどこかに行ったって、きっと上の空だもん。いいよ、帰りましょう」

　ロウェナはそう言って、アシャの手を取って駅のほうへと歩いた。

「ねえ、肌ざわりのいい服ってどんな服？　あなたが今持っている服の中で、一番肌ざわりのいい服って何？」

　アシャは僕にこう聞いた。

「うーん、そうだな。ちょっとそのシャツさわらせて……」

　僕はアシャの着ているシャツの裾を指でつまんでさわった。そのシャツはほんとうに肌ざわりがよかった。そして、これと似た肌ざわりのいい服を、自分は知っていると気がついた。

MEN ソフトタッチクルーネックT&ハイネックT

進化した大定番

ワードローブに欠かせないベーシックなクルーネックTが大幅にアップデート。最大の変更点は、生地の裏表を逆にしたこと。

起毛面が内側になることで、肌に直接触れる面の素材のやわらかさやあたたかさ、気持ちよさを体感できるようになりました。起毛させていない表地は、今までよりも鮮やかな色味の表現が可能に。深みある色やビビッドな色など、コーディネートの差し色アイテムとしても幅広くお楽しみいただけるのも自慢です。

着やすく、使いやすく

袖口のリブを復活。腕まくりをした時に袖口がぴったりフィットして留まる仕様に変更しました。また、肩幅と身幅のサイズにゆとりを持たせ、窮屈感を軽減。1枚でも着られるようにシルエットバランスを見直しました。

クルーネックはネックラインのステッチを無くし、すっきりとしたデザインに。ハイネックは、襟の色を重ね着して見せる着こなしができるように高さの絶妙なバランスを探しました。ストレッチが利きながら洗いざらしが嬉しいコットン100%の質感。毎日着ていただきたいLifeWearです。

058

ねえ、デザインって何だろう？
何だと思う？

アシャのデザイン

　誰もがやさしい気持ちになれるように。アシャはそのために
服を作りたいと言った。

　毎日、朝早くから深夜まで「コーヒーショップ」で働き、生
活費を切り詰めて、少しずつ貯金をし、その夢を叶えようと頑
張っていた。

　アシャは毎日服のデザインを描くことを欠かさなかった。と

きには疲れ切ってしまい、一枚しか描けない日もあった。それでも毎日ペンを握るアシャだった。

「私は自分のデザインに自信がないの。自信がないからこそ毎日描かないと怖いの。毎日描いて、ひとつも満足できるものはないけれど、私にできることは毎日描くということだけ。そうしていれば、いつか何かわかる時が来ると信じてる。服とは何か。デザインとは何かがわかるかもしれない。自分が作りたいものは何かが見えてくるかもしれない。そのためには、何があろうと、毎日机に向かわないとだめな気がする」

　ある時、アシャはこう言った。

「描いていて感じるのは、描くというのは考えるということ。線を一本引くだけでも、そのために、服とは何かと考えざるを得ないわ。だから、私にとってのデザインとは、服のことをとことん考えるということ。一日でも休まず、毎日考え続けること。服とは何かを確かめるかのように」

「毎日確かめるってどういうこと？」

「デザインを描いていると、あ、こうだわ、と気づくことがあるの。けれども、それは本当にそうなのかしらって、ペンを動かしながら、もう一度考える。違うな、いや、そうかもしれない。そんなふうに気づいたことをあれこれと考え続けて、その気づきが確かなものかどうかを確かめるって感じ。あれ？　なんか変ね。確かなものを確かめるって」

　アシャは笑った。

「でも、次の日になったら、その確かな気づきを違うと思うこともある。それはそれでいいの。だからそうね、なぜ私が毎日描き続けるかというと、私は、確かな気づきをしっかりと確かめたいのね」

「一日でも休むと、これまで積み重ねてきた学びのようなものが振り出しに戻ってしまう気がする」と言ってアシャは背伸びをして、窓の外を眺めた。

アシャは自分のデザインを、積極的に人に見せようとはしなかった。なぜかと言うと、彼女のデザイン画は、毎日の日記のようなもので、デザインというよりもアシャの頭や心の中の表れそのものだからだ。

　ある時、ノートが開かれたままになっていて、アシャが描いたデザインを見ることができた。

デザインとは

　ノートを見た僕はびっくりした。

「今日もデザインを描かなきゃ……」と、いつもアシャは言っていたはずなのに、そこには服らしきものがひとつも描かれていなかったからだ。

　ノートに描かれていたのは、男女問わず、子どもから若者であったり、大人であったり、老人であったりというように、人々の姿ばかりだった。それもたくさんの。

　描かれている人々は、歩いていたり、椅子に座っていたり、寝転んでいたり、食事をしていたり、ジャンプしていたり、しゃがんでいたりしていて、その何かをしている動作が事細かに描かれていた。

　他のページも見てみた。すると、そのほとんどが同じように、人の姿や動作ばかりで、その横には小さな文字で、「嬉しい」とか「あったかい」「つらい」とか「大変」とか「暑い」「寒い」など、その人それぞれの状況による感情のようなものがメモされていた。

　アシャにとっての服のデザイン画とは、服そのものではなく、ありのままの人の姿、様々な動作であり、その時の感情を描くのだと僕はわかった。正直すごいなと思った。

「ちょっと何してるの！　私のノートを見ないでよ」

　部屋に戻ってきたアシャはノートを見ていた僕に言った。

「いや、開いたままになっていたから、つい見ちゃったんだ。ごめん」

　アシャは黙ってノートを閉じて、「これは私の今のすべてだから人には見られたくないの……。はずかしい……」と言った。「でも、まあ、ノートを開いていた私がいけないのだから、あなたが悪いわけではないわ」

　アシャと一緒に街を歩いていると、ときおり何かをじっと観察するかのように見つめていることがあった。その視線の先には、取るに足りない何かをしている人の姿があって、何をこんなに夢中になって見つめているのだろうと思うことがあった。きっとその時、アシャは人の動作や姿を、彼女なりのデザインという視点で見ていたのだろう。

　椅子に座ったアシャは、その日着ていたスウェットシャツのネックの部分を顎まで引き上げ、ノートを開いて、そこに描かれている何かをぼんやりと見つめた。

「ねえ、デザインって何だろう？　何だと思う？　私ふと思ったんだけど、あのね、親切ってことじゃないかしら……。このスウェットシャツを着ているといつも思うんだけど、すごく親切だなあと思うの。何が？　って、このなんてことないデザインのいちいちが……」

　アシャは、自分の着ているスウェットシャツの袖のリブや裏側の起毛をさわりながら、「親切って嬉しいよ。親切って大切よね……」と言った。

WOMEN スウェットクルーネック
プルオーバー

完璧なベーシックを求めて

クリストフ・ルメール率いるデザインチームがパリのアトリエからお届けする「Uniqlo U」。クルーネックスウェットは、コレクションの中でも象徴的なアイテムです。

一番のポイントは「フレンチテリー」という生地。スウェットに使われるパイル地の中でも薄手でストレッチ性が高く、吸湿性の高さと肌ざわりの良さが特徴です。本来のフレンチテリーの良さはそのままに、ほどよい厚みと重量感を加えたオリジナル生地を採用しています。毎日着ることを徹底的に考えた、絶妙なスウェットの質感をお試しください。

オリジナルを現代的に

スポーツ選手が競技の前後に着用したことに由来するスウェットは、丈夫で機能性に優れたものでした。「Uniqlo U」はオリジナルのディテールを研究し、程よいフィットのリブの編み込みや縫い目の表情に活かしました。

肩のつくりはドロップショルダーを採用し、着丈を短く、シルエットに丸みを持たせることでカジュアルながらもリッチな雰囲気に仕上げ、オーセンティックと現代的な視点を融合させています。また、ビビッドとニュートラルを織り交ぜたカラーパレットにも注目。選ぶ色によって着こなしの幅はぐんと広がるはずです。

059

もう少しベッドでお話ししたい、
とアシャは言った。

大好きなパジャマ

　僕とアシャは付き合いはじめて三カ月が経とうとしていた。
「日本の着物を着ている夢を見たわ……」
　ある朝、ベッドの中で、真っ白なシーツにくるまれて、猫のように丸まっていたアシャが言った。
「着物を着たことあるの？」
「一度もないけど、夢の中で普通に着ている自分がいたの。きちんと帯をしていたわ。洋服を着ている人の中で、私だけ着物を着ているのよ。そんなおもしろい夢だった」
　きらきらした朝陽が、風でふわふわと動くカーテンに模様をつくっていた。
「ねえ、昔の日本人って寝る時に何を着ていたの？　着物？」
　ベッドから手を伸ばし、カーテンのはじっこを指でつまんで遊びながら、アシャは言った。
「昔の日本人は浴衣っていう、コットンの薄い生地で作った着物で寝てたと思う。着物は襦袢という下着を中に着るけれど、浴衣は肌に直接着るんだ。もともとはお風呂に入ったあとに着る部屋着だけど、今では夏の外出着として着られるようになってるよ」
「浴衣って知ってる！　写真で見たことあるわ。そうか、日本のパジャマは浴衣なのね。下には何も着ないんだ。気持ち良さそう！」

アシャはなんだか嬉しそうだった。

「まあ、でも、今、浴衣を着て寝ている人って少ないと思う
よ」

「私、パジャマって大好き。パジャマを着るって、眠るための
おしゃれをしている気がするし、なんだかわくわくするの。さ
あ、これからぐっすり眠るよっていう、そのためのパジャマっ
て、肌ざわりと着心地がとびきり良くて、一番らくちんな服だ
もの。日本人が浴衣で外出するのもわかる気がする。私もパ
ジャマで出かけたいもの！」

「さすがにパジャマで歩いている人はいないよね。アハハ」

　僕が笑いながらそう言うと、「確かに！」と言ってアシャも
笑い転げた。

「でも、外も歩けるパジャマって、あったらほしいかもしれな
い。おしゃれなセットアップとして。そう、たとえば夢の世界
を旅する服とか」

　そう言うと、アシャはベッドの横に置いてあったノートを開
いて、ニコニコしながらアイデアらしきメモを書いた。

「眠るための服って、なんてすてきなんだろうと思うわ」

　アシャはそう言って、大きな枕を抱き寄せてベッドの中でも
う一度丸くなった。

おそろいのパジャマ

「女性のナイトドレスっていうのもかわいいけれど、私はやっ
ぱりパジャマがいいな。あなたの好みはどっち？」

　アシャはいたずらな目をして僕に言った。

「ベッドの中だけならナイトドレスも悪くないけれど、どちら
かというと、やっぱりパジャマのほうがいいかな。ナイトドレ
スって言葉の通り、夜のドレスだから……」

「アハハ、あなた正直ね！」

アシャはベッドの中で手足をバタバタさせて大笑いした。

「ねえ、パジャマを買いに行かない？　私、好きな人とおそろいのパジャマで眠るっていうのが夢なの。ね、いいでしょ？」

「ふたりで眠る時だけ、おそろいのパジャマを着ましょうよ。ね？」

　嬉しいけれど、僕はなんだか照れくさい気持ちもあって返事に困った。

「嫌？」

「別にいいけど……」

「なんだか返事が曖昧ね。どっち？」

「イエスかノーかはっきり言って。別にいいけどっていうのは返事じゃないわ」

　アシャは少し怒ったように言った。

「嫌じゃないからイエスだよ。ちょっと恥ずかしかっただけだよ」

「ふたりの間で照れてどうするの？　私はあなたが好き。あなたも私が好き。ふたりだけのプライベートな話をしているのに、まったくもう！」

　へそを曲げたアシャは、ベッドの中で僕にくるっと背中を向けた。

「チェック柄とストライプ柄、無地、アシャはどういうのが好き？　僕はチェック柄が好き」

　僕がそう言うと、アシャはくるっと向き直って、「私もチェック柄！」と言った。

「襟はあったほうがいい！　これからの季節にはフランネルが絶対いい！　サイズはちょっと大きめがいい！　だって、そのほうが楽だし、ダボッとしてるほうがかわいいし、あとパイピングもあったほうがいいし……」

　アシャは、そんなふうに、あれもこれもと自分の好きなパジャマの条件を並べて、「パジャマを買いに行きたいー！」と言

った。

　アシャが言うように、パジャマって、安らかに眠るという、ささやかなしあわせを大切にするための服なのかもしれない。そして、好きな人とおそろいのパジャマを着て眠るって、夢のように嬉しいことだと僕は思った。

「そろそろ起きよう」と僕が言うと、「もう少しベッドでお話ししたい」とアシャは言った。

　僕はアシャを引き寄せて、額にキスをした。

WOMEN フランネルパジャマ

極上のリラックスタイムを

　冬のリラックスタイムにぴったりなパジャマです。素材はやわらかなフランネル。コットン100％で、ふんわりと起毛させた心地よい肌ざわりが自慢です。

　眠っている時の動きを妨げないゆとりと、立体的なパターンでスッキリ見えるシルエットもポイント。また、襟のデザインは開襟とシャツ型どちらの襟の形にするのかをギリギリまで悩んで、首元の保温に適しているシャツ型を選んだエピソードは、ここだけのおはなし。

パジャマの新しい提案

　ラウンジウェアとしてだけでなく、いつものコーディネートにお使いいただけるよう、細部のデザインまでこだわりました。

　たとえばボタンホールの形状。第一ボタンはヨコ、第二ボタン以下をタテにすることでボタンがしっかり留まってズレにくく、あたたかく着用いただけます。ボトムスのウエストにはヒモを通してイージーパンツ仕様に。シャツ襟のパジャマトップスにはデニムやチノ、パジャマボトムスにはニットやスウェットなどを合わせてデイリーにも楽しんでいただけます。

060

あなたという
あなたの家族も愛している。

ふたりのニット

　部屋にいる時、アシャは相変わらず自分の服作りに夢中になっていた。

　アイデアに行き詰まると、クローゼットの中にある自分の服を引っ張り出して、まるで本を読むかのように、そのひとつひとつを手に取り、じっくりと見つめて、その何かを手がかりにした。

「私、秋になったら着たい服があるの。毎年、秋のはじめに着る服よ。あなたにはそういう服ってある？」

「うーん。秋のはじめに着る服かあ。涼しくなってきたら、カシミヤのニットを着るのは楽しみにしているなあ」

「私はこのニットドレスを着るのを楽しみにしてるの！」

　アシャは、クローゼットからお気に入りだというニットドレスを取り出して僕に見せた。

「すてきでしょ、このニット。家族がニューヨークに遊びに来た時、クリスマスにプレゼントしてくれたのよ。着たところ見たい？　今年はじめてよ」

　アシャはそう言って、僕の返事を待たずに、着ていたシャツを脱いで、ニットドレスに袖を通した。

　やわらかなニットは、アシャの細い身体をふわっと包み込み、彼女の嬉しそうな表情から、あたたかさだけでなく、深い安らぎを感じているのがわかった。

「このニットを着ると不思議と気持ちが安心するの。プレゼン
トされたニットって、着るたびにその人のことを思い出すから
かな？」

　アシャは袖にほっぺたをつけて、ニットの肌ざわりを味わい
ながら言った。

「ねえ、ニットって何色が好き？　私は赤が好き。はじめてニ
ューヨークに来た時は冬だったんだけど、雪が積もってたの。
真っ白な雪景色の中を真っ赤なニットを着て歩いている女性が
いて、その光景がほんとにきれいだった。それ以来私、ニット
は赤が好きになったの」

「僕は白が好きだな。子どもの頃、お母さんが編んでくれたニ
ットが白だった。そのニットが僕は大好きで、冬中着ていた記
憶がある」

　アシャが言うように、子どもの頃、母が編んでくれた白いニ

ットを着るたびに、僕は母のぬくもりのようなものを感じてい
た。だから、あの白いニットが好きだった。
「あなたが白いニットで、私が赤いニットで、ふたりで歩いた
ら、きっときれいね！」
「早く秋が来ないかな……」とアシャはつぶやいた。

大切な家族

　アシャとの会話をきっかけに、僕は自分の家族のことを思い
出していた。
　実を言うと、家族のことを思うと、さみしくなるから、でき
るだけ考えないようにしていた自分がいた。両親とはしばらく
連絡もとっていなかった。
　僕と違ってアシャは、事あるごとに、遠く離れて暮らす自分
の家族を思い出し、電話で話したり、手紙をやりとりしたり、
そんなふうに、そばには居ないけれども、いつも家族と一緒に
いる生活が、彼女のすべてを支えていた。
　僕はそんなアシャがすてきに思えたし、うらやましかった。
　ある時、「僕はしっかりと自立したいんだ」とアシャに言っ
たら、「何から自立したいの？」と聞かれてドキッとした。
「たとえば、家族から……」と答えると、「どうして家族から
自立する必要があるの？　家族はみんなでひとつよ。ずっと助
け合うし、ずっと支え合うし、ずっと愛し合うのが家族よ。自
立なんて違うと思う。逆に、あなたはもっと自分の家族を愛し
たほうがいい。どうしてあなたは自分の家族のことをたくさん
話したがらないの？　家族はあなたの一部でしょ。大好きでし
ょ？　愛しているでしょ？　自分のことを誰かに知ってもらい
たければ、家族のことをもっと話さないと、あなたがどういう
人だかわからないわ。私があなたという人を好きになるという
ことは、あなたの家族も好きになるということよ」

アシャの言うことはもっともだった。家族から自立するなんて、なんだかおかしな考え方だと思った。でも、そんなおかしな考えをしていた自分がいたのも本当だった。

「自立は大切なことだと思う。けれども、自立というのは、あくまでも、この社会と自分のひとつの関係性であって、家族に対するものではないわ。人が人として生きていくためには家族という大切な存在が、家族それぞれの帰る場所であり、愛するものであり、守るものであり、もっとも感謝するべきものよ。何度も言うけれど、私はあなた一人を愛しているのではなく、あなたというあなたの家族も愛しているのよ。だから、私はあなたからも、私という家族を愛してもらいたいから、いつも私の家族のことをあなたに知ってもらいたくて、いろいろと話しているつもり。わかる？」

　こういう時、いつもアシャは、僕とまっすぐに向き合って、僕の両手を持って、しっかりと目を見て話した。

「だから、あなたはあなたの家族にもっと頼ってもいい。甘えてもいい。家族それぞれがそうやって助けあって生きていくのよ。私はニューヨークに来て、ずっと一人だけど、自分のことすべてを、いつも家族と分かち合うようにしているの。あなたのことだってみんな知ってるのよ。だからこそ、こうやって一人に暮らしていけるし、仕事もできるし、夢を追うこともできるのよ……」

　アシャは窓の外をぼんやりと見た。そしてこう言った。

「あなたは私と家族になりたいと思ったことある？」と。

WOMEN 3Dメリノリブワンピース

すべての女性を美しく

女性らしさと着る人の美しさを引き立てることにこだわり抜いた3Dニットワンピースです。その秘密は「ホールガーメント[*1]」という特殊な技術で編み上げた無縫製ニットであること。

1枚丸ごと編み上げることで360°どこにも継ぎ目がなく、フィット感あるリブ編みが美シルエットを演出。[*2]中でも注目は胸元のライン。「求心」という製法を用い、自然な身体のラインに沿って胸の位置にポイントがくるように設計しました。さらに上質ウール100%の素材が、繊細さと美しさを引き立てます。

*1 ホールガーメントは、株式会社島精機製作所の登録商標です。
*2 襟部分のネームや洗濯ラベルには縫い目があります。

あらゆるシーンに寄り添って

より多くのお客様に楽しんでいただけるように、カラーバリエーションやデザインにもこだわりました。フィット&フレアなどアイテムごとにコンセプトを決めて複数のシルエットをご用意。3Dメリノリブモックネックワンピースはアクセサリーが映えるドレス。ジュエリーと合わせやすい便利な1枚です。

3Dメリノリブワンピースは1枚での存在感もありながら、ジージャンやスニーカーでカジュアルに、ストールを羽織ってエレガントにもシフトできます。フォーマルにもカジュアルにも、いつでもどこでも着られるLifeWearです。

061

コーデュロイだから、
裏からアイロンをかけないとね。

家族というしあわせ

　ある日の夕方。台所に立ち、料理を作っている母の後ろ姿。姉は食卓にノートを広げて絵を描いている。父が仕事から帰ってくる。台所からいい匂いが漂い、それまで静かだった食卓がにぎやかになっていく。父が食卓に座ると、晩ごはんがはじまる。家族四人が食卓につくと、僕はとびきり嬉しい気持ちになった。家族みんなで食べる晩ごはんのひととき。幼い僕にとって、一日の中で一番好きな時間だった……。
「あなたは私と家族になりたいと思ったことある？」
　突然アシャからこう聞かれた時、僕はふとこんな光景を思い

出した。

　好きな人と家族になりたいか？　その時まで僕は、好きな人とどんなふうに過ごしていきたいのかという、自分と相手というふたりの関係のことしか考えたことがなかった。

　だから、その問いにどう答えたらよいかわからなかった。好きな人との結婚の先には、当然、家族を築くというしあわせがあるのはわかる。しかし、好きな人と家族になりたい、という、あまりにストレートな発想にびっくりしてしまった。

「私はいつも好きになった人に対して、この人と家族になりたいかどうかを考えるわ。だって、たとえば、私とあなたが愛し合うのは、家族という未来を作るためだと思うから。けれども、とても好きだけど家族になりたいと思わない人もいるわ。それはそれで仕方がない。どうしても家族像が目に浮かばないというか……」

　アシャは言葉を続けた。

「この人と家族になりたいって思う理由ってなんだろうと考えるけれど、それは理屈ではないし、言葉で表せるものでもないと思う。ある時、ふと思うことかもしれないし……。私は自分の家族を愛しているし、いつか自分の新しい家族を作りたいといつも夢見ているの。ふたりでも立派な家族でありたいの。それが私にとってのしあわせのかたちなのよ」

　アシャは立ち上がって、座っている僕を後ろから抱きしめて、こう言った。

「答えなくて大丈夫。でも私の夢を知っておいてね。あなたが答えたくなった時に教えてくれたらいいわ」

　アシャはそう言って、キッチンに立ち、お湯を沸かしてコーヒーを淹れる準備をした。僕はアシャの後ろ姿を見ながら、いつかの母の後ろ姿を重ねた。

「あなたにプレゼントがあるの」

　コーヒーを注いだマグカップをテーブルに置いたアシャは、

そう言って微笑んだ。

ぽかぽかのシャツを着て

　アシャは、畳まれたシャツを紙袋から取り出した。
「今日は、私とあなたが最初にデートをしてから三カ月の記念
日よ。お祝いなんて変だけど、普段からいろいろと支えてくれ
ていることへの感謝をさせてね。このシャツをひと目見て、も
し私が男だったら絶対に着たいと思ったから、あなたにどうか
と思って…」
　コーデュロイの上品なシャツだった。色はブラック。レギュ
ラーカラーで、これからの季節にぴったりの肌ざわりだった。
「アイロンかけるからちょっと待ってて」
　アシャは新品のシャツにアイロンをかけようとした。
「私のお母さんは、父にシャツを買ってくると、まずは自分で
アイロンをかけてから父に着せてたのよ。新品なのにどうして
だろうと思っていたけど、わが家ではそれが当たり前だったの。
母いわく、新品は畳みジワがあるし、まずは自分の手をかけて
から、父に着せたいんだって。私その気持ちはよくわかるわ」
　広げたシャツに霧吹きで水をたっぷりかけ、アイロン台に
のせて、アシャはアイロンをかけはじめた。
「コーデュロイだから、裏からアイロンをかけないとね」
　コーデュロイの風合いをなくさないように、あて布をして、
シャツの裏地にアイロンをやさしくかけて、アシャは生地を伸
ばしていった。
「いいシャツってアイロンがかけやすくて、軽くかけるだけで
ぴしっとなるのよね。私はアイロンがけが大好きよ」
　アシャはシャツの隅々まで、楽しそうにアイロンをかけて、
最後にシャツの表面をブラッシングして、やわらかいコーデュ
ロイの毛並みをそろえた。

「ね、ほら、新品よりも、すてきになったでしょ。さすが私の
お母さんね。アイロンがけしたシャツを好きな人が着てくれる
って嬉しいわ。はい、プレゼント」

　アシャはシャツを僕に手渡した。

　アイロンの熱でぽかぽかのシャツを、僕は羽織った。自分で
アイロンをかけたシャツよりも数倍肌ざわりが心地よかった。
ボタンをはめてアシャの前にまっすぐに立つと、アシャはパチ
パチと拍手をした。

「ほら、やっぱりあなたに似合うわ。私の勘は大当たり！」

「ありがとう、アシャ……」

「こちらこそよ……いつもありがとう」

「これ着て散歩に行きたい！　外に出かけよう！」

　そう言うと、アシャは子犬のように飛び上がって喜んだ。

MEN コーデュロイシャツ

ベーシックにこだわる

高い保温効果が魅力のコーデュロイシャツは、秋口から冬にかけての強い味方です。とことんベーシックに仕上げました。

凹凸の細かすぎないコーデュロイ素材に変更してカジュアル感をアップ。襟はボタンダウン仕様からレギュラーカラーにして羽織としても着ていただけるように。フロントは本前立てのスタンダードなデザイン。身頃はすっきりと、生地のドレープがきれいに見えるシルエット。レギュラーフィット展開なので幅広いスタイルの方に着用いただけます。

男のシャツとして

ボタンは壊れにくい本貝調のプラスチック素材、両脇の裾部分にはツイル織りの補強布(ガゼット)をつけた本格仕様。さらに直接肌の当たりやすいカフス、ヨーク裏には別布を用いて着心地を改善し、ヘビーデューティなシャツに仕上げました。

秋口は色を楽しんでサラリと1枚で、また厚手ニットとレイヤードしてツイードジャケットを羽織り、デニムに足元はカントリーシューズなどを合わせたブリティッシュスタイルに挑戦してみるのもおすすめです。

Thirty Years of Recipes and the Story of a M...

062

「嫌い」よりも「苦手」のほうが
希望がある。

「好き」を大切に

　昔、ある人がこう言った。「誰かを好きになることはあるけれど、誰かを嫌いになることはない」と。

　その人はどんな人であっても嫌いにならないと言う。しかもだ。嫌いにならないように意識をしているわけでもなく、頑張っているわけでもない。なぜなら、ある時から、それまであった心の中の「嫌い」という概念が消えていった、と。

　僕はこう聞いた。「『嫌い』が消えた、そのある時とはどういう時だったのですか？」

「どんなことでも、そのすべてを自分が理解できることはないからさ。たとえば、君がある出来事で誰かを嫌いになったとしよう。君にとっては嫌いになる理由があるだろうが、その多くはその人のほんのわずかな表面的なことであって、もしくは、とても人間的な弱さから生じたことかもしれず、その出来事だけを考えれば、嫌いになって当然かもしれないけれど、たったそれだけのことで誰かを嫌いになるくらい、もったいないことはないと思うからさ。だいいち、何かを嫌いになって、良いことはひとつもないと僕は思うんだ」

　なるほど。僕ははっとした。

　確かに、何かを嫌いになって、嬉しかったり、しあわせを感じたり、得をすることってひとつもないのはわかる。「これは嫌い」と意思表示することの意味も、あるようで無いのもわか

る。

「要するに、『嫌い』というのは、他人に対して自分を知ってもらいたいという自己顕示欲でしかなく、そう思うと、『嫌い』という意識を持つくらいばかばかしいことはないと思うんだ。だったら、その分、『好き』を見つけて、『好き』を意思表示したほうがいい。『好き』はあらゆることの起点になるからね」

その人はにこにこしながらこう言った。

もっと「好き」を大切にしたらいい。「好き」を増やせば、「嫌い」は自然と消えていく。「好き」と「嫌い」は並べて考えられがちだけど、本質的な価値は大きく違うんだ、とも言った。

「では、どうしても『好き』ではないことについては、どう考えたらいいのでしょう？」

「『好き』ではないことは、『苦手』ということくらいにとどめておくといい。誰にとっても『苦手』はある。まあ、言葉遊びのようだけど、『嫌い』という言葉には希望がないと思うんだ。自分の意識や使う言葉で、希望が無いと感じるものは、できるだけ取り外すように僕はしているんだ」

人生における先輩であるその人の考え方に出会った僕は、心だけでなく身体もすっと軽くなったような気がしてならなかった。

「希望を感じない言葉や考え方は、必ず誰かを悲しませてしまうよ」

その人はそう言って、僕の肩に手を置いた。

今日の私の「好き」

僕はいつかのこんな出来事を思い出していた。自分の何かが大きく変わった、あの日のことを。

なぜなら今日、アシャにこう言われたからだ。

「私が思う、あなたの好きなところのひとつが、何に対しても
『嫌い』と言わないところ。ニューヨークでは誰もが、自分は
これが『嫌い』あれが『嫌い』と言ってばかりよ。すべてがイ
エスかノーなの。ある日、私が『あなたの嫌いなことって
何?』と聞いたことを覚えてる? その時あなたは『嫌いなこ
とは無い』って答えたから私はびっくりしたの」

「僕にとってのノーは、『違う』という意味で『嫌う』という
意味ではないよ」

なぜ僕が「嫌い」と言わないのか。僕はアシャに、ある人と
の出会いとその話を聞かせた。アシャは興味深く聞いて、何度
も深くうなずいていた。

「『好き』を増やして、『好き』を大切にすれば『嫌い』が消え
ていくってすてきな考え方ね。みんながそう気づけばいいのに。
特に人に対してはそうありたいわ。あなたが言うように『嫌
い』よりも『苦手』のほうが希望がある。そう思うと楽だわ」

「私ね、『冬って嫌い』って思っていた時があるの。ニューヨークの冬って本当に寒いから。でも『冬って嫌い』って思っていたら、冬中、自分がつらいとわかったの。だから、服の着こなしを工夫して、なんとか寒くないように考えてみた。どうしたら冬が好きになるのかなって。そうしたら、冬のおしゃれがめちゃ楽しくなって、いつの間にか『冬が好き』になったの。今では冬が早く来ないかなって。こんなふうに『嫌い』が『好き』になることってあるのよ」

　アシャは笑って話してくれた。

「じゃあ、聞くけど、あなたが『苦手』なことって何？　ぜひ聞かせて」

　アシャは僕に聞いた。

「苦手はいっぱいありすぎるよ。例えば、ガラスを爪で引っ掻いた音とか、割れそうで割れない風船とか、狭いテーブルで大きな声で話す人とか、えばりんぼうな人とか、夜の足音とか、固く閉まった瓶の蓋とか、あと、小さい虫とか、水圧の弱いシャワーとか……」

　アシャは口をおさえて楽しそうに笑った。

「言っておくけど、『苦手』の何百倍も『好き』はあるんだ」と僕は言った。

「うん、知ってる。いつかあなたの『好き』をたくさん聞かせてね。今日の私の『好き』を聞いて！　こんなふうに寒い日は、彼氏にもらったダウンベストを着て、一日中ベッドに寝転んで本を読むこと。どう？」

　そう言ったアシャは、僕がプレゼントしたダウンベストを着てベッドに飛び込んだ。

WOMEN ウルトラライトダウン
コンパクトベスト

2WAYの楽しみ

　ウルトラライトダウンコンパクトベストは、クルーネックと内側のボタンを留めてVネックにアレンジできる2WAY仕様。お客様からの声を反映し開発した自慢のデザインです。

　襟ぐりから前立てにかけての縁取りは、すっきり見えるパイピングテープに。アクセントとしてだけでなく、襟を折り返した時にもきれいに収まる工夫です。ジャケットやチェスターコートなどのVゾーンから見えないVネック。コーディネートの幅がグンと広がりました。

着やすく、使いやすく

　インナーでもアウターでも着られるようにサイズを見直し。さらに後ろウエスト部分のステッチに合わせて切り替えを入れることで、膨らみが抑えられ、背中のラインに沿った自然なシルエットが生まれました。

　左脇の内側のループには収納袋が取り付け可能。袋の紛失を防いでいつでもコンパクトに折りたたんでいただけます。旅行や出張はもちろん、ルームウエアとしてもおすすめしたい冬のLifeWearです。

063

母は静かに物語を読み始めた。

アシャの手のつなぎ方

　いつだってアシャは、手をつないで歩くのが好きだった。そしてまた、手をつないで歩いている人々の姿を見るのも好きだった。

「ねえ、見て、ほらあそこ。あのふたり、手をつないで歩いてるわ。すてきね」

　アパートの窓からブロードウェイの景色を見ながら、こんなふうにアシャはよく言った。

　それは小さな子ども同士であったり、親と子やカップルだったり、とにかく手をつないで歩いている人を見つけると、アシャは喜んではしゃいだ。

　当然、僕とアシャも、道を一緒に歩く時は、手をつないだ。最初の頃、僕はそれがとても気恥ずかしくて、自分から手をつなぐことができなかった。

「ねえ、いつも私から手をつながないと、あなたは私と手をつないでくれないのね。どうして？」と、ある日、アシャは聞いた。

「嫌ではないんだけど、なんだか恥ずかしいんだよ……」と僕は答えた。

「まあ、その気持ちはわかるけど、私は手をつないで歩いている人を見るのがすごく好き。だから、私たちも手をつないで歩きたいの。女の私としては、あなたから手を出してもらいたい

わ」

「わかった。確かにそうだね。ほら、手を出して」

「ありがとう。嬉しいわ……」

アシャは僕の手に自分の手をのせ、しっかりと握って、いつも子どものように手を振って歩いた。

そんなふうに手をつないで歩くことが、いつしか当たり前になった僕は、アシャと手をつながないことが不自然にさえ思うようになった。アシャの細い手は小さくてやわらかかった。

「ねえ、見て、前を歩いている老夫婦。手をつないで歩いててすてきね」

ある日、ブライアントパーク脇のフィフスアヴェニューを歩いていると、アシャが小さな声で言った。老夫婦は一歩一歩、ゆっくりと歩いていた。

「あんなふうに手をつないだ後ろ姿がすてきなカップルになりたいね。私たちが手をつないで歩く後ろ姿を、誰かが見て、すてきだなと思ってもらえたら嬉しいなあ、私」

アシャは、僕とつないだ手が目立つように、着ていたニットコートの袖を少し上げた。

「見て、あのおばあちゃんもカーディガンの袖を少し上げてるの。手首が見えていると、つないだ手と手がきれいなの。私は最近それに気づいたの」

お互いの手首が見えていると、つないだ手と手がきれい。アシャの小さな発見だった。そしてそれは、僕らの手のつなぎ方でもあった。

あったかそうなニットコートの袖から見える、アシャの手と手首はたしかにきれいだった。

母の『星の王子さま』

手をつなぐ老夫婦を見て、僕は母を思い浮かべた。両親は手

をつないで歩くことはなかったけれど、家の中では、身体が不
自由になった父の手をひく母の姿があった。

　先日、帰国した際、ひさしぶりに老いた母と一日を過ごした。

　ぽかぽかとした昼下がり。母は古ぼけた一冊の本を手にして、
僕の横に座った。

「この本、何度読んだことでしょうね」しわくちゃな母の手の
中には、サン＝テグジュペリの『星の王子さま』があった。

　幼い頃、テレビが無かったわが家では、母が毎晩してくれる
本の読み聞かせが、なによりの楽しみだった。

　母は、本の登場人物に合わせて声色を変えるのが得意で、そ
の声を聞いていると、あたかも登場人物がそこに立っているか
のようだった。

　僕は、母の声を聞きながら、時にはらはらし、時におもしろ
く、時に悲しくなって、物語を楽しんだ。

「久しぶりに読みましょうか」と母は言った。

「キツネのところがいいな」と笑って言うと、「そうそう、あんたはそこが大好きで、私はそこばかりを読まされたわ」と母も微笑んだ。

「こんにちは」「ここだよ、リンゴの木の下だよ」とはじまる、王子さまとキツネが出会う場面が、僕は大好きだった。

老眼鏡をかけた母は、静かに物語を読み始めた。

淡々と物語を読み進めていく母の声を聞きながら僕は、母の声が、いつか読み聞かせをしてくれていた頃と、ひとつも変わっていないと思った。

その声は静かでやさしくてあたたかく、胸の深いところに染み入るようだった。

一通り読み終えると、「はい、今日はここまで。また明日。おわり」と、あの頃と同じ終わり方で、母は本を閉じた。

母は『星の王子さま』を、大切そうにいつまでも手でさすっていた。

そんな話を僕は歩きながらアシャに話した。

「話してくれてありがとう。すてきなお母さんね。私の母もよく絵本を読んでくれたわ……」とアシャは言った。

「お母さんに会いたいな……」

アシャは僕とつないだ手を、ニットコートのポケットに入れて歩いた。

WOMEN ツイードニットコート

さらりと上質なニットコート

　軽さとあたたかさが魅力のニットコートは、高見えする上品な雰囲気が自慢です。その理由の1つは生地の表情。ジャカード編みでツイードのような質感を表現しました。やわらかくてシワになりにくい、気軽に羽織れる扱いやすさは、本物のツイードコートにはないニットならではのよさです。

　また、襟まわり、前立ての端、ポケット口には編み糸を2本取りする"増し糸"というテクニックを使用。強度を上げながら、ニット素材のよさを引き立てるデザインに仕上げました。

万能アウターとして

　ノーカラーのロングジャケットのデザインながら、アームホールや袖幅の分量、丈感を削ったすっきりとしたシルエットは、幅広い着こなしを可能にします。

　タートルネックと合わせてクラシックに、ボタンを留めずにラフでカジュアルに、ウルトラライトダウンをインナーに着て冬のレイヤードスタイルもお楽しみいただけます。また、ストールやスヌードで首元に変化をつけたり、スカート、パンツと組み合わせ次第で異なる雰囲気に。ワントーンコーディネートでニットの素材感を楽しむのもおすすめです。

064

自分の彼氏の服を着るのって好き。

丘の上の美術館

青空が広がった休日、僕とアシャはワシントンハイツ百九十丁目にある、クロイスターズ美術館に出かけた。

以前アシャから「ニューヨークで一番好きな美術館」と聞いていた僕は一度行ってみたかったのだ。

その日はお気に入りのフランネルのパンツを穿いて、シャツの上にカーディガンを羽織った。アシャはニットコートの下に、タートルネックのニットと、スキニーパンツをコーディネートしていた。ふたりともシックだった。

普段はカジュアルだが、美術館に行く時は、きちんとした身だしなみをしていくというのが僕とアシャのスタイルだった。

クロイスターズ美術館は、十二〜十五世紀の修道院の回廊を、フランスから移築した中世様式の建物で、ヨーロッパの中世美術を展示したとても美しい美術館だ。

「回廊の中に庭があるの。中世の文書に記されている植物の花が植えられていて、私はそこがとっても好き」

アシャは美術館の回廊を、僕の手を引いてゆっくりと歩き、どうしても見せたいという、一番好きなステンドグラスのある場所へと向かった。

「こっちこっち、ほら、ねえ見て。これよ、あなたに見せたかったのは」

アシャは大きなステンドグラスの前に僕を引っぱっていった。

そこにあったのは、十四世紀の宗教画がデザインされた縦に大きなステンドグラスだった。

　僕はそのステンドグラスの鮮やかさに圧倒され、しばし言葉が出なかった。正直、これほど美しいステンドグラスに出会ったことはなかった。赤や青となった光が、僕とアシャを包み込んでいた。

「ね、きれいでしょ。太陽の光がきらきらと輝いて、ガラスの色がほんとにきれい」

　アシャはうっとりした目でステンドグラスを見つめた。

「これを見るとこう思うの。安らぎ、静けさ、美しさ。今も昔も、この三つを人間は求めて、この手で生み出してきたのよね。そして時代が過ぎ去っても大切に残してきたのよ……。もうひとつ見せたいものがあるわ」

　アシャが僕に見せたのは、十二世紀のフランス・ブルゴーニュ地方にあった聖母子像だった。

　それは高さ一メートルほどの、とても素朴なもので、不思議なくらいに優しさを感じ、この場にずっといたいと思わせるあたたかな聖母子像だった。

着こなしのコツ

「美しさとは、きらびやかなものではなく、あたたかいものなのよね」そう言ったアシャは聖母子像に何かを祈っていた。

「何を祈っていたの？」とアシャに聞くと、「感謝したのよ。今日までこのように残っていてくれたことに、ありがとうございます、とね」。アシャと僕は、クロイスターズ美術館の、すばらしく美しい収蔵品の数々を堪能し、その静かな建物の中でゆったりと時間を過ごした。

「今日のパンツいいね」

「久しぶりにほめてくれたね」

「いつもほめてるわ。でも、今日のフランネルパンツは特にすてき。あなたがさっき回廊を歩いているところを見ていたんだけど、そのパンツがとても場所に合っていたの。やわらかくて、やさしくて、あったかいその感じがね。見ていて、ああ、秋らしいパンツだなあと思ったわ」

　そう言ったアシャは自分のニットコートのボタンを上まで留めて、「ニューヨークにもうすぐ冬が来るね……私もフランネルのパンツ欲しいわ」と言った。

「そう言って気がつくと、僕のパンツを穿いたりするんだよね、アシャは」

「そうよ、たまにあなたのパンツを借りたっていいじゃない？　私、自分の彼氏の服を着るのって好き。いつもあれ着てみようかな、これ着てみようかなって考えるの好き」

　アシャはやさしく微笑んで、僕の手を握り直した。

「うん、どの服を着てもいいよ」と僕は答えた。昔から僕は、女性がメンズの服を上手に着こなした姿がとってもかわいらしいし、すてきに思っていた。メンズのちょっと大きめの服をダボッと着ているのは、いわゆるボーイッシュスタイルかもしれないが、それが彼氏の服を借りて着ているっていうことに、なんだか胸が高鳴るのだ。

　アシャは、僕のネルシャツもボタンダウンも着るし、ニットもコートも、デニムやパンツも、メンズの服を自由自在に着こなす才能があった。僕の服を着たそんなアシャと一緒に出かけるのが好きだった。

「メンズの服を着こなすコツってあるの？」

　ある時、僕はアシャにこう聞いた。

「コツ？　そんなのないわ。あるとしたら、そうね、恥ずかしがらないってことじゃない？　彼氏の服を着ていることに照れたらだめよ。嬉しいって気持ちで堂々とすることよ」

　アシャはそう言って、両手を腰にあてて、エヘンと胸を張った。

MEN フランネルイージーパンツ

あらゆるシーンに

ルームウェアからワンマイル、そして普段着まで。日常のあらゆるシーンで着用できるフランネルパンツです。素材は起毛感が心地よいコットン100%のフランネル生地。双糸と単糸を組み合わせ、糸の太さや打ち込みの本数を工夫することで、適度なやわらかさと、しっかり感のある絶妙な質感に仕上げました。

フィットはトレンドを意識したゆるやかなテーパード仕様。ふくらはぎ部分のゆとりを確保して、部屋着としても快適なリラックスシルエットが自慢です。

シーンの垣根をこえる工夫

ヒモ穴が通るウエスト部分を別パーツにすることで、穴周辺の補強とヒモの滑りやすさを両立。柄合わせをしているので違和感はありません。サイドとヒップはダブルステッチにして補強効果とカジュアルテイストを演出。

そしてカジュアルとアウトドアをイメージしたチェックや、グレーとネイビーを基調とした落ち着いた色柄のバリエーションもご用意。部屋着として快適に楽しく、普段着として着こなしの幅を広げてくれるLifeWearです。

065

あったかいセーターを着て、
冬のニューヨークを楽しみましょう。

母の教え

　アシャと一緒にいると、心が休まり、何があっても気持ちが
ポジティブになることを、僕は感じていた。
　ある日、アルバイト先の「コーヒーショップ」においても、
客だけでなく、スタッフからも愛されるアシャに、常連の老婦
人がこう言った。
「みんなあなたの笑顔に救われているのよ。なぜなら、あなた

はいつも笑っている。いつも楽しそうなの。それはとってもすてきなメッセージになっているのよ」

そう言われたアシャは、両手の平を頬に当てて恥ずかしそうに微笑んだ。

「あなたの笑顔を見ていて、ときおりこう思うの。この子はこれまでどんなにつらいことがあったのだろう。これまでどんなに苦しいことがあったのだろうと。そういうたくさんの困難を乗り越えてきたからこそ、そんなにすてきな笑顔が自然と現れるのでしょうね。あなたは自分の中に目に見えないしあわせをたくさん持っている人ね」

老婦人はそう言ってアシャの手を握った。

「ありがとうございます。自分で自分のことはあまりわからないけれど、ほんの少しの嬉しいことをたっぷりと喜びたい。私の母がそういう人だったので、私もそうありたいといつも思っているんです」

「そのとおりよ。多くの人がしあわせになりたい、もっとしあわせになることを求めるけれど、それよりもっと大切なことがあるわ。それは喜ぶこと。私はね、心からの喜びって、しあわせよりもはるかに大きいと思っているの」

アシャは老婦人の横に座って語り始めた。

「つらいことがあったら母のことを思い出すのです。つらいことを避けることができないなら、悩んでも仕方がない、悲しんでも仕方がない、というのが母の教えでした。だから、つらい時ほど、母は笑顔を絶やさない人でした。そう、あなたがおっしゃるように、母にとっての笑顔は、私たち子どもに向けたメッセージでした」

「すてきなお母様ね。大切にしてあげてください。あなたのような娘がいてうらやましいわ。私にも昔、娘が一人いたのよ……」

老婦人はそう言って目を閉じた。

「よかったら私を娘と思ってください。私もあなたのことを自分の母だと思いますから。いつでもここに来て、私に会いにきてください……」

老婦人の両手を持ってアシャは言った。

「私、今日のアルバイトはもう終わりなんです。よかったら少し一緒に歩きませんか。おうちまで送っていきます」

「あらまあ、ほんとうにいいの？　嬉しいわ。気持ちだけでも、あなたが私の娘になってくれるなんて夢のよう」

エプロンを脱いだアシャは、老婦人の腰にやさしく手をあてた。

私のお母さん

老婦人は最後のひとくちのコーヒーを飲み干して言った。

「あなたのお母様の話を聞いて思い出したことがあるわ。人生にはたくさんの事が起きる。大変なこと、つらいこと、苦しいことなどいろいろとね。でも、そうやって起きるいろいろなたくさんのことから、逃げようとか、避けようとか、忘れようとかするのではなく、そういうすべてのことを、いかに喜びとして受け入れるかが大事だと。そんなことを言っていた方がいたわ」

「わあ、そんなふうに考えられるってすてきですね、ほんとうに……。どなたがおっしゃっていたのですか？」

「それはね、もう二十年以上前に、私が着ているこのラムウールのセーターをプレゼントしてくれた女性がそう言ってくれたの。実を言うと、私は自分の娘を病気で失ったのです。毎日泣いて暮らしていました。外に出かける気持ちも失い、毎日家の中で泣いてばかりの日々だったの。そんな時に、それほど親しい知人ではなかったんだけど、私のことをどこかで聞きつけて、その人は私の家にやってきたのよ」

「『さあ、あったかいセーターを着て、冬のニューヨークを楽しみましょう』。なんて言って、このセーターをプレゼントしてくれたのよ」

老婦人はセーターを着た自分をアシャに見せて、「ほら、すてきなセーターでしょ。軽くて、あったかくて、さわり心地もいいの。私はこのセーターとその人に助けられたの。その人は、私にこう言ったのよ。『どんなことでも喜びとして受け止めること。つらくても、悲しくても、苦しくても受け止めましょう』と。最初、私はそんなこと無理よ、と思ったけれど、このセーターを着て外を歩くたびに、そう思えるようになれたの。笑顔を取り戻せたのよ」

老婦人の言葉を静かに聞いていたアシャは、自分の手を彼女の背中にあてたまま、ゆっくりと歩き目に涙を浮かべた。

「だから、このセーターは私の宝物。この冬も一緒。毎年冬が来るたびにそう思って、着続けているの」老婦人はそう言って、アシャの腕に自分の腕をからませた。

老婦人の着ているピンク色のセーターは、上質なラムウールで編まれ、長く着続けたことが嘘のようにきれいだった。きっと手入れを怠らずに大切にしてきたのだろう、とアシャは思った。

自分の家の前に着いた時、老婦人はアシャにこう言った。

「今日の出来事だけで、私はこの冬がどんなに寒くなっても大丈夫。心がぽかぽか。また今度、会いましょうね」

アシャは家の中に入っていく老婦人の背中を見つめた。

「またね、お母さん……」

老婦人は後ろを振り返って笑みを浮かべた。アシャもにっこりと笑って、小さく手を振った。

MEN プレミアムラム
Vネックセーター

進化したラムウール

　よりやわらかく、より上質に進化した100%天然ラムウールのプレミアムラムセーターです。プレミアムな理由は平均22マイクロンから19.5マイクロンに変更した繊維の太さ。より細くした原毛の風合いを最大に発揮できるように、糸の紡績方法や製品の仕上げなど、繰り返し検証、調整を行いました。

　袖を通せばわかる極上の肌ざわりは、特別な時はもちろん、デイリーに活用していただきたい自慢のセーターです。

ベーシックにこだわる

　ベーシックだからこそ各要素のバランスが重要だとユニクロは考えます。編み地は7ゲージ。ラムウールのやわらかさを最大限に引き出す工夫です。

　シルエットは裾にかけてストレートに。上質な素材感をたっぷり味わっていただけるリラックスフィットです。襟、裾、袖口には立体感あるリブ編みを採用。締め付けのないほどよいフィットにすることで、よりすっきりと仕上げました。肩の付け根は編み目数を増やし、肩のラインに合った立体的なカッティングを実現。時代に合わせた最適を探して進化し続けるLifeWearです。

066

冬のパリは、
ニューヨークよりも寒いらしい。

おそろいのダウン

　ここ数日のアシャはいつもと違っていた。

　カフェのバイトから帰ると、なんだか一人で思い悩むように、
ぼんやりしている時間が多かった。窓の近くに椅子を置いて、
そこに座ったアシャは、いつまでも窓の外をじっと眺めていた。
「どうしたの？　何か悩みでもあるの？」
「ううん、大丈夫。少し考えたいことがあるだけよ。心配しない
で」
「もし何かあったらいつでも話してごらん」
「ありがとう。その時は相談するね……」

アシャはそう言うと、小さく深呼吸して、また窓の外に目を向けてぼんやりした。

　僕は、ジャックとの古書を扱う仕事が順調に進んでいて、自分の顧客も広がりつつあり、毎日が仕事で充実していた。最近は、高額で貴重な古書の取引を目前に控えていて、少しナーバスにもなっていた。

　僕はアシャにできるだけ自分の仕事について話すようにしていた。しかし、アシャは僕の話を聞いても、「そうなんだ。よかったね、がんばってね……」と言うだけで、すぐに自分だけの世界に戻ってしまう状況だった。

　なんだかふたりの関係が近いようで遠い雰囲気であることを感じた僕は、ある日、アシャを誘って、セントラルパークの散歩に出かけた。その日は冬を感じさせる寒さで、僕とアシャは、今年最初のダウンジャケットを着る日になった。

「今年最初のダウンだ」

「うん、そうね。あったかくして出かけよう」

「マフラーはいるかな？」

「そうね、セントラルパークはきっと寒いからマフラーをしていきましょう」

　アシャと僕のダウンは、同じサイズの色違いだった（アシャは大きめを着るのが好きだったから）。いつか買い物をした時、「色違いで揃えておけば、その日の気分で選べるからいいね」とアシャが言って、僕らはブラウンとグレーを選んだ。

「私はグレーであなたはブラウンね。時々、交換しましょ」とアシャは言った。

　木枯らしの舞うセントラルパークウエスト通りを、僕とアシャは手をつないで歩いた。

　映画「ゴーストバスターズ」の舞台になった、アールデコ様式の五十五セントラルパークウエストアパートメントは、アシャの好きな建築物で、この前を通るたびに「いつかここに住み

たいな」とアシャはつぶやいた。

「ねえ、あなたに相談があるの……。私どうしたらいいかわからないことがあるの……。話してもいいかしら」

　アシャは僕の手をぎゅっと握ってから言った。

冬のパリ

　僕とアシャは、セントラルパークの大きな樫(かし)の木の下に置かれたベンチに腰掛けた。

「この前のおばあちゃん覚えている？　ほら、カフェで出会ったセーターを着たおばあちゃん。娘さんを病気で亡くした……」

「うん、覚えている。アシャのこと大好きになって、それから毎日のようにカフェに来てたって言ってたよね」

「あのおばあちゃん、英語が上手だけど、実はフランス人で、ニューヨークのアパートを売ってしまって、来月パリに帰るんだって」

「そうなんだ。さみしくなるね。アシャは自分のお母さんのように慕っていたから」

「あのね。私が服作りの勉強をしていることをおばあちゃんに話したら、とても喜んでくれたから、いくつか私の作った服をプレゼントしたの。そうしたら、とっても感激してくれて、その服をいろんな人に見せたらしいの」

「アシャの服は、シンプルで心地よいから、おばあちゃんとかが着やすい服だもんね。よかったね、喜んでくれて」

「うん、でね、服作りをするならパリに行くべき。私と一緒にパリで住まない？　って誘われたの。おばあちゃんのいとこが、パリで有名なブランドの会社を経営してるから、そこで働きながら学べばいいって……」

　僕はびっくりしたのと同時に、ここ数日、アシャが思い悩ん

でいた理由が、このことだったとわかった。

「おばあちゃんはいつパリに引っ越すの？」

「来月よ。すべて面倒みるから、あなたは身一つで来ればいいわ、と言ってくれているの……どう思う？」

　僕はなんて答えたらいいかわからなかった。アシャがパリに行くことは、僕らが別れることを意味しているのかもしれない。けれども、アシャにとって、こんなに幸運なチャンスはない。止めたいけれど、止められない。僕は黙ってしまった。

「おばあちゃんにはいつ返事するの？」

「明日。明日返事するって約束しちゃったの。もちろん、あなたのことも話したわ。おばあちゃんはあなたとよく話し合いなさいと言ってくれたの」

「ね、歩きながら話さない？　そういえば、公園の脇に、おいしいパン屋さんができたの知ってる？」

　アシャは重苦しい雰囲気を消そうとしたのか、元気な声で言った。

「冬のパリは、ニューヨークよりも寒いらしいよ。アシャ、寒いの苦手でしょ」

「パリはきっと寒いよね……。でも……」

　アシャはダウンジャケットのポケットに手を入れて、落ち葉を踏みしめて歩いた。

　僕は「手をつなごう」と言って、アシャの手を握った。

MEN ウルトラライトダウンジャケット

とまらない進化

抜群のあたたかさと軽さで、さらにスタイリッシュに進化したウルトラライトダウンジャケットです。空気を内包し、高い保温力を持つふわふわのダウンを90%、ハリと膨らみを生み出すフェザーを10%で配合。羽毛のかさ高性を示す単位「フィルパワー」の数値は、一般的に550以上が高品質とされていますが、ウルトラライトダウンは640以上。驚きの軽さと保温効果が自慢です。

表地はマットで極細のナイロンマットタフタ生地、キルトの幅を少し狭くすることで洗練されたルックスに仕上げました。

こだわりを凝縮

ウルトラライトダウンは「ミニマル」にこだわります。まずは色の設計。表地、裏地、ファスナーなど各パーツの色見本を何度も作り、色味の統一を徹底。

そしてシルエット。軽さと2層仕立ての着心地を成立させながら、制限ある中で洗練されたフォルムを作り出すために幾度もパターンを制作しました。さらに、薄くてやわらかい生地の縫製を美しく仕上げるため、縫い針や縫い糸、運針数、ミシンの調整に至るまで数々の試作を繰り返し、ベストなバランスを追求しました。

067

アシャをぎゅっと抱きしめた。

アシャの願い

パリで服作りを学ぶことをすすめた老婦人はレネーさんと言った。

「年老いた自分があなたに言えることがひとつあるの。二十代のあなたに必要なのは出会い。この十年間にどれだけたくさんの出会いをするのか。それが大事。もっとたくさんの知らないことやわからないこと、広い世界と出会うこと。そのためには自由であることね。何かに縛られたらだめだし、自分で縛ってもだめよ」

レネーさんはアシャにこう語った。

「私は、亡くなってしまった自分の娘に、してあげたかったことをしてあげられなかった。私はあなたを自分の娘と思って、もしあなたに夢があるのであれば、できるだけのサポートをしてあげたい。ね、だから私の親切に遠慮しないで。今という時間を、あなたが描いている未来に使ってもらいたいの。そのためにぜひパリで服作りを学んでもらいたいのよ」

アシャは、そんなレネーさんの誘いを喜んで受け入れたいと思った。パリはアシャにとっていつか行ってみたい憧れの街でもあった。

「私、フランス語が話せないけど大丈夫かしら……」

「なに言ってるの。フランス語が話せなければ話せるように学べばいいの。できないことを理由にしてはだめ。それよりも、

あなたがパリに行きたいか。行きたくないか。それだけよ。その決断よ。新しい出会いにはいつも不安がつきまとうわ。でも不安を考えたらきりがないのよ」

　まるでほんとうのお母さんのようなレネーさんの言葉がアシャには嬉しかった。

「パリに行きたい。パリで服作りを学びたい」実を言うとアシャは、レネーさんからパリ行きを誘われた時から、素直にこう思っていた。

　けれども、パリに行くことになったら、僕との関係をどうしたらよいのか。それだけがアシャを悩ませていた。

　セントラルパークでは、黄色い落ち葉が小道を埋め尽くし、美しいニューヨークの秋を彩っていた。僕とアシャは落ち葉を踏みしめながら歩いた。

「しあわせとは、好きな人と一緒に落ち葉を踏みしめて歩くことって、あなたがくれたスヌーピーの本に書いてあったわ。こうして手をつないで歩いているとほんとうにそう思えるわ」

「うん、そうだね。このサクサクした落ち葉の感触が気持ちよくて、ずっと歩いていたい気分だね」

「ねえ、私にコートを選んでくれない？」

　突然アシャがこう言ったので僕は驚いた。なぜなら、これまで一度もアシャは僕に何かをねだったことはなかったからだ。

「あなたにあったかいコートを選んでもらいたいの」

　アシャはもう一度僕に言った。

ふたりの約束

　秋の冷たい風がひゅうと吹いて、セントラルパークの落ち葉を舞い上がらせた。

「パリの冬は寒そうだから……」

　アシャがぽつりとつぶやいた。

　僕は「そうだよね。アシャはパリに行くべきだし、それが一番いい。それがアシャの夢だから」と心の中で思った。少しばかり黙って歩いてから、「うん、いいよ。コートを選ぼう……」と僕は答えた。

「あったかいのがいいわ。軽いウールで、フードがついているのがいい。深いポケットがあって、色はそうね……水色とか、グレーもいいかも。中にあったかいニットを着て、マフラーをして、雪の日もそれを着て歩くの。パリで…」

　アシャは涙ぐんでいた。言葉のひとつひとつを精一杯の元気で、僕に伝えようとしていた。

「パリであなたの大好物のおいしいクッキーを見つけて送るね。ニューヨークのクッキーよりも、おいしいのがきっとたくさんあるわ。あと、本屋さんであなたが好きそうな写真集とか見つけたら送る。パリにはすてきな古本屋さんがたくさんありそう

だから。手紙はたくさん書くわ。あとフランスのジャムとかは
ちみつも……」

　アシャは泣きながら僕に言った。僕はそんなアシャを両手で
抱きしめた。僕の胸に顔をうずめたアシャは「私パリに行く
……ごめんね……」と言った。そして、わんわんと泣きじゃく
った。僕はアシャをぎゅっと抱きしめることしかできなかった。

　僕とアシャは、コーヒーとクッキーという、いたってシンプ
ルな朝食で、次の日の朝を迎えた。

「ねえ、私たちの関係をどうするか、考えたの……。私はあな
たを愛してる。別れたくない。私はパリへ行くけど、あなたと
別れたくないの。何言っているのかわからないだろうけど、別
れたくないなら、別れなくていいと思うの。あなたはどう思
う？」

「僕はアシャがそばにいなくなって、自分がどう思うのかまだ
わからない。僕もアシャを愛している。別れたくない。アシャ
の言っていることはわかるよ。別れたくないなら別れなくてい
い。僕もそう思う。けれども、お互いを縛るのはよそう。変に
気を使うのもよそう。だから、約束をしよう。嘘を言わないこ
と。いつも気持ちを伝えよう。このふたつを守ろう」

「うん、そうね。ありがとう……」

　アシャはコーヒーに浸したクッキーを一口食べて、テーブル
の上に置いていた僕の手を握った。

「私がんばるわ。パリで」

　アシャはもう泣いたりしなかった。

WOMEN ライトウールブレンド
フーデットコート

あたたかくて軽いウール

　しっかりとしたウールの見た目ながら、軽やかな着心地が魅力のライトウールブレンドコートです。

　軽さを追求する生地開発の際に悩まされたのはピリング（毛玉）でした。何度も試行錯誤を重ね、ピリングのない、滑らかで上質な表情のオリジナル生地が完成しました。

秋冬の主役に

　定番デザインながらも、ドロップショルダー、コクーンシルエットでトレンド感をプラス。丈夫で高品質なボタン、裏地もついた本格仕様のコートです。タートルニットやスキニーパンツ、ロングスカートなどでカジュアルに、薄手のニットやシャツにストレートパンツでクリーンにと、幅広いスタイルに対応してくれます。

　秋の肌寒い時期はさらりと羽織って、本格的な冬はインナーダウンと組み合わせて。秋冬の主役としておすすめしたい1着です。

068

五年後の待ち合わせを。

魔法のようなあたたかさ

　パリ行きの決意をレネーさんに伝えたアシャに、もう迷いはなかった。

「よかったわ。ほんとうに嬉しい。パリはあなたを大歓迎よ。あなたとパリで一緒に暮らせるなんて夢のようだわ」

「レネーさん、ありがとうございます。パリでしっかりと服作りを学んで、恩返しします」

　パリでの暮らしを誘ってくれたレネーさんに、アシャは心から感謝をした。

「お願いだから恩返しなんて考えないで。私はあなたを家族だと思っているの。だから。あなたがのびのびと楽しくパリで過ごしてくれるのが一番のしあわせなのよ。それだけでいいの」

　レネーさんはこう言って、アシャの肩に手を置いた。パリ行きは一週間後に迫っていた。

　自分のアパートに戻ったアシャは、パリに引っ越すための荷造りをはじめていた。

「このフリースなつかしい……」

　アシャはクローゼットの奥に畳まれて置かれていたクリーム色のフリースジャケットを両手で広げた。ニューヨークに来て、はじめての冬を迎えた、ずっと昔のことを思い出した。

　エチオピア育ちのアシャは、ニューヨークに来るまで、冬の寒さを一度も経験したことがなかった。当然ながら冬に着るあ

ったかい服を持っていなかった。

「ニューヨークの冬がこんなに寒いとは思わなかった。ほんとうにびっくりしたの……。雪を見たのもはじめてだったのよ」
とアシャは僕に言った。

「だから友だちと一緒に、あったかい服をソーホーに買いにいったの。その時、はじめてフリースという生地に出会って、なんてあったかくて気持ちのいい生地なの！　と驚いたわ。だって、毛布よりもふわふわで、毛布よりも軽くて、顔をずっとつけていたくなるようなやわらかさがあって、そのフリースのジャケットを着ると、あったかいベッドの中にいるような気分っていうのかな、とにかく、その軽さとあったかさに、これは魔法の服！　って感動したの。その時買ったフリースのジャケットがこれよ」

　アシャはフリースジャケットに袖を通し、ジッパーを顎まで引き上げて、ポケットに手を入れて、「ああ、やっぱりこのあたたかさは魔法のよう。最初に住んだアパートはヒーターの効きが弱くて、よくこのフリースを着たままベッドで寝た思い出があるの。フリースを着て眠るなんて、それこそ夢のような心

地よさなのよ……」としみじみと言った。

　そして、「このフリースは忘れないようにパリに持っていかなきゃ！」と言って、着ていたフリースジャケットを脱いで、ていねいに畳んでパリ行きの荷物の箱に詰めた。

五年後の待ち合わせ

　「うん。これで持っていく服の忘れ物はないわ」とアシャは言って、床に座っていた僕の腕の中に猫のように潜り込んできた。
　「ここもあったかくて私は大好き」とアシャは言った。
　一週間後、しばらく会えなくなるなんて、ずっとニューヨークで一緒に過ごしてきた僕らにとっては、そんな日々は想像すらできなかった。
　アシャは目をつむって、しばらくうとうとしていたと思っていたら小さな声でこうつぶやいた。
　「私、あなたと約束したいことがあるの……」
　「なんだい？　どんな約束をするの？」
　「一週間後、私はパリに行く。それからずっと私たちは会えなくなるよね。いつまで会えないのか、どんなふうに付き合っていくのか、私、考えていたの。あなたはどう考えている？」
　「なんだか、もう会えないのかと思うと、寂しいし悲しい気持ちになるから、実をいうとあまり考えないようにしていたんだ」
　「でも、もう会えないんだよ。それでいいの？」
　「よくはないけど、どうしたらいいかわからないよ。アシャはもうパリに行くんだから」
　「いつ帰ってくるの？　って聞かないの？」
　「聞きたいけど、そうやって聞くことでアシャを困らせるかと思って聞けないんだ」
　「私、せっかくパリで服作りを学べるんだから、このチャンス

を活かしたいの。でも、私はニューヨークが好き。必ずここに帰ってくるつもり。五年……くらい。私、五年、パリで勉強する。だから、五年後、私たちが最初にデートをしたあの日に、私たちが出会った「コーヒーショップ」の前で、待ち合わせをするってどうかしら？　五年後まだお互いを愛していたら、待ち合わせに来ればいい。もしかして、愛する気持ちがなくなっていたら来なくてもいい。別れなくても、会えなくなるのは事実。五年後に待ち合わせしましょう。そうしないと、やっぱり気持ちの整理がつかないし、だらだらと気持ちを引きずるようでつらいわ」

　アシャは、自分が話すそのアイデアがよいのかわるいのかわからないけれど、もう会えなくなる寂しさを、なんとかして乗り越えようとするには、そのくらいのけじめというか、未来の約束のようなものを決めておきたいと僕に話した。

　五年間会わずに、もしそれでも相手を必要とすれば、待ち合わせの場所を訪れる。

　それならいっそのこと、別れたほうがいいのではないかと僕は思った。けれども、アシャは、五年後という希望のためにパリでがんばりたいと言った。よく考えると、それは僕にとっても、五年後の希望になりうると思った。五年間、お互い新しい自分になって再会する。そのために学び、努力し、成長する。
「わかった。そうしよう。五年後の待ち合わせってロマンチックですてきだね」

　そう言った途端、寂しい気持ちが溢れ出て、目から涙がこぼれそうになった。
「ごめんね。変な約束だと思う。だけど、とにかく五年間、私はパリで精一杯勝負したいの……」

WOMEN ファーリーフリース
フルジップジャケット

極上のふわふわ

「最高の肌ざわり」を目指して実現したファーリーフリースジャケットです。誕生のきっかけはかつてのユニクロフリースブーム。スポンジ状のフリース生地の質感、色味など、これまでメンズライクだったデザインを、「女性のためのフリース」というテーマを掲げ、毛足の長いものを新たに開発しました。

　発売当初は現在よりも短かった毛足も、今ではより長く、やわらかに進化しています。素肌の上から羽織っても、ニットのようにチクチクしない極上の肌ざわり。自慢のフリースです。

満載のこだわり

　肩や胸まわりにはゆとりを、脇下から裾にかけてはすっきりとしたシルエット。アームホールは前振りに調整することで可動域をアップ。色設計に関しても、これまではアウトドアルーツの強めなカラーが主流でしたが、トレンドのベージュ系カラーやピンク、ブルーなどのニュアンスカラー、表面感が新鮮な杢カラーをご用意。

　冬はミドルレイヤーとして、毛足の質感と色味をアウターからのぞかせてスタイリングを楽しんだり、くるりと丸めてカバンに入れておけば防寒対策も万全です。

069

カシミヤのマフラーなんか
どうかしら?

ロウェナの恋

　その日は「イーストヴィレッジ散歩クラブ」の会合があった。「イーストヴィレッジ散歩クラブ」とは、リーダーのロウェナが、気まぐれで招集をかけて、イーストヴィレッジをあちらこちらとおしゃべりしながら歩きまわるという、アシャとロウェナと僕の三人でふざけて作った遊びのクラブだ。

　とは言え、クラブにはスウェットとTシャツのユニホームがあり、どちらも無地のものにロウェナがロゴとイラストを、一着一着描いた手作りで(といっても合計六枚)、会合にはそれを着てくるのがクラブのルールだった。ロウェナいわくクラブには厳格なルールが必要であるらしい。

　一度だけアシャがユニホームを着てくるのを忘れた時があった。ロウェナはその場で、アシャの着ていたTシャツ(アシャのお気に入りだった)に、ボールペンでロゴとイラストを書こうとして、それに抵抗したアシャともみ合いになった。結局その日の会合は中止となり、散歩せずにカフェでおしゃべりだけをして終わった。

　集合時間は昼の十二時。ニューヨークは秋から冬へと変わろうとしていた。三人はコートの下に、揃いのスウェットを着て集まった。

　ユニホームのスウェット一枚で歩いていると、「そのクラブはどうしたら入会できるの? 私も散歩したいわ」と、年配の

人によく聞かれることがあった。

「はい。クラブは今のところ私たち三人のみで、現在、新しい
メンバーの募集はしておりません」と、その都度、ロウェナが
ていねいに答えるのが、僕とアシャにとっては面白くて仕方が
なかった。

　その日の僕らは、クーパートライアングルのピーター・クー
パーの銅像に敬礼をしてから散歩をスタートし、7thストリー
トをぶらぶら歩いて、トンプキンススクエアパークを目指した。
他愛ないおしゃべりをしながら気ままに歩き、途中でサンドイ
ッチを買って、公園で食べようという魂胆だ。

「ねえ、私の話を聞いてくれる？」

　ロウェナが歩きながら言った。

「いいわ。話してごらんなさい」

　ロウェナのことが大好きなアシャは、彼女の腕に自分の腕を
からませて答えた。

「私、好きな人ができて、クリスマス前に彼に告白したいの。その前に彼の誕生日があるからその時にプレゼントしたいのよね」

「えー！　仲良かったあの彼氏はどうしたの？」

「この前、別れた……」

「また別れたの？」

　恋多き女性のロウェナの恋愛話は、「イーストヴィレッジ散歩クラブ」では定番だった。

マフラーとストール

　自由奔放なロウェナの好きなタイプは、意外にもいわゆるアーティストタイプではなく、真面目なサラリーマンタイプらしい。

　今回好きになった男性は、今年の夏から、バイト先の「コーヒーショップ」に来るようになったコペンハーゲン出身の人だという。

「この前、もうすぐ自分の誕生日だということを私に教えてくれたのよ。日にちはわからないけど、誰よりも早くプレゼントしたいな。できれば来週に」

「ロウェナ、あなた、目がハートになってるわ！」

　アシャがロウェナをからかった。

「で、何をプレゼントするの？」と僕は聞いた。

「それを男性のあなたに教えてもらいたいのよ。何をあげたらいいのかしら？」

「ニューヨークの冬は特に寒いから、カシミヤのマフラーなんかどうかしら？」とアシャが言った。

「カシミヤのマフラーもいいけれど、ストールのほうがいいと思う。真冬に外を歩く時、首にぐるぐる巻きにするとあったかいし、僕は室内でも身体にかけて使っているよ。そうだ、マフ

ラーとストールをセットでプレゼントするっていいと思う！」

　僕がそう言うと、「ちょっと待って。私そんなにたくさん買えないわよ。でも、ストールはいいかもしれない。たしかに男の人のストールってすてきよね。もし私に気があれば、それを巻いて、店に来てくれたりして……」

　そんなシーンを想像したロウェナの目はさらにハートになっていた。

「ロウェナが自分のためにマフラーを買って、同じ色のストールを彼にプレゼントするってどう？　おそろいにするの」

「私のマフラーと同じ色のストールです。もしよかったら、このストールを巻いてもらって一緒にお散歩しませんか？　って手紙を添えてプレゼントするとか……」

　アシャがそう言うと、ロウェナは「うん、それがいい！　たまに交換したりね！　喜んでくれるといいなあ」とジャンプして喜んだ。

「ニューヨークの冬って、なんだかカシミヤが似合うよね。カシミヤのあたたかさが街に馴染むというか、そんなささやかな贅沢が嬉しいというか……私カシミヤのやわらかさって大好き……しあわせな気分になるのよね」

　数日後にパリに発つアシャは、小さな声でそうつぶやいて、ニューヨークの空をいつまでも見上げていた。

カシミヤビッグストール&
カシミヤマフラー

極上のカシミヤ

　カシミヤを100%使用したカシミヤグッズ。極上のやわらかさ、上品な光沢から「繊維の宝石」とも呼ばれているカシミヤは、保湿、保温にも優れ、さらに軽いことが魅力です。中でもビッグストールは、水溶性繊維を練り込ませて生地を編み、水洗い処理を行う際に溶けてなくなるように設計。

　この方法で1本1本の糸の間に空気の層ができるので、使えば使うほど、カシミヤ特有のふんわり感がたっぷり生まれるのです。

日々のおともに

　アイテムごとに最適な糸の細さ、長さを厳選することで、どのアイテムも同じ品質を保っています。マフラーは、コートの下にすっきり収まる絶妙なボリューム感と、首元をしっかり包んであたためてくれるサイズ感が魅力。大判サイズのビッグストールは、首元はもちろん、羽織りや膝掛けなどのアレンジが自由自在。

　カシミヤならではの鮮やかな発色を活かした多色展開も自慢です。冬の毎日によりそうLifeWearです。

070

パーカを胸の中で
抱きしめたアシャ。

やせがまんの半ズボン

　子どもの頃、どんな服を着ていたのか。そして、どんな服が
好きだったのか。僕とアシャはよくそんな話をした。

　小学校に入学した日から四年間、僕は春夏秋冬、その日がど
んなに寒かろうと、雨が降ろうと、半ズボンを穿いて過ごした。
一日たりとも長ズボンを穿かなかった。

　僕が穿いていた半ズボンは、コットン製のもので、足のすべ
てが見えているくらいに丈はぎりぎりまで短いものだった。

　なぜ半ズボンを毎日穿くことにこだわっていたかというと、
学校という集団の中で、少しでも目立ちたかったのと、同級生

に対して、自分はとても元気で、とても強いということを、そうしたファッションで表現したかったのだ。

「寒くないの？」と聞かれれば、「ひとつも寒くない」と言い返した。けれども、太ももや膝を見れば、冬には、しもやけのようなものができていて、その言葉はやせがまんでしかなかった。

　そんな、やせがまんな半ズボン派はクラスに三人くらいいて、冬になると誰が脱落するのかクラスメイトにとっては興味津々だった。

　ある冬の寒い日のスタイルを思い出してみると、短めのソックスに半ズボン。上はタートルニットを着て、内側がモコモコの毛に覆われたフードつきのジャンパーをはおり、毛糸の帽子を被った。下半身が寒い分、上半身はしっかりとあたたかい服を着ているというアンバランスで、ゆで卵に爪楊枝を二本刺したような感じだと、母親によく笑われた。

「何をきっかけに長ズボンを穿くようになったの？」

　幼い頃の話に笑い転げたアシャはそう聞いた。

「ある日、近所の商店街にジーンズ屋がオープンしたんだ。僕はその時はじめてジーンズという長ズボンを知ったんだけど、それがかっこよくて憧れた。半ズボンを穿いていた理由は、クラスの中で目立ちたい、かっこよく思われたいという気持ちだから、半ズボンよりかっこいいジーンズという長ズボンを見つけた時点で、半ズボンなんて、もうどうでもよくなったんだ」

「でも、負けず嫌いだから、他の半ズボン派に負けたくはない。だから、日にちを決めて、みんなで一斉に半ズボンをやめて、ジーンズをはくという協定を結んだんだ」

「ばかみたい。でもかわいいね」とアシャは笑った。

「今でも思い出すよ。たしか二月一日かな。それまで半ズボンを穿き通してきた三人がジーンズを穿いて学校に行った日のことを。先生も含めてみんなびっくりしてたけど、僕らは誇らし

げだった」

　ジーンズを穿いたら、なんてあったかいんだろうと思ったのと、いつも着ていた内側がモコモコのフードのついたジャンパーとのバランスがよくて、鏡に映した自分を見た時、思わず「かっこいいじゃん」と我ながら惚れ惚れした。

「ゆで卵に爪楊枝スタイルから、おしゃれ少年になったということさ」

　アシャは「私にも似たようなことがあるわ」と言った。

服が知っているわたしのこと

　アシャは、パリ行きのために荷造りしたスーツケースから、一着のパーカを取り出した。

「これ見て、私が十五歳の時に買ってもらったパーカよ。こんなによれよれだけど宝物なの。もう十年以上着てるのよ。エチオピアは暑いから、パーカなんて着ないし見たこともなかった。でも、ある日、ふとファッション雑誌を見たら、パーカという服のかっこよさに魅了されて、欲しくて欲しくてたまらなくなった。まさに憧れの服だったの。このパーカは、ニューヨークに出張に行った父に『パーカ買ってきて。お願い！』と頼んで、やっと手にいれたの。はじめてパーカを着た時嬉しかったわ。だから、あなたがジーンズをはじめて穿いた時の誇らしげな気持ちってよくわかる」

　アシャのパーカは、袖がすれて穴があき、胸のあたりもいくつか引っ掛けたような傷があって、けれども、服が身体の一部になっているような愛らしさがあり、アシャが宝物にして着ているのがよくわかった。

「もう、今やこのパーカは、『ピーナッツ』のライナスの毛布のような存在よ。これまでの私のニューヨーク生活をすべて知ってくれているのはこのパーカだけ。そう思うと面白いわね。

服はあくまでも服だけど、自分のあれもこれも知っているという不思議な存在という……」

　アシャはパーカの穴や傷、小さな汚れなどを見ては、「これはあの時、これはあの時」とつぶやいて、いろいろな出来事を思い出しては微笑んでいた。

「ねえ、『服が知っているわたしのこと』というタイトルの小説って良くない？　いろいろな人にインタビューするの。大切にしている服を見せてもらって、その服が知っているその人の何か特別な記憶を語ってもらって、それを物語として書き留めてまとめるのよ。ね、きっと面白そう！」

　アシャはパーカを手に持って、「このパーカが知っている、私のことってなんだろう。あなたにはちょっと言えないけれど……、たしかにすごい物語があるわ、きっと」

「アシャ、そのパーカ、僕にくれないかな？　いや、預けてくれないかな？　アシャがパリに行っている間、そばに置いておきたいんだ。やっぱり僕はアシャがいないとさみしいんだ。耐えられないかもしれない。だから、アシャの何かを手元に置いておきたいんだ……」

　アシャが二日後に目の前からいなくなるということが、急に現実味をおびて感じられた僕は、思わずこんなお願いをアシャにしてしまった。

「これは私の宝物。これがないと生きていけないかもしれない。でも……」

　アシャはこう言って、パーカを胸の中で抱きしめた。

「うん、大丈夫だよ。無理言ってごめん。そのパーカはパリに持っていくべきだ」

　僕がそう言うと、アシャはじっとパーカを見つめた。

「このパーカは私のすべてを知っているの……」

MEN ボアスウェット
フルジップパーカ

冬のスウェット

　表地はスウェット、裏地にボアフリースを縫い合わせたボアスウェットフルジップパーカ。あたたかさはもちろん、よりスタイリッシュに魅せる工夫が満載です。脇の縫い目を利用したスラッシュポケット仕様ですっきりとしたシルエットを演出。肩まわりのバランスを見直し、よりナチュラルに身体に馴染む形状に変更してフィット感をアップさせています。

　また、フード周辺と身頃のみに毛足の長いボアフリースを使用した構造にすることで腕まわりは動きやすく、重ね着しても窮屈にならない構造にしています。

広がる冬の着こなし

　ブラック、ネイビーなどのスタンダードからブラウンやグリーンなどシックでアウトドアテイストまで、幅広い色展開が自慢です。新しく杢グレーも仲間入り。

　フードのあご部分に高さを持たせることで首元があたたかく、アウターとしてもお使いいただけるデザインが特徴。インナーにシャツや薄手ニットを合わせてさらりと羽織ったり、本格的な冬にはミドルレイヤーとして、ダウンやコートの首元からフードをのぞかせて色味で遊んだり。冬の着こなしをアップデートしてくれるLifeWearです。

071

タートルニットに合わせたら
きっとすてきだと思うの。

一人の朝

　その日もいつものように、眩しい朝の陽射しと、朝特有のニューヨークの喧騒が、ベッドの中で丸くなって眠る僕を起こしてくれた。

　ベッドから起きると、冷え込んだ部屋の空気のせいで身体がぶるっと震えた。「もう冬だ」とつぶやいた。

　パジャマにカーディガンをはおり、ソックスを履き、キッチンに行ってお湯を沸かした。昨日の夜買ったコーヒー豆の包みを開けると、グァテマラコーヒーのいい香りが漂った。木製のスプーンで二杯分の豆をすくい、コーヒーミルに入れ、ハンドルをがりがりと回して豆を挽いた。起きたばかりで力が入らず、ハンドルを回すのに苦労していると、「もっとしっかり回さないと！」と、よくアシャに叱られたのを思い出した。

　いつもはアシャの分のマグカップも用意するのだが今朝は一人だから、マグカップをひとつ棚から取り出し、沸いたお湯を注いで、マグカップをあたためた。アシャが教えてくれたコーヒーをおいしく飲むためのコツのひとつだった。

　ペーパーフィルターをしっかり折り、ドリッパーにセットし、挽いたコーヒー豆を入れ、ドリッパーをコーヒーポットに載せ、ゆっくりとお湯を回しながら注ぐ。コーヒーのいい香りの湯気がふわふわと上がり、この頃やっと、それまで寝ぼけまなこだった僕は、完全に目が覚めた気分になる。

コーヒーポットから、マグカップにコーヒーを注ぎ、窓辺のテーブルに置く。椅子に座るのと同時に、アシャはいつも「おはよう」と言った。僕も「おはよう」と答える。そして、コーヒーをひとくち飲んで、僕らは「おいしい」とほぼ同時に言う。

　今朝は一人で「おはよう」とつぶやいた。

　今日の午後、アシャはパリに旅立つ。しばらく会うことがなくなる最後の夜。僕らはあえて一緒に過ごすことをせず、それぞれ一人で、自分のアパートで朝を迎えた。

「準備もあるし、一緒だとあなたに甘えてしまいそうで自分がこわい。気持ちは変わらないけれど、目の前にあなたがいるとつらくなるわ。だから、今日はお互い一人になりましょう」

　アシャはそう言って、僕の頬にキスをした。

「明日は午後二時にレネーさんが車で迎えに来てくれるから、その時間にあなたも来て。一緒に空港まで行きましょう」

「うん。わかった。そうしよう」

　僕はアシャにハグをして、昨夜自分のアパートに戻った。

　コーヒーを飲みながら、僕は、これまでアシャと過ごしたニューヨークの日々のことをぼんやりと思い出した。

　テーブルの向かいに置かれた椅子の背には、アシャが子どもの頃から着ていたパーカがかかっていた。

「いいわ。このパーカをあなたに預けていく。大切に持っていてね」

　昨夜アシャは、笑いながらそう言って、別れ際に、僕のバッグの中にパーカを押し込んだ。

アシャのニット

　アシャから、出発までに間に合うようにと、お願いされていたことがあった。

　それはいつか僕がブルックリンのアンティークマーケットで

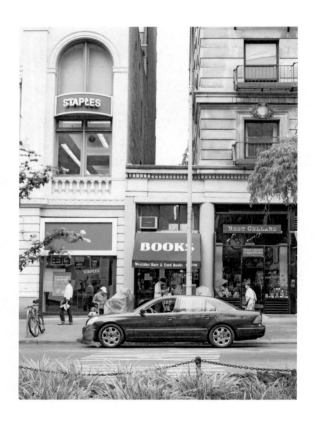

　手に入れたペンダントトップに、チェーンをつけて、パリのお守りとして持たせてほしいということだった。

　ペンダントトップは、ビーチグラスの小さな破片をシルバーの枠でまとめた四〇年代のアンティークだった。光にかざすとブルーやグリーンのビーチグラスが、きらきらときらめくアシャのお気に入りだった。

　僕は四十七丁目の貴金属業者が集まる、通称ダイヤモンドストリートで働く友人に頼んで、ビーチグラスのペンダントトッ

プにぴったりと合うシルバーチェーンを選んでもらった。

「アシャが身につけるならチェーンは細いほうがいい。ペンダントトップも小さいから」

　そう言った友人は、チェーンの細さや長さをアシャに合わせて見立ててくれた。

「このタートルニットに合わせたらきっとすてきだと思うの」

　アシャはお気に入りの白いタートルニットを僕に渡して、この服に合うように、チェーンを選んで欲しいと言った。

　タートルニットをテーブルに広げて、ネックレスを首にかけてみた。アシャの言う通り、白いニットと色鮮やかなビーチグラスのバランスはぴったりだった。繊細なシルバーチェーンもエレガントで、これならアシャも気に入ると思った。

　出来上がったネックレスは、せっかくだからと友人が用意してくれたギフトボックスにおさめて、あとはアシャに渡すだけになっていた。もちろん、預かっていたタートルニットも一緒に。

　ラジオをつけると、今日の天気は晴れ。気温は十度を下回るが、一日中、青空が広がると天気予報が言っていた。

　僕は、昨日コーヒーと一緒に買ったシナモンロールを包みから出して、小さな皿にきちんと置いた。

　付き合いはじめの頃、破いた包みをお皿代わりにしてしまう僕を見て、「どんなものでも、ちゃんとお皿に置いて食べるとおいしいのよ」と僕に教えてくれたのはアシャだった。

　僕は二杯目のコーヒーを飲んで、シナモンロールをひとくち食べた。いつもなら「どう？　おいしい？」と聞いてくれるアシャがいたのが当たり前だった。

　白いタートルニットにネックレスをしたアシャの姿を思い浮かべて、僕はシナモンロールをもうひとくち食べた。

　時間が止まってほしかった。

WOMEN エクストラファインメリノ
リブタートルネックセーター

こだわりのフォルム

　ウールの中でも特に上質な19.5マイクロンの極細メリノウールを100%使用した、エクストラファインメリノリブタートルネックセーターです。こだわりは基本設計から見直した立体的なシルエット。

　定番だからこそ毎年改良を重ねてたどり着いた自慢のフォルムです。たとえば、着用した時に首が前に倒れることで肩と襟がきれいなラインを描く、ボディラインを拾いすぎずにタテに長い印象を作るなど、自然体で美しい着用感を実現しました。

日々に寄り添う機能

　素肌の上からの着用が多いことを想定し、ご家庭の洗濯機で洗えるマシンウォッシャブル仕様に仕上げました。通常のウールニットよりも毛玉ができにくいように特殊な加工をプラスしたことで、上質な質感をキープします。また、鮮度のあるトレンドカラーに加え、14色の迫力あるカラーバリエーションをご用意。インナーとして1枚で着用いただいても存在感を発揮する明るめの発色が魅力です。

　お仕事に、タウンユースに、そしてアウトドアアクティビティから旅先まであらゆるシーンに寄り添うLifeWearです。

072

「今」を大切にするということ。

同じ時間に

　夜、僕は一人でラジオを聴いていた。アシャが好きだと言っていたジャズ番組に、ラジオのチューナーは固定されていた。

　その日はトニー・ベネットが番組で特集されていた。アシャはトニー・ベネットの「I Wanna Be Around」というアルバムがお気に入りだった。

　ラジオからは「The Good Life」が流れた。アシャが好きな歌だった。パリに発つ準備をしながら、彼女もきっとラジオを聴いているだろうと思った。

　ふと、もしかしたらアシャから電話がかかってくるかと思い、電話機をぼんやり見つめていると、ほんとうに「リーン」と電話のベルが鳴ったから驚いた。

　受話器をとり、「アシャ」と言うと「あら、どうして私だとわかったの？」とアシャは言った。「トニー・ベネットをラジオで聴いていたからさ」と僕が答えると、「同じこと考えてたわ。『The Good Life』を聴いていたら、きっとあなたもこの歌を聴いていると思ったの。準備も終わって、一息ついたから、声が聞きたくなって電話したのよ」。

　少しハスキーで、静かで落ち着いたアシャの声を電話口から聞いていると、あらためてアシャの声はすてきだなと思った。

　「アシャの声はすてきだね」と言うと、「ありがとう。こんなふうに思ったことや感じたことを素直に言葉にするようになっ

て、あなたは変わったわ。前は何も言ってくれなかったもの。私嬉しいわ」

アシャの声の後ろから、ラジオから流れるトニー・ベネットの歌が聞こえてきた。

「僕ら別の場所で同じラジオを聴いてるんだね」と言うと「うん、そうよ。これからも」とアシャは言った。

「ねえ、今ブランケットにくるまっているんじゃない？　いつものように」

僕とアシャは夜になると、部屋の中でブランケットを身体に巻いたり、かけたりして過ごすのが好きで、ラジオを聴く時はいつもそうしてソファでくつろいでいた。

「うん、そうだよ。アシャは？」と聞くと「私も今、いつものようにブランケットを巻いてる」と言った。

「そういえば、このブランケットもあなたとお揃いよね。同じ時間に、同じラジオを聴いて、同じブランケットを巻いている私たちって可笑しいね」

アシャはクスクス笑いながら言った。そして、「私もあなたの声が好きよ」とつぶやいた。

「五年は長いね……」と僕が言うと、「うん、長いね」とアシャは答えた。

アシャと僕は受話器を耳に当てて、しばらく黙っていた。

トニー・ベネットの声だけが聴こえていた。

Stranger in Paradise

僕らはこれまでふたりでニューヨークで過ごしてきたことや、面白かったこと、楽しかったことを、ラジオから流れるトニー・ベネットをBGMにしながら、長電話をして話した。

「私、あなたが言っていたどんなことにも心を使うっていう考え方にとても影響を受けたわ。最初は何を言っているのかわか

らなかったけれど、ある日、ブロードウェイを歩きながら、
『いいこともそうでないことも、どんなことにも感謝をするん
だ。学びだからね。そうすればどんなことも受け入れられるよ
うになる』とあなたが言った時、心を使うって意味がわかった
の。暮らしにおける、どんな些細なこともすべて学び。だから
こそ感謝という心で向き合う。あなたのこの言葉は私の人生を
変えてくれたと思う。ありがとう」

「それは僕だって人から学んだことだよ。学びってほんとにす
ばらしいと思う。両親、友だちだけでなく、この社会、この世
界だって、何かいつも学びを与えてくれているからね。ただ、
それを学びと思えるかどうかだけ。学びというのは、答えを教
わることではなく、与えられたことを自分で考える、考え続け
るということ。だから、そう考えると、学びというのは人生そ
のものだよね」

「うん、ほんとにそうね。私ね、あなたと明日からもしかした
ら五年？　会えなくなる。だけど、あなたという人を知ること
ができて、あなたはこれからもこの世界のどこかにいて、きっ
といつかまた会えると思ってる。それまでの未来に向かって、
自分のするべきことを精一杯やる。あなたもきっと五年の間に
大きく成長すると思う。そうして五年後に、お互い成長した自
分になってもう一度会うって、とてもすてきだと思えるし、そ

のためにがんばれると思うの」

「あなたからもうひとつ教わったことがあるわ。それは『てい
ねい』という日本らしい言葉。それは『今』を大切にするとい
うことよね。『今』の自分が、何年か後の自分を作る。未来の
自分に現れる。これは真実。それなら『今』自分はどうする？
ってことよね。『今』何をどんなふうに食べるのか。『今』どん
なふうに人と接するのか。『今』何をするべきなのか。その答
えは『ていねいに』とあなたがよく言っていた言葉にあると思
う」

「ありがとう。アシャ。僕らは五年後、きっと大きく成長した
自分になって会える。正直、さみしいけれど、五年後の約束が
あるって、すごいちからになるよ。僕がアシャから教わったの
は、孤独を愛するってこと。孤独から逃げずに、孤独を抱きし
めてあげるってこと。そう、孤独は人間の条件だということ。
孤独はあたりまえなんだ。これを知ったことで僕は救われた
よ」

「ねえ、ほら、『Stranger in Paradise』がラジオから流れて
る。これからの私たちのテーマ曲よ」

「そうか、僕らふたりは『Stranger in Paradise』だね。そん
なふたりがニューヨークで出会って、ふたりともそれぞれの新
しい世界に旅立ち、きっとまたどこかで会える。『Stranger in
Paradise』という言葉をお守りにして明日を迎えよう。愛し
てるよアシャ」

「うん。私も愛してるわ」

　そう言って僕とアシャは静かに受話器を置いた。

フリースブランケット

極上のぬくもりとやわらかさ

　本格的な冬に向けておすすめしたいリバーシブル仕様のフリースブランケットです。表地はフェアアイル柄やチェック柄をプリントし、季節感を演出したマイクロフリースを使用。繊維が細かくやわらかな肌ざわりが特長です。裏地はなめらかでとろけるようなタッチのシルキーフリース。

　繊細なシルキーフリースは染色によって糸の硬さが変わってしまいます。極上の質感や風合いをキープしながらも鮮やかな色を表現するために、染めの時間や加工方法を何度も検証し、見た目にもあたたかいアイテムに仕上げました。

いつも近くに

　膝掛けや腰巻きとしてのほか、スナップ式のボタンを留めればポンチョのように羽織りとしてもお使いいただけるマルチウェイが自慢です。

　フリースルームシューズ、フリースルームセットと柄合わせのコーディネートも楽しめるのもポイント。ご自宅ではソファに置いてうたた寝のお供に、お車の後部シートやトランクに、そしてアウトドアではキャンプやスポーツ観戦時にもおすすめです。大人からお子様まで気持ちよく包み込む、冬のLifeWearです。

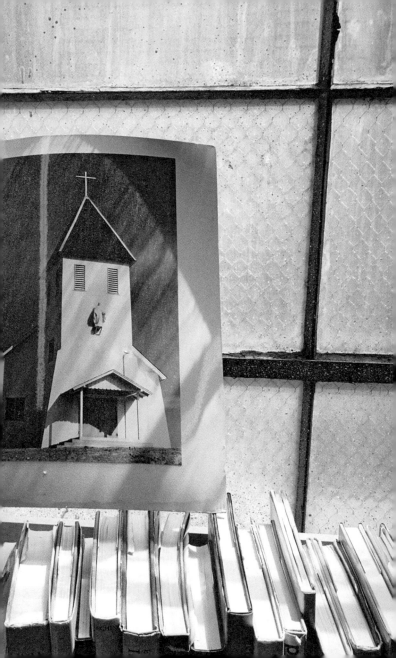

身だしなみの仕上げは。

アメリカン・クラシックを

　二十一歳になったばかりの冬の日、吹雪が舞うニューヨークを歩き回って、冷えた身体をあたためようと、イーストヴィレッジのストランド書店に飛び込んだ。

　その頃はまだオーナーのフレッドさんがレジの近くに座っていて、ひっきりなしに訪れる客の中から知っている人を見つけると、手を上げて挨拶をしていた。

　フレッドさんとは、ある希少本のやりとりで知り合った。それ以来、店を訪れる僕を見つけると「やあ」といつものように手を上げて、「今日は何を見つけたんだい」と声をかけてくれるようになった。

　ある日、フレッドさんの紹介で、アート本の著名なコレクターに会うことになった。「きちんとした格好をしていくといい」とフレッドさんは言った。そう言われて、何を着たらよいかわからず困っていると、「スーツを着るといい」と言って、一冊の写真集を見せてくれた。

　写真集は、ロバート・F・ケネディの選挙キャンペーンを記録した一冊だった。トラディショナルなスーツ姿のロバート・F・ケネディの、きちんとしながらも堅苦しくない若々しいスーツの着こなしが満載で、見方によっては、アメリカン・クラシックの教科書のようだった。

　その中に、ネイビーのスーツに、セミワイドスプレッドの白

いシャツ、ダークネイビーのネクタイを締めたロバート・F・ケネディが、どこかのクラブハウスでくつろいでいる写真があった。僕はなんてかっこいいんだろうと惚れ惚れした。

言うまでもない。ロバート・F・ケネディが僕のファッションのお手本になった。人と会う時やビジネスシーンにおいて、スーツを着る時はなおさらだ。

話は脱線するが、その写真集を読んで知った「未来は与えられるものではない。それは、達成するものだ」というロバート・F・ケネディが残した有名な言葉がある。この言葉は、二十代の僕の、どれだけ力強い励みになったかわからない。

アメリカン・クラシックを偏愛した僕が学んだスーツの心得を書いてみよう。

スーツのきほん

最も大事なのは髪型だ。スーツを着こなすには、きちんと整えられた髪型でなければならない。どんなに上等なスーツを着ていても、だらしない髪型をしていたらすべて台無しになる。普段着であれば、それもひとつのスタイルかもしれない。けれども、スーツを着る時は、整った髪型が必須である。無精髭や伸びた爪なども論外。清潔感を心がけよう。

最近はタイトフィットなスーツが人気だが、それはスーツと身体のサイズが合ってのこと。必要以上にタイトなスーツを選んではいけない。家に帰って早くスーツを脱ぎたい。そんなふうに窮屈に感じるスーツであっては残念だ。ぴったりより、ほんの少しだけ余裕があるサイズ感によってスーツに威厳が加わる。色はネイビーかグレーがいい。

ネクタイは、レジメンタルか無地がおすすめだ。何本も持たないなら、無地のネイビーとグレーが一本ずつあればいいだろう。個人的には、ネイビーのスーツにネイビーのネクタイとい

う同色のシックな組み合わせが好きだ。地味だが実は一番ノーブル。

　スーツは胸から上のバランスが大切。ジャケットのラペルの幅と、同じ幅くらいのネクタイを選ぶ。幅広のラペルに幅の狭いネクタイや、狭いラペルに幅広のネクタイではバランスが悪くなる。結び方はプレーンノットでもいいが緩みやすいのでしっかり締める。僕はいつも胸ポケットに白いポケットチーフをいれている。これで上半身はきゅっと締まる。

　スラックスのシルエットは丈の長さが左右する。長すぎても短すぎても、せっかくの美しいテーパードが崩れてしまう。必ず靴を履いて採寸してもらおう。ダブルはクッションなしで靴の甲に触れるくらい。シングルはわずかにクッションがあったほうがいい。ウエストの位置をしっかり決めて、ポケットに手をいれた時に、パンツの丈が短くなって足首が見えてしまわないように注意する。

　スーツの着こなしで大切なことにソックスがある。立っている時は見えないが、座った途端に、スーツや靴の色に合っていないソックスが見えてしまって、恥ずかしい思いをしてはならない。基本は無地の黒、ネイビー、グレーを揃えておく。できればスーツと同じ色を選ぶこと。座って足を組んだ時、すね毛が見えないように長めのソックスを選ぶと安心だ。

　最後に、スーツは手入れをしてこそ美しさが保てる服である。着た後にハンガーにかけてみると、背中や肩まわり、肘の内側などシワがあり、スラックスの膝裏にもシワができているだろう。ていねいにブラッシングをしてほこりを落とし、アイロンをあててシワを取ることを忘れてはいけない。結びシワのあるネクタイもしかり。

特別編 **3**

袖口のバランスを

手を下げた時、ジャケットの袖からシャツが1cmほど見えるバランスに整える。袖裏のストレッチ素材で動きやすく。

しなやかさと耐久性

打ち込みがしっかりした、しなやかで耐久性の高い生地「Super110's ウール」を98%使用。内側には機能的なポケットを採用。

絶妙なVゾーン

ラペルの大きさやかたちは絶妙のバランスに。上襟と下襟を区切るゴージラインの位置は、すっきり見えるバランスの位置に。

動きやすさと快適さを

裏地を肩の後ろで交差させた「観音仕立て」にすることで、肩と腕の動きやすさがアップ。ジャケットは着丈も重要なので注意。

感動ジャケットを

スーツを着ない日は、感動ジャケット（ウルトラライト）のセットアップがいつしか定番になっている。軽くて動きやすく、夏はTシャツ、春はシャツ、秋冬はニットというようにインナーを選ばないので、仕事着として万能な1着だ。旅行にも感動ジャケットのセットアップは必ず持っていく。

同素材のパンツは、あえて長めのレングスを選び、2回ほどロールアップして短めで穿いている。足元はスニーカーでもいいが、全体的にカジュアルなので、ストレートチップでバランスをとる。

どんなファッションにも仕上げがある。それは、まっすぐに背筋を伸ばして胸を張った姿勢である。そして笑顔。冬のおしゃれは姿勢良く歩くこと。夏のおしゃれは清潔な素肌。これを心得たい。

074

このニットが
そのすべてを知っている。

あの日あの時の

　たしかここにあったはず……。

　ある朝、ベッドから起きてすぐに、クローゼットの奥に頭を入れて、折り畳まれた服の中から、一枚のニットを探しあてた。

　朝方、ぼんやりしていたのでそれが夢なのか、ただの記憶の思い出し（フラッシュバックともいう）なのかわからなかったけれど、グレーのニットを着て、冬から春に変わる頃のセントラルパークを歩いている自分の姿が、まるで映画を観ているように頭に浮かび上がった。

　それと同時に、そのグレーのニットが、クローゼットのどこにしまわれていたのかを思い出し、寝ぼけまなこでほんとうにそこにあるのか確かめたくなった。

「あった、あった」と、ニットがちゃんとそこにしまってあったので安心して、そのニットを手にしたまま、もう一度ベッドで横になった。

　ニットはコットンにカシミヤをブレンドしたもので、カジュアル過ぎない上質さが気に入り、ニューヨークではずいぶん世話になった一着だった。

　おもむろに鼻を近づけてみると、気のせいかもしれないが、懐かしいあの頃の匂いが残っていて、いろいろな記憶が甦った。

　この匂いはきっと……。彼女の匂い。そして、あの頃よく飲んだハーブティーの匂い。七十四丁目の小さなアパートの少し

だけ薬品っぽい匂い。そんな断片的な匂いがいろいろと混ざり
あった、とにかくそれは、しばらく記憶の外にあった匂いだった。

　ベッドに横になったまま、窓の外の景色に目をやると、すが
すがしい朝の青空が見えた。きらきらした陽射しが眩しい。
「この空は遠くのどこであってもつながっている」
　そんな声が耳の奥から聞こえてきた。空を見るのが大好きな
彼女は、両手を広げて、よくそう言っていた。

　僕はためいきをひとつついて、丸めて抱えていたニットに顔
をうずめ、ほのかに香るあの頃の匂いから甦る、あの日あの時
のニューヨークの記憶に浸った。
「あれからもう十年も経つのか……」
　肩を出して、横で寝息を立てている彼女にブランケットをか
けてあげると、「まぶしいからカーテンをしめて……」と言った。
　時計を見ると、そろそろ子どもたちを起こさないといけない
時間だった。

　窓の外に広がる青空はほんとうにきれいだった。
　今日はこのニットを着て出かけよう。横にいる彼女を後ろか
ら抱きしめながら、そう思った。

仲良くすること

　ふたりいる小さな子どもたちをどうやって育てたらいいのだ
ろう。子育てをしながら、ずっと思い悩んでいることだった。
　そんなふうに悩んでいた時、元気づけてくれた知人がいた。
「ちいさい子どもにとって、もっとも大切なのは、限りない安
心感です。子どもにとっての安心とはなにか。それはお母さん
とお父さんがいつも仲良くしていること。仲睦まじくしあわせ
そうにしていること。できるかぎり夫婦が仲良くしている姿や
様子を、子どもたちに見せてあげることです。そうすれば安心
して育つのです」

自分が小さかった頃のことを思い出した。

　両親は共働きで、ひとつ年上の姉と僕の四人家族だった。うちのお父さんとお母さんは、朝から晩まで、どうしてこんなに忙しいのだろうと、毎日のように僕は思っていた。

　そんな日々であっても週末の土日は特別だった。

　休日になると、見ていて気恥ずかしくなるほど、父と母は仲良くなるのだ。たとえば、家族で出かけた時など、父と母は必ず手をつないで歩いた。父は母に優しく接し、母もそんな父に甘えたりして、普段の日とは別人のように、いたって穏やかに過ごしていた。だからか、僕と姉は土日が大好きだった。父と母の仲良くしている姿は安心そのものだったからだ。

「子どもが一番安心感を抱くのは、お父さんとお母さんが仲良くしている時だね。子どもの頃、僕もほんとにそうだった。嬉しかった記憶がある」

　彼女にそう言うと、「そうね。ほんとうにそう思うわ。私たちがいつも仲良くしていることが、子どもたちにしてあげられる一番のことかもね」と言った。

「あら、懐かしいニット着てるね。それはたしかヴィレッジで買ったんじゃなかったっけ？」

「そうそう、クローゼットの奥にずっとしまってあったのを今朝思い出したんだ。袖を通してみたら、まだ着られると思って」

「似合ってるわ」と彼女は言った。

「このニット、気のせいかもしれないけれど、懐かしい匂いがする」

「あの日、あなたがこのニットを着ていたのを覚えているわ。あなたは走り回って、私を探してくれたのよね。懐かしい……」

　僕らにとって奇跡のようなあの日あの時。このニットがそのすべてを知っている。

WOMEN コットンカシミヤセーター

あたらしいスタンダード

やわらかな着心地と上品な風合いが楽しめるコットンカシミヤセーターです。これまでは天竺、リブ編みでの展開でしたが、片畦編みを採用。伸び縮みが少なく肉感があって、空気を含むのであたたか。まだ肌寒い時期でもすぐに着られる生地感を目指しました。

一番のこだわりはあたらしいコットンカシミヤにぴったりなデザインとシルエット。首元は編み立てによって女性らしいすっきりとした仕立てに、肩はドロップショルダーにしてリラックスシルエットを。試行錯誤を重ねてたどり着いたフォルムです。

あたらしい着こなし

最高の肌ざわりとリラックスシルエットのコットンカシミヤセーターは、着こなしの幅を広げてくれる自信作です。ジーンズと合わせてカジュアルに、ワイドパンツやスカートでタウンユースとして。新展開のチュニックやカーディガンなどは、あえてワンサイズ大きめにして抜け感あるスタイリングを。

シーンによって自由なサイズでお楽しみいただけるのはユニクロならではの強みです。また、深い色味の中にもソフトカラーでアクセントを効かせて、ピンクやブルーも織り交ぜた色構成は、春を感じていただける工夫です。

075

僕もアシャも
パーカが大好きだった。

約束の日に

　あの日、僕はパリへと発つアシャを、JFK空港で見送った。

　ゲートで別れる時、「じゃあ、また」とアシャは言った。

「うん、何か困ったことがあったらいつでも連絡して」と僕は答え、小さく手を振った。アシャは後ろを振り向かずに歩き、僕の視界から消えていった。

　五年後の約束のことをお互い一言も話さなかったのは、五年という歳月があまりに長く感じたからだった。

　五年後の約束なんてありえるのだろうか。そんな気持ちで一杯だった。しかし、そんな約束でもしない限り、離ればなれになる寂しさを乗り越えることはできなかった。

　僕は空港からの帰り道、最後に見せてくれたアシャの笑顔を思い浮かべ、「五年か……」とつぶやいた。

　それからというもの、僕は仕事に打ち込んだ。アシャがパリで服作りを学んでいるのと同じように、自分もニューヨークで出会った古書の仕事を、一所懸命に学んで、今よりもっと成長しようと励んだ。

　五年後を信じるしかなかった。

　五年の間、僕はニューヨークと日本を行き来しながら仕事をした。アシャからの便りは、一年に一度、誕生日になるとバースデーカードが、ケイトのアパートに届くだけだった。「毎日を大切に……」といつも小さなメッセージが書かれていた。寂

しくなって何度電話をしようと思ったかわからない。けれども、声を聞いてしまうと会いたくなる。この気持ちは、日本にいる両親に対するものと同じだった。「会いたい」という気持ちを声にしてしまったら、もうそればかりを考えてしまう。だから、僕はアシャから届いたバースデーカードだけをお守りのように持ち歩き、仕事と学びに自分を向かわせた。

たしか、四年経った頃だった。ふたりの共通の友人だったロウェナから、アシャが故郷のエチオピアに帰ったと聞かされた。ロウェナはそんな手紙をアシャからもらったと、僕に言った。

「アシャはパリを離れて、エチオピアで暮らしているみたい。ニューヨークにはいつ帰ってくるの？　と聞いたけど返事はなかった」とロウェナは言った。

今や僕自身、一年の間、日本とニューヨークの半々の生活だった。古書の仕事は順調だった。

そうして、あれから五年が経とうとしていた。もし互いに会いたい気持ちが残っていたら再会しようと約束した、僕らが出会った日が近づいていた。

アシャが約束の日にやってくるかどうか、わからないけれど、僕はその日その場所に行こうと決めていた。時間は午後三時。

僕のアシャへの気持ちは五年経っても変わっていなかった。

ある老人との出会い

ふと気がついたのだが、今日という待ち合わせの日に僕が着ていた服は、アシャがいたく気に入っていたジップパーカだった。

僕もアシャもパーカが大好きでいくつも持っていたけれど、中でも、最もスタンダードなデザインの、このグレーのパーカは一番のお気に入りで、もう何年着ているかわからないほどの一着だった。

「たしかアシャとお揃いだったな……」と僕は一人で微笑んだ。このジップパーカは、同じものをふたりで買ったのだ。

僕もアシャもシンプルな服が好きだった。シンプルというセンスは、すべてアシャから教わったのだ。

待ち合わせ場所の「コーヒーショップ」には、三時少し前に着いた。あの頃と比べて知り合いは少なくなったが、店の活気は変わらずだった。今もニューヨークのランドマーク的なカフェとして人気だった。

僕は道に面したテーブルに座り、カプチーノを注文した。

「席が空いていないので、ここに座ってもいいかな？」と一人の老人が僕に声をかけてきた。

「コーヒーショップ」では、混んでいる時の相席は日常的だった。「もちろんです。どうぞ」と僕は答えた。

老人は「ありがとう」と言って、「日本の方ですか？」と聞いた。

「はい、そうです」と答えると、「私は日本人が好きですよ。なぜなら、みんなやさしいからです」と言い、もう一度「ありがとう」と発音のいい日本語で言って頭を下げた。そして、「ここはいい店だ」と微笑んだ。

　時計を見るとすでに三時を過ぎていた。店を見渡してもアシャの姿はどこにもなかった。

　僕は持ってきていた文庫本をバッグから取り出しページを開いた。サマセット・モームの『中国の屏風』という僕の大好きな一冊だった。

　しばらくすると、「読書中、申し訳ありません。何をお読みになっているのですか？」と老人が聞いた。

「いえ、いいんです」と言って、本のタイトルを告げると、「なんてすばらしい。私の家にもその本はあります。大好きな本です」と老人は言った。

『中国の屏風』は、作家が旅した中国各地で出会ったそこに暮らす人々の様々なストーリーを描いた短編集で、旅行記ともいえる名著だった。

「若い頃、私はサマセット・モームに憧れて、彼のように世界旅行にでかけたんですよ」

　老人は、ヨーロッパからインド、アフリカ、アジアを巡った旅の日々の思い出を、僕に語り始めた。

「そして、私は中国である女性に恋をしたんです……」

　老人は遠い目をしてささやくような声で話を続けた。

MEN スウェットフルジップパーカ

ベーシックの追求

　ベーシックにこそ、とことんこだわる。LifeWearの哲学を詰め込んだフルジップパーカです。

　生地は、ソフトな手ざわりながらも適度な弾力としなやかさを持つ裏毛スウェットを使用。重すぎず軽すぎない、1年を通して袖を通せる程よい厚みが魅力の素材です。シルエットはボックスシルエットに変更。現代のスタンダードであるリラックス感と、着こなす上でもバランスのよい身幅・丈感を持つあたらしいフォルムです。

こだわりの凝縮

　まずこだわったのはフードの立ち方。フードをかぶっていない時でもすっきりと綺麗に見せるために、生地、パターンの最適なバランスを何度も探してたどりついた自慢の形です。また、フード裏にポリエステル混の生地を使用することで、洗濯後に乾きやすくなる工夫をしました。

　フロントポケット両端にはリブを採用。耐久性とヴィンテージの要素を取り入れました。カジュアルスタイルに対応できるベーシックカラーはもちろん、キーカラーとしてレッドやオリーブをご用意。着こなしのアクセントとしてもお楽しみいただけます。

076

アシャはどこにもいなかった。

約束の場所

　待ち合わせ場所の「コーヒーショップ」に、アシャは、まだ姿を現さなかった。彼女はここに来るのだろうか、来ないのだろうか、僕にはわからなかった。

　たまたま居合わせた老人が、僕に旅の話を続けた。

　「私は三十歳の時、中国の上海を訪れました。そこで一人の中国人の女性と出会い、恋に落ちたのです。しかし彼女の家は厳しくて、アメリカ人の私との交際を許してくれなかったのです。上海で一緒にいられない私たちは、外国への旅を計画したんです。最初はパリへ行きました。パリでは半年ほど一緒に過ごし、毎日が夢のようでした。パリで私たちはずっと一緒にいられるしあわせを噛み締めたのです。彼女は料理が上手で、どこに行っても市場を見つけて、そこで新鮮な食材を買い、泊まっているキッチン付きの部屋で毎日料理をしてくれました。おいしかったです。家庭料理というのはいいですね。それまで私は、毎日ハンバーガーやサンドイッチで空腹を満たすためだけに、飲み込むように食べてきました。それが、彼女のおかげで野菜炒めやスープ、ご飯といった、香りを嗅ぎ、食感を楽しみ、よく噛んで味わうという食生活に変わったのです。私はその時、人生が変わったと思いました。こんなに体調がよくなると思わなかったのです。それから私たちはロンドンへと向かいました」

　老人は遠い目をしながら旅の話をさらに続けました。

「こんな人と家庭を作れたら、なんてしあわせなんだろうと思いましたね。医食同源という中国人の食の知恵は素晴らしいです。どんな時でも身体を冷やす食べ物を食べない生活というのでしょうか。それだけで私の体調はほんとうによくなりました。体調がよくなると、心も明るくなり、人を思いやる気持ちも湧くのです。人生が楽しくなるのです」

「ロンドンではどんなふうに過ごしたのですか？」と僕は聞いた。

「ロンドン……。実は、私たちにとってロンドンは悲しい場所になったのです。ロンドンに到着すると、彼女の両親が待っていたのです。というのは、彼女は心配をかけないために両親に旅行の予定を伝えていたのです。中国人は家族をほんとうに大切にしていますので常に連絡をしていました。でも、まさか両親が私たちを待っているなんて思いませんでしたから、びっくりしました」

「それでどうしたんですか？」老人の話の展開に引き込まれた僕は結末が気になった。

「両親は彼女を上海に連れて帰るつもりでした。私との交際を反対していましたからね。彼女は私との別れを悲しみましたが、両親を悲しませることはできないと上海に帰る決心をしました。その時、彼女はこう言ったのです。「必ずまた会いましょう。あの場所で……」と。僕らには約束の場所があったのです。それはいつかのパリでした」

「ふたりがよく過ごしたリュクサンブール公園の池のまわりのベンチが僕らの思い出の場所でした。私たちは一年後、そこで落ち合う約束をしたのです。彼女は私を愛してくれていたので、そこでもう一度会って、旅を再開しようと。それまでに両親を説得すると約束したのです」

　僕は、老人の話が、僕とアシャとの関係と重なっていて驚いた。そして思わずこう言った。

「僕の話も聞いてもらっていいですか？」

運命のいたずら

「そうか。その彼女と約束したのが今日で、しかも、待ち合わせ場所はここなんですね。それはそれは奇遇というか、私と会ったのも不思議な縁ですね」

　老人はコーヒーをひとくち飲んで、何度もうなずいてから、僕の目を見てこう言った。

「それで彼女はまだここに来ていないってことですね。待ち合わせの時間を過ぎているのに」

「はい。まだ来ていません。僕らには五年という長い歳月が経ってしまったので彼女が来るのかわかりません。けれども、ずっと僕は彼女が来てくれると信じていました。だから、待ち続けようと思っています」

「待ち合わせ場所で思いつく場所は他にはありませんか？」と老人は聞いた。

「実はパリで会えなかったのです。彼女とリュクサンブール公園の池のまわりのベンチで待ち合わせしたのですが、いつまで待っても彼女の姿はなかった。もしやと思って、私は次の日も一日中待ちました。けれども、彼女はやってこなかった。そうして、私と彼女は再会することが叶わなかった。しかし、後になってわかったのですが、彼女は別の場所でずっと僕を待ち続けていたんです。彼女の勘違いだったのですが、リュクサンブール公園には天文の泉という噴水があって、そこで彼女はずっと私を待っていたのです」

「だから、もう一度聞きます。ふたりにとっての思い出の場所が他にありませんか？　と。もしやそこで彼女はあなたをずっと待っているかもしれませんよ」

　老人は私の膝に手を置いて、まるで自分のことのように話し

てくれた。

「ストロベリーフィールズ……。セントラルパークのストロベリーフィールズ」

僕はふたりにとってのもうひとつの思い出の場所を思い浮かべた。

「私はまだこのカフェにいる。あなたの彼女らしき女性が来たら、声をかけて待つように言うから、あなたはセントラルパークに行きなさい。私たちのようにちょっとした運命のいたずらで愛する人を失ってはいけません。ほら、早く！」

そう言って老人は僕の背中を叩いた。

僕はタクシーに乗って急いでセントラルパークを目指した。

着いたストロベリーフィールズは、観光客や地元の人で一杯だった。アシャがここにいるかもしれない……。そう思って彼女の姿を僕は探した。

アシャはどこにもいなかった。

呆然と立ち尽くしている僕の目の前を、アシャが好きでいつも穿いていた、たっぷりしたサイズで、丈が短めのチノパン姿の女性が通り過ぎた。背が低く、やせていたアシャは、あのチノパンがよく似合っていたのを思い出した。見ると、その女性は彼氏とここで待ち合わせをしていたようだった。

チノパンを穿いた女性の後ろ姿に、在りし日のアシャの姿を重ね合わせると、ぐっと寂しさが湧き上がってきた。

すてきなカップルだった。

WOMEN ハイウエストチノ
ワイドストレートパンツ

トレンドのシルエット

　旬なシルエットにストレッチ性を加えたハイウエストチノワイドストレートパンツです。生地は適度な肉厚感のあるコットンツイルのチノ素材を採用。表面を少し起毛させることで生まれる上品な風合いが魅力です。

　ウエストまわりは女性らしい立体感をキープしつつ、膝から裾にかけて細くなるテーパード仕様。全体的にすっきりとした印象に仕上げました。さらにハイウエスト&ジャストレングスの縦長シルエットは、脚長効果もあります。

品よく心地よく

　細くて繊細な両玉縁ポケット、ステッチは目立たないように抑えて、きれい目に穿いていただけるように工夫しました。腰裏にはスレーキ（裏布）を使用した本格的なつくりも自慢です。体型を選ばないワイドストレートシルエットには、タイトめもしくはややゆったりめのトップスを合わせてメリハリある着こなしがおすすめ。

　シンプルなディテール、洗練されたデザインなので上品なニットも、カジュアルなTシャツにも相性よく、幅広く楽しんでいただけるはずです。

077

そんなパリが好きになっていた。

パリのおしゃれ

　パリでのアシャの五年間は、長いようで短いものだった。

　レネーさんと一緒の住まいはマレ地区にあり、パリ生活を楽しむには充分過ぎる環境だった。娘を病気で亡くしたレネーさんにとってアシャは娘と同様で、五年間という月日において、何一つ不自由のない暮らしを彼女に与え続けた。

「ここで服作りを好きなだけ学びなさい」レネーさんはアシャにそう言った。

　アシャは服作りを学ぶために、ある小さな洋裁店で働き始めた。まずは服のための裁縫の基本を身につけたかったのだ。そして、夜はフランス語の教室に通った。時間があれば美術館を観てまわり、街を歩き、ニューヨークでは感じられなかった、パリならではのファッションの有り様に刺激を大いに受けた。

　最初にアシャが驚いたのは、パリに暮らす女性たちの価値観だった。それは着飾ることよりも、趣味や人付き合い、休暇といった日頃の暮らしのことを大切にしていて、ニューヨークの女性に比べて、服で自己主張する意識がパリの女性には少ないことだった。

　流行よりも自分の価値観を大切にしていて、トレンドよりも、シンプルで質のよい服を選び、いつも同じような服を着ている。そんな自分のスタイルを持つ女性がパリには多かった。

「昨日買ったばかりとわかる服を着ることくらい恥ずかしいこ

とはないわ。どこのブランドかわからないような、質素で上質
な普段着が一番楽で心地よいの」

　洋裁店で一緒に働く女性がアシャにこう言った。

「おしゃれで新しい服は欲しくないのですか？」と聞くと、

「それよりもボーイフレンドと郊外にドライブするほうがいい
わ」と女性は笑って答えた。

　その女性は、いつもクルーネックのカシミヤニットの上にジ
ャケットを羽織り、パンツスタイルだった。そんな着こなしも

髪型もメイクもすべて彼女らしさに溢れていた。

「このジャケットはボーイフレンドが着ていたものを借りてるの。サイズが私にぴったりだから。パリではメンズの服を着る女性も多いのよ」

アシャはそんなふうに話す彼女がうらやましかった。そういえばいつかの自分もニューヨークで付き合っていた彼の服をよく着ていたっけ、と思い出した。

アシャがすてきだと思ったのは、パリの人は男女問わず、普段着としてジャケットを着ている人が多かったことだ。だからか、不思議と皆、大人っぽく見えた。

いいジャケットが欲しいな。アシャははじめてそんなふうに思った。

やさしくあるために

パリではジャケットの似合う男性がたくさんいる。アシャにとってそれは新しい興味だった。

「いつもすてきなジャケットを着てますね。ジャケットをすてきに着こなす秘訣ってあるんですか？」

ある日、アシャは行きつけのカフェで出会った四十代の男性にこう話しかけた。

「おかしなことを聞くんだね。あなたは驚くかもしれませんが、このジャケットは高いものではありません。いや、どちらかというと安い部類のものです。けれども、生地がなかなかよいので気に入ってるのと、着こなしの秘訣は自分の身体に合ったサイズを選ぶことですよ。あとはそうだね、どこに行くにも着ていくことだね。とにかくたくさん着ていれば、自然と自分に合ってくる。友だちや恋人と一緒だよ。毎日会っていればいつしか仲良くなるでしょう。ジャケットも一緒ですよ。服は飾るものではなく着るものだから」

男性はそう言って、アシャにウインクした。

　パリのカフェはオープンな雰囲気に溢れ、二、三回通えば、すぐに顔見知りができて、話し相手もできる。一人で来ている人が多いのもパリらしく、アシャは近所のお気に入りのカフェが大好きになった。

　アシャは、ジャケットを着るパリの男性のちょっとした振る舞いにも好感を持っていた。

　店でえばってみたり、大きな声で話したりしない紳士的な人ばかりだったからだ。

「ジャケットを着ると、もっと女性にやさしくありたいと思いますね。そんなふうに、ジャケットが、自分の立ち居振る舞いを整えてくれるってこともあるかもしれませんね」

　男性はそう言って、アシャの手の上に自分の手をのせ、「それではまた」と頬に小鳥のようなキスをして立ち去った。

　着慣れた服を着ているだけだよ。それよりも週末をどんなふうに楽しく過ごそうか考えようよ。君が嬉しいことをしようよ。

　別れ際にアシャは男性にこう囁かれて、ドキドキしてしまった。

　おしゃれをしようとしていない人が、おしゃれなパリ。アシャはそんなパリが好きになっていた。

　この街が自分に合っているように思えた。

MEN コンフォートジャケット

超快適ジャケット

　軽くてやわらかくてシワになりにくい、超快適なコンフォートジャケットです。一番のこだわりは生地にあります。着心地の良さを追求し、ソフトで伸縮性のあるジャージ素材でありながら、メンズジャケットの仕立てでも存在感を発揮するハリのある厚みを持ち合わせた、絶妙なバランスの生地です。

　伸縮性のある生地は縫製とアイロンがけの難しさもありましたが、ミシンの糸調整や仕上げの方法を何度も検証して課題をクリア。そして完成させた自信作なのです。

あらゆるシーンに

　シンプルで無駄のないデザインにすることで、カジュアルなスタイリングからクリーンなビジネススタイルまで対応できるジャケットに仕上げました。

　さらに汗をかいても乾きやすいドライ機能もプラス。シワになりにくい素材なのでバッグに入れて旅先でも活躍します。様々なシーンに寄り添うLifeWearです。

078

女性はニコッと微笑んで
「ハロー」と言った。

ロウェナからの電話

「お父さんとお母さんはどうやって結婚したの？」
　ピンクや黄色のチューリップが咲いた公園の花壇の前で、六歳になった娘が僕にこう聞いた。
「結婚？」と聞き返すと「そう、結婚よ」と言った。
　娘は『リトル・マーメイド』の絵本が大好きだった。きっと物語の結末にある結婚に惹かれたのだろうと思った。
「アメリカのニューヨークという街で出会ったんだよ。そして、仲良くなって結婚したんだよ」
「ふーん。お母さんを好きだったの？」

「もちろん大好きだから結婚したんだよ」

　突然、娘にそんなことを聞かれた僕は、ぼんやりとあの頃のふたりのことを思い出しては、僕らの結婚にはほんとうに不思議なことが重なって起きたなとつくづく思った。

　不思議なもので、子どもの素朴な問いに素直に答えようとすると、その度にいつかの自分を思い出す。

　僕とアシャはニューヨークで出会い、夢を分かち合い、付き合うようになった。しかし、一年後、服作りを学ぶチャンスを生かすために、彼女はパリで暮らすことになり、五年後にもう一度会おうと約束して別れた。

　五年経った約束の日、僕はふたりで決めた場所へと向かった。しかし彼女は現れなかった。僕は落胆し、その気持ちを晴らすために無我夢中になって、ニューヨークと日本において本屋の仕事に励んだ。

　そんなある日のこと、ふたりの共通の友人であるロウェナから、ニューヨークの仕事場に電話があった。

「ああ、よかった……。やっと電話がつながったわ。ねえ、アシャがあなたを探しているの知ってる？」

　ロウェナの口からアシャの名が出たことに驚いた。しかも、僕を探しているってどういうことだろう？

「アシャはあなたとの約束を守ろうと、あなたに会うためにパリからニューヨークに向かうつもりだったの。けれど、ずっと具合が悪かったお母さんの病気が急に悪化して、看病のために、急遽(きゅうきょ)、実家のエチオピアに帰ることになったの。残念なことにお母さんは亡くなってしまったんだけど、そんな悲しいことがあったせいで、あなたとの約束を守ることができなくて、アシャはそのことを悔やんでいるの。それで、来週ニューヨークに来るらしいんだけど、あなたの居場所を知らないかと私に連絡があったの。あなたの連絡先を調べるのに何軒もの古本屋に聞いてまわったのよ……」

ロウェナは、ほっと安心したような口調で言った。

約束の日のこと

「とにかくアシャに電話してあげて」と言って、ロウェナはエチオピアのアシャの電話番号を僕に告げた。

あの日、約束の場所に現れなかったアシャにそんな悲しい出来事があったなんて……。

約束のことよりも、彼女があんなに大好きだったお母さんが亡くなってしまったことに、僕は胸が張り裂けそうな気持ちになった。

ずっと前、お母さんがニューヨークを訪れた時、言葉が通じない僕に気遣い、片言の日本語で話しかけてくれたことや、一緒にセントラルパークを散歩したこと、ヨガのクラスに通ったことなど楽しい思い出がたくさんあった。

アシャのお母さんをなにひとつ喜ばせられなかったことに涙がこぼれた。

とにかく、アシャに電話をしなければいけない。しかし、エチオピアとニューヨークには時差が八時間ある。僕は一度手に取った受話器を静かに置いた。

部屋にいると気持ちが落ち着かず、僕は街へと繰り出した。夕暮れの空はまだ明るかった。

アシャとよく歩いたハドソンストリートを南に行くと、小さなブティックに明かりが灯っていたのが見えた。この店でアシャは、細いジーンズを買ったのだ。

店の中を覗くと、店主の女性が小さなテーブルでカードを並べていた。僕の視線に気づいた女性はニコッと微笑んで「ハロー」と言った。

「覚えてますか？」と聞くと「うーん、ごめんなさい。覚えてないわ」と女性は言った。

「僕の彼女がここでジーンズを買ったんです」と言うと「あー！　覚えてるわ。細いジーンズがとっても似合っていたあの子ね」と女性は言った。

　女性がテーブルに並べていたのはタロットカードだった。

「タロットカードは毎日さわっていないとだめなのよ。占いも仕事なの」と言った。

「あの子、かわいかったわ。細い足にスリムのジーンズがほんとにすてきだったわ。ふわっとした大きめのニットと合わせてたよね。どうしてるの？　元気？」

「はい。元気ですが、あの後、パリに移って、今は実家のエチオピアにいます。今度またニューヨークに戻ってくる予定です」

「そうなのね。またぜひ会いたいわ。よろしく言っておいてね。せっかくだからあなたを占ってあげるわ」

　女性はカードをカットして、その中から僕に二枚のカードを選ばせた。

　カードをめくると、そこにあった意味は「世界」と「審判」だった。

「ワオ！　とてもいいカードよ。何か新しい成功が待っているみたい」と女性は言った。

　僕は早くアシャの声が聞きたいと思った。

MEN ウルトラストレッチ
スキニーフィットジーンズ

究極の素材

　ユニクロジーンズの中で一番の細身シルエットとストレッチ性を誇るウルトラストレッチジーンズです。最大のポイントは本格的な質感と究極の穿き心地を同時に追求した革新的なジーンズ素材。世界最高峰の品質と技術を誇る「カイハラ社」製のデニムを原料から共同開発。特殊なポリエステル糸をヨコ糸に使用することで、伸張率40%、伸張回復率80%という驚異のストレッチ性が実現しました。

　本物の表情を持ちながら肌あたりはなめらか、細身なのにやわらかな穿き心地の新感覚デニムです。

こだわりの凝縮

　完璧なデニム素材には、ユニクロが誇るジーンズイノベーションセンターの最先端技術とジーンズ加工のスペシャリストが独自の本格ユーズド加工を行いました。ストレッチが強い生地に対してダメージを作ること自体が難しく、何度も研究開発を重ねてたどり着いた自慢の表情です。

　シルエットは股下から裾にかけてフィットするテーパード。筋肉が張ったタイプのふくらはぎのお客様、さらに靴サイズの大きなお客様の足が通る裾幅を徹底的に検証した上でベストバランスを探しました。超細身なのにストレスフリー、加工の表情によってオフィスからカジュアルまで着こなせるLifeWearです。

079

白いソックスは
きらきらとまぶしく見えた。

約束をもう一度

　よく晴れた日の朝、僕はエチオピアにいるアシャに国際電話
をかけた。
「ごめんなさい……。ほんとうにごめんなさい……。約束が守
れなくて」
　電話口でアシャは何度も僕に謝った。
「ひとつも謝ることはないよ……。僕だってきっと同じように
したと思う。何があっても、家族のことは一番に優先にするべ
きなんだ。つらかったのはアシャだと思う。ほんとうに大変だ
ったね……」
「ありがとう……。私ほんとうにあなたに会いたかった。でも
……」
　五年近く会っていないアシャだったが、その声や息遣い、言
葉はひとつも変わっていなかった。
「うん、もちろん。僕も会いたい……。久しぶりに声を聞いて、
ほっと安心したよ」
「会いたいけれど、なんだか会うのが恥ずかしい気持ちもある。
もしかしたら私、変わったかもしれないし。でも、話したいこ
とがたくさんあるの。それより元気だった？　仕事は順調？」
「うん、元気だし、仕事も順調だよ。心配ないよ。ありがと
う」
　アシャはパリで過ごした日々のことや、お母さんや家族のこ

と、今の気持ちなど、そしてこれからのことを、会ってゆっくり話したいと言った。

「一番話したいのは家族のこと」とアシャは言い、それは先日亡くなったお母さんが、病床でアシャに語った、これまで隠されていた家族の物語だという。

「ニューヨークにはいつ来られるの？」と聞くと、「二週間後には行けると思うわ」とアシャは答えた。

「ニューヨークに着いたら、私買いたいものがあるの。ソックス……。だって、エチオピアには、私が気にいるソックスがないんだもん。私、ソックスは、地元で買えばいいやと思って、パリに全部置いてきちゃった……」

僕は、アシャがいつもおろしたてのようにきれいなソックスを履いていたことを思い出した。アシャは白いソックスが大好きだった。

ある日、そのことを訊ねると、「女の子なんだから、いつもきれいなソックスを履きなさい」と、小さい頃からお母さんによく言われていたらしい。だからか、アシャは、いつもソックスをていねいに洗濯して、まっさらなようにきれいであることに気を使っていた。

「新品のソックスを履いた日って、気持ちが上がるよね！」ともよく言っていた。

「ニューヨークで、くるぶしが見える短くて白いソックスをたくさん買うわ。でも、一番は、早くあなたに会いたい」とアシャは言った。

憧れの白いソックス

アシャとソックスの話をして、僕は子どもの頃の、ある出来事を思い出した。

小学校の入学式のことだ。僕はその日のために、新しい服と

ソックス、そして靴を両親に買ってもらった。

それまで買ってもらっていたソックスは、色や柄がついているものばかりだった。子どもは汚すのが当たり前、と言われていたから、選択肢に白なんてなかったのだ。

僕にとって白いソックスは憧れだった。だからか、入学式の朝、僕は白いソックスが履きたくていつもより早く起きた。

白いソックスはきらきらとまぶしく見えた。

僕はソックスに足をいれ、入学式用の紺色のショートパンツを穿いた。上は白いクルーネックのニットを着て、その上にパンツとセットアップのジャケットを羽織った。

鏡に自分を映してみると、白いソックスのせいか、なんだか自分が別人のように見えた。

「かっこいい……。テレビに出てくる子どものようだ」とつぶやいた。

僕はそんな自分を誰かに見せびらかしたくて、家の外に出ると、隣近所の友だちやその兄弟が道端で遊んでいた。

「なんか、すごいじゃん。いつもと違うじゃん。白いソックスなんて履いちゃって」と僕の姿を見た友だちはからかうように言った。

「入学式だから白いソックスなんだよ」と言い返すと、「それは嘘だ。黒いソックスでもいいんだよ」と友だちは言い返して

きた。そして僕の買ったばかりのソックスのリブの部分を指で思い切り引っ張った。

「伸びちゃうからやめろ」と僕は友だちを押し倒した。すると、それを見ていた友だちの兄が弟に加勢して僕を投げ飛ばした。

僕は倒れた拍子に膝をすりむいたが、それよりも白いソックスが汚れないかと気が気でなかった。ソックスを見ると、引っ張られたところがその分だけ伸びてしまっていた。

僕は、せっかく両親に買ってもらった白いソックスを、だめにした友だちに腹が立ち、飛びかかって、友だちの着ている洋服を引っ張って振り回した。

すると、またしても友だちの兄が間に入り、もう一度僕を投げ飛ばした。そして、履いているソックスを引っ張って脱がして、隣の家の庭に投げ入れた。そこには犬が飼われていて、犬は僕のソックスをすぐにくわえて、庭の奥へと逃げていった。

裸足になった僕は悲しくて、泣きながら家に戻った。それを見た母は「朝から何をしてるの！」と僕を叱り、ソックスを履いていない足を見て、「ソックスはどこにやったの？」と聞いた。

僕は友だちと喧嘩して取られてしまったことが申し訳ない気持ちになって、「学校には裸足で行く！」と泣きながら言い張った。

結局、白いソックスは見つからなかったので、いつも履いている柄の入ったソックスで入学式に行くことになった。

入学式の直前、家の前で母と一緒に撮った写真が今でも残っている。僕は泣いているからか目を閉じている。

MEN ベリーショートソックス

進化する定番

　ソックスの踵(かかと)が脱げて、手で履き直すストレスをなくすことを徹底的に追求したベリーショートソックスです。踵の滑り止めを新しい素材に変更し、粘着力をアップ。これまでの3本ラインの形状からまとまったテープ状にしました。

　踵はパワーの強い裏糸を使用し、さらに立体設計で丸みを持たせ、大きく包み込みます。甲の部分にはズレ防止サポートを、足底の編み地の収縮性を上げ、つま先の編み地を増やしてつっぱり感を軽減しました。

つま先の進化

　最大の進化は、フラットになったつま先です。これまではソックスを編み立てた後、つま先を縫い合わせる工程が発生していました。そのため裏側の縫い目が肌に触れ、ごろつき感が残りました。あたらしいベリーショートソックスは、同じ編み機に搭載した装置でフラットに自動縫製できる"オートリンキング"を採用。

　肌あたりのストレスもなくなり、見た目もスマートに、履き心地は格段にアップしました。定番だからこそこだわりを盛り込んで常にアップデートを繰り返す。LifeWearの精神が宿っています。

080

甘いチョコレートドーナツ半分。

似ているふたり

　六歳の娘の名前はニコ。彼女はとてもシャイで友だち作りが苦手だ。けれども、一度打ち解けると、どんなことでも思うままに話してくれる面白い子だ。

　遊び疲れて、セントラルパークのベンチに座って、のんびりと休んでいる時のことだ。

「私ね。お父さんとお母さんってとても似ていると思うの。ほんとうは兄妹なんじゃない？」とニコは言った。

　ニコはときおり、こんなふうにポツリと意味深なことを言い出すことがあった。

「どうしてそんなふうに思うの？　何が似ているのかな？」

「だって、お父さんもお母さんも、時々、遠くを見ている目をしているよ。それが似てるのよ」

「遠くを見ている目？」

「うん、そう。さっきもそうしていたよ」

　常々、子どもの観察力というのは鋭いものがあると思っているが、ニコが僕とアシャのことをそんなふうに見ていたのかとびっくりした。

　夫婦というのは、だんだんと似てくるという話を聞いたことがある。それはふたりの関係がよい証拠らしいが、僕とアシャがふと見せる、遠くを見つめる目が似ているというのは、言われて納得するところがあった。

　僕自身、アシャと一緒にいる時、彼女がぼんやりと遠い目を
している姿を見て、その表情というか、横顔に美しさのような
魅力を感じていたからだ。

　そんな時、何を考えているの？　と聞きたくなるのだが、何
を思い出しているの？　というのがきっと正しいのだ。しかし、
ある種、時空を超えて、人がいつかの思い出に耽（ふけ）っているひと
ときの邪魔をするなんて僕にはできないししたくない。僕自身
そんなひとときくらいしあわせを深く感じることはないからだ。

　おやつのスナックを買いに行っていたアシャが戻ってきたの
が遠くに見えた。その日のアシャはブルーのストライプのシャ
ツドレスを着ていた。

　その姿を見て、素直にすてきだなと思い、ブルーのストライ
プが好きだというのも、僕とアシャが似てることのひとつだと
気づいた。

そして、僕とアシャがニューヨークで再会した日も、たしか
アシャはこのワンピースを着ていたことを思い出した。

　アシャは僕とニコに手を振りながら歩いている。

　そうだ、あの日もアシャは僕に手を振りながら道の遠くから
歩いてきたのだった。

おそろいの服で

　春の陽光が眩しい朝、僕とアシャは、僕らが大好きだったニュ
ーヨーク近代美術館（MoMA）の入り口で待ち合わせをした。

　アシャは照れくさそうな顔で、手を振りながら駆け寄り、
「久しぶり！」と言って僕に抱きついた。

「あらいやだ、私たち、示し合わせたようにおそろいね」とア
シャは言った。

　アシャはブルーストライプのシャツドレスを着て、僕は同じ
柄のしかも同じコットン素材のボタンダウンシャツを着ていた。

「恥ずかしいな。どこかでシャツを買って、着替えようか」

「いいのよこれで。ずっと会っていなかったふたりが五年ぶり
に再会した時、同じ柄の服を着ていたっていうのは奇跡という
か、すごいことよ。何事にも照れない。これはあなたが昔教え
てくれたことよ」

　アシャはそう言って僕の手を引っ張って歩き出した。

「あらまあ、すてきなカップルね。ちょっと写真を撮らせても
らっていいかしら」

　観光客のマダムがそんな僕らを見て声をかけてきた。

「もちろんいいですよ。きれいに撮ってください！」

　アシャは僕の肩に手をまわしてポーズをとった。

「ほんとすてきね。おそろいの服を着て、まるで兄妹みたい」
とマダムは言って、数枚シャッターを切った。

「私ひさしぶりにポロックを見たいわ。ね、見に行きましょ

う」

　僕とアシャは、MoMAの四階ギャラリーに飾られていた、アクション・ペインティングのジャクソン・ポロックの絵が大好きで、よく観に行っていた。MoMAは、ポロックの絵をどこの美術館よりも数多く所有しているから、ポロック好きの僕らにとって、MoMAは夢のような場所だった。

　とはいえ、美術館がオープンする十時三十分まで、まだ時間があった。
「それまで、『あそこ』でドーナツとコーヒーにしよう」
「いいね、『あそこ』ね！」

　僕とアシャが「あそこ」というのは、MoMAのすぐそばにある、よくふたりで行った二十四時間営業のコーヒースタンドだった。「あそこ」でわかりあえる、ふたりだけのお気に入りの店があるという、忘れかけていたしあわせを僕は噛み締めた。

　コーヒースタンドで僕とアシャは、いつものように甘いチョコレートドーナツひとつを半分ずつに分け、大きなマグカップに注がれた熱々のコーヒーを味わった。

　横に座ったアシャを見ると、「帰ってきたわ……」とつぶやき、なんだかとっても落ち着いた様子で、ぼんやりと遠い目をしていた。

WOMEN エクストラファイン
コットンAラインワンピース

今っぽさを詰め込んで

　オーバーサイズシルエットでトレンド感ある着こなし
が楽しめる、エクストラファインコットンAラインワンピ
ースです。しっかりと厚みのある上質な生地は肌ざわ
り抜群のコットン100%。生地加工によりシワになりに
くいのがポイントです。

　身長や体型は人によってさまざまですが、あらゆる
お客様にとってパーフェクトなドレスを目指しました。
中でもAラインのフォルムは、トップスとの対比を見な
がらバランスを決定。丈を長くし、より幅広いお客様に
楽しんでいただけるアイテムに仕上げました。

頼りになる存在

　前立ての比翼仕立て、襟の大きさ、襟元の開き、肩幅
などすべてのバランスを考慮したデザインは、シーン
を選ばない強い味方。狭めの肩幅はボディラインにき
れいにフィットするので、女性らしく着こなしていただ
けます。

　スニーカーと合わせてカジュアルに、バレーシュー
ズと合わせてシックにも。忙しい朝でも1枚着ればサマ
になり、スキニーパンツやレギンスとのレイヤードもお
すすめです。エアリーでエレガント、ワードローブにス
タンバイさせておきたい自慢のLifeWearです。

081

気に入って長年着込んだ
デニムシャツ。

おいしいポトフとか

　僕とアシャはコーヒースタンドのカウンターに並んで座り、この五年間、互いにどんなふうに日々を過ごしてきたかを、とつとつと語り合った。

「一番大変だったのは……」とアシャが語ったのは、五年間、ずっと一緒に暮らしたふたりのルームメイトとの食にまつわるトラブルだった。

「一人はインド人の二十二歳の女性で、もう一人は中国人の二十一歳の女性だったのよ。それぞれの国の価値観が違うから、もうほんとに日常の些細なことで衝突してばかり。私たちは交代で夕食の自炊をしていたんだけど、インドの子はカレーばかり作りたがる。中国の子は味の濃い料理ばかり。私はスープを作ることが多いんだけど、みんなが食べられるものを作ろうよ、と決めていても、結局、自分が食べたいものばかりを作るから、それぞれが文句を言っては険悪になるのよね。もうずっとそんな状態が続いて、夕食の時間が憂鬱で仕方なかったのよ」

「それでどうやって、その険悪な関係を解決していったの？」

「途中からは、もう、みんなまいってしまって。だって本来、食事はおいしく味わうものでしょ。それが損なわれるのはほんときついの。毎日だから。で、三人で話し合ったの、どうしたら一番よいかと」

「うん、それで？」

「せっかくパリにいるんだから、自分の国の料理ではなくて、
フランス料理を作るようにしようと決めたの。そうすれば、誰
かが良くて誰かが我慢するとかがなくて平等でしょ。どうして
も自分の国の料理が食べたい時は、外食するか、同じ国の友だ
ちの家で食べるようにしようとね」

「わあ、それはいいアイデアだね。フランス料理の勉強にもな
るし、毎日の夕飯が楽しみになるね」

「うん、そう。でね、中国の子が作るポトフ。ポトフってわか
る？　大きく切った野菜を茹でて作るシンプルな煮物なんだけ
ど、それがめちゃくちゃおいしいの！　私とインドの子が食べ
た途端に『おいしい！』と褒めたもんだから、中国の子は喜ん
じゃって、それから彼女の作るポトフは進化して、どんどんお
いしくなったのよ」

「へー。それはすごいことだね。アシャはどんなフランス料理
を作ったの？」

417

「私もみんなに『おいしい！』って言われたくて、牛肉の赤ワイン煮をがんばって作ったわ。近所にあるレストランのシェフに教わった料理よ。牛すじ肉をコトコト一時間かけて下茹でして、マッシュポテトと合わせてグラタンみたいにオーブンで仕上げるんだけど、ほんとにおいしいの！」

「みんなの感想は？」

「大絶賛してくれたわ。それまで誰も『おいしい！』なんて言ってくれなかったのに、喜ばれるともっとおいしく作ろうという気持ちになるのよ」

　アシャは、パリで覚えたフランス料理の名を次々と挙げて、その料理のひとつひとつが、いかにみんなに喜ばれて、それまで険悪だった三人の関係がいかに良くなったかを夢中になって僕に話した。

「料理のちからってほんとにすごいわ」

　アシャはチョコレートドーナツをぽんと口に放り込んで言った。

ほんとうのおしゃれ

　パリを離れる頃、そんなルームメイトのふたりは、アシャにとって親友のような存在になっていた。

「インドの子はね。キッシュの名人よ。少しだけカレーを入れるんだけど、それがまたほんとにおいしいの！　いろいろと具材を変えて焼いてくれるんだけど、あまりにおいしいから食通のフランス人の友だちに食べさせたら、こんなにおいしいキッシュを食べたことない！　って驚いて、そのおいしさはすぐに友だち関係に広まったの。で、あるカフェから注文を取るようになって、私がパリを離れる頃には、彼女の焼くキッシュはパリ中で有名になって、今やキッシュ専門店をオープンさせて大成功してるのよ。ね、すごくない？」

「すごいね。だって、彼女はキッシュをパリではじめて作ったんでしょ」

「うん、そう。私たちとのトラブルがなければ彼女の成功はなかったのよ！」

「やっぱり、トラブルとか問題というのは、あきらめてそのままにしないで、前向きにとらえて解決することで、新しい発見というか、彼女の場合は、予期せぬ大成功を招いたんだね。それすごいなー」

「ほんとそうね」

「アシャの牛すじ肉の赤ワイン煮も、ポトフも、キッシュも、全部食べたいな。ほんとにおいしんだろうなー」

　僕がそう言うと、アシャは顔をくしゃくしゃにして喜んだ。

「話変わるけど、今日あなたが着ているシャツ。とても似合っているわ。すてきよ」

　アシャは突然、僕のシャツの襟を指で触れながら言った。

　僕が着ていたのは、気に入って長年着込んだデニムシャツだった。

「このシャツは、アシャがパリに行く前に、一緒に買った服だよ。覚えてない？　いつしかこんなふうに色落ちして、クタクタだけど、着るほどに着心地がよくなって、もはや手離せない服のひとつ」

「思い出したわ！　イーストヴィレッジの店で買ったシャツね。あのシャツがこんなにいい感じになったのね。やっぱり服って、着続けてこそ、その人の身体の一部になっていくのよね」

　パリのほんとうのおしゃれな人とは、そうやって自分の好きな服を着続けることで、誰とも重ならない自分らしい着こなしを身に着け、人生をとびきり楽しんでいる人だと言った。

「おしゃれとは、人生を楽しむこと……」と僕がつぶやくと、「うん、そう。着飾ることだけではないのよ」とアシャは言った。

MEN デニムシャツ

生まれ変わったシャツ

　素材とデザインを一新したデニムシャツです。100%コットンのデニム生地は、従来の5.5オンスから6.5オンスの厚手素材に見直し。1年を通して着用できるデニムシャツを目指して、0.5オンスずつサンプルを製作し検証した自慢の生地です。糸の奥まで浸透して奥行きある色味を生み出すロープ染色でデニムらしさをしっかりと表現しました。

　色落ちのバランスは、ユニクロが誇るロサンゼルスのジーンズ研究開発施設「ジーンズイノベーションセンター」で開発した加工感を忠実に再現。本物の風格漂うアイテムに仕上げました。

こだわりを凝縮

　クリーンですっきりしたスリムシルエットは、昨今のトレンドを踏襲してゆったりとした着こなしに対応できるフィットに変更。肩、胸まわりにゆとりあるほどよいリラックスシルエットが特徴です。

　襟裏には赤ミミと言われるテープ使い、裾をガゼット仕様にするなどヴィンテージに見られるディテールを搭載。カジュアルな中にも上質さやモード感ある少し小ぶりの襟はボタンダウンのありそうでなかったデザイン。ゆったりシルエットのボトムスやスラックスできれい目に、ワントーンコーデで遊び心を。幅広い着こなしに対応する新しい定番です。

082

彼は満面の笑みでうなずいた。

安らぎの場所

　コーヒースタンドのカウンターというのは、どうしてこう落ち着く場所なのだろうか。しみじみとそう思った。

　マグカップに注がれたコーヒーを一口飲み、隣に座っているアシャを見た。アシャは、カウンターの上に置いた両手の上にあごをのせて、目をつむっていた。久々に帰ってきたニューヨークの喧騒を懐かしむように。

　何かあるたびに僕は、街のいたるところにあるコーヒースタンドに救われてきた。あてどなく道を歩きながら、昔ながらのコーヒースタンドを見つけ、カウンターの席が空いていると、なんだかほっとする自分がいた。僕のような外国人でも、そこに居てもいいと許される場所のように感じたからだ。

　「カウンターの席って落ち着く。私、いくらでも居られるわ。

一人でも不思議とさみしい気持ちにならないから」

アシャがぽつりと言った。

「うん。こうしてふたりで居ても、隣りあって座っているからか、何も話さなくてもいいというか、ぼんやりできるし。コーヒースタンドのカウンターは都会に暮らす人にとって、もうひとつの家のような場所かもしれないな」

コーヒースタンドには、あらゆる人が訪れる。二時間もカウンターに座っていればそれがよくわかる。タクシードライバー、旅人、警察官、忙しいサラリーマンや学生、老人、そしていくあてのない人など様々だ。彼らは一杯のコーヒーが目当てなのではない。人生の休息、いや、今日の安らぎを求めてやってくる。

カウンターに座り、注文したコーヒーを一口飲んで、「ふー」とため息をつく横顔にはそんな心境が表れている。そう。皆、同じように、場末のコーヒースタンドに救われているのだ。

「アシャ。そろそろ行こうか。MoMAがオープンしたはずだよ」

「うん。でも、もう少しここに居たい……」

僕が声をかけると、アシャはうとうとしながら答えた。何年かぶりのニューヨークだ。アシャもきっと安らぎを味わっているのだ。

僕はもう一杯、コーヒーを頼んだ。ふと外に目をやると、店の前を、馬に乗った警官が通り過ぎていった。その時、一瞬、僕は馬と目が合った。

昔ニューヨークに来た頃、早朝のミッドタウンをあてどなく歩いていた時、ビルの一角に厩舎があるのを見つけて驚いたことがあった。こんな大都会に厩舎があるなんてと。レンガの壁に小さく開いた窓から、一頭の馬の瞳が見えたのだ。

馬は少し離れたところから僕をじっと見つめていた。僕は窓に近づいて馬に手を伸ばした。馬は小さく首を振りながら近寄

ってきた。

　すると、馬の世話をしていた警官がやってきて、僕に「やあ、おはよう」と言い、馬を厩舎の奥に連れていった。

　今、店の前を通り過ぎた馬は、あの時の馬ではなかろうか。きっとそうだと僕は思った。

パンツと靴

　コーヒースタンドは賑わっていた。若い店員がカウンターの中で忙しそうに働いていた。

　彼は、少し大きめの白いTシャツに、ネイビーのくるぶし丈のパンツ。そして真っ白なスニーカーを履いていた。

　じっと見つめる僕に気がついた彼は、愛想よく僕にウインクをして、「何か追加の注文ありますか？　今、ドーナツが揚がりましたよ」と言った。

「うん。ドーナツをもうひとつください」と言うと、彼は「わかりました。あなたのシャツはとてもクールですね」と言った。

　その日の僕は、自分にとっての定番であるストライプのシャツを着ていた。

「君の服もすてきだなと思って見ていたんです。パンツがとても似合ってますね」と言うと「これが僕の定番なんです。仕事の時も、デートの時も、いつもこのネイビーのパンツを穿いているんです」と彼は言った。

「僕にとってのこのシャツもそうなんです。自分の定番をほめられると嬉しいよね」

　僕がそう言うと、彼は少し離れたところから、僕のシャツをもう一度眺めて「うん。よく似合っている」と笑顔で言った。

　彼のパンツは太すぎず細すぎず、足首が少し見える丈のせいで、すっきり見えて、トップスにどんな服を持ってきても、バランスがとれる、まさに定番にしたいパンツだと思った。

そんなやりとりを隣で聞いていたのか、「やっぱり男の人の着こなしで大事なのはパンツよ。そして靴もね」とアシャが口をはさんできた。

「たしかに靴も大事。着こなしにおいて、靴とパンツはいつもセットなんだ。要するに、いいパンツを穿く。これは基本。で、そのパンツに合ったいい靴を履く。パンツと靴のバランスが悪ければ、着こなしのすべてが台無しになる。僕はそう思っている」と彼は言って、皿に載せたドーナツを僕の目の前に置いた。

「女性の場合はどうなのかしら？」とアシャが聞くと、「うーん。これはあくまでも僕の持論だけど、女性は髪型かな。髪をきれいにまとめていたり、とにかく髪型をエレガントにきちんとしていれば、あとはどんな服を着ていても、すてきに見えるんだ。僕は毎日ここでいろんな人を観察しているからわかるんだ」

「髪ね。たしかにそうかもしれない」と僕が言うと、「男の人はそう見ているのね」とアシャが言った。

「さあ、そろそろMoMAに行こう」と僕はアシャに声をかけて、ドーナツを頬張った。

「何を観るんだい？」と彼が聞いたので「ジャクソン・ポロック！」と僕とアシャは声を揃えて答えた。

　すると彼は親指を立てて、満面の笑みでうなずいた。

MEN EZYアンクルパンツ

あたらしいシルエット

ウエストはゴムベルトとスピンドル（ウエストを絞るヒモ）のイージー仕様、さらにベルトループもついたEZYアンクルパンツ。新たに仲間入りした"リラックスフィット"は、モモまわりをゆったり、膝下をテーパードさせたリラックス感あるニューシルエット。あらゆる体型、年代のお客様に穿いていただいた時に、ただ大きいだけになっていないか、だらしなくなっていないかを徹底的に検証して完成しました。生地は伸張率20%、伸張回復率65%の高いストレッチ性を誇る、織りの目の深いツイル素材を使用。先が丸い縫製針、糸切れしにくい縫製糸を使いきれいな仕上げにもこだわりました。

クリーンな素材感

ウールのような上質感のある素材を用いた"ウールライク"は、表面に起毛加工することで、よりふくらみのあるソフトな風合いに。洗濯後もシワになりにくく、手入れが簡単なイージーケアをプラス。さらにストレッチ性もあり穿き心地は抜群です。アンクル丈だからこそ実現したすっきりとした裾幅は、革靴、スニーカー、サンダルと様々なシーンにフィット。

センタープリーツを入れることでより立体的できれいなシルエットに仕上げました。縫い目を利用したポケットは開きにくく、サイドラインを美しく見せてくれます。ウエストに使用しているゴムベルトは、表地の色、素材と完全に一致しているので、ベルトなしでのタックインもスタイリッシュに。

083

すてきでしょ。オキーフっぽくない?

結婚とは

　アシャと出会って六年と三カ月。そのうちの五年は遠く離れていたけれど、互いの心の隅っこから、相手の存在が消えることはなかった。今思えば、その五年が僕らのきずなを確かめさせたのだ。決して無意味な五年ではなかった。

「ねえ、私たちこれからどうする?」

　ある朝、目を覚ますと隣にいたアシャがこう言った。

「うん。そうだね。一緒にいよう。いや、一緒にいたいな」と僕は答えた。

「それってプロポーズ?」と言って、アシャは笑った。

「うん。まあね」と僕は答えた。

　僕は、ベッドの横に置かれた花瓶に挿してあったチューリップを一輪抜き、黙って両手でアシャに渡した。

　アシャは僕の目をじっと見つめてから、両手で受け取り、「ありがとう……」と小さくつぶやいた。そして、「コーヒーを淹れるわ」と言って、キッチンに立った。

　僕とアシャの結婚はこうして決まった。

　不安と心配は人一倍あった。いや、二倍も三倍もあった。現実的にこれからふたりでどんなふうにやっていくのかなど、なにひとつ決めていなかったし、結婚してからのことは、わからないことだらけだった。けれど、だからといってふたりが離れるイメージは互いに微塵もなかった。

「ただ一緒に手をつないで歩いていくだけよ」

　アシャがぽつりとこう言った時、不安や心配は考えれば考えるほどに膨らんでいくけれど、僕の心の中には迷いがないのがわかった。

　これまで僕はアシャと何をしてきたのか。そうだ。僕らは一緒に歩いてきたのだ。

　雨の日も風の日も、荒れた地面や坂道、時には地面に手をつきながら。それでも一緒に歩いてきた。知らない街の知らない道を、遠くにかすかに見える光に向かって、ふたりでゆっくりと歩いてきた。はげましあい、支え合い、生かしあいながら、手をつないで歩いてきたのだ。

　だから、これからも歩いていく。いや、アシャと一緒に歩いていきたい。そう思った。

　不安なく心配のない道であれば、一人で歩けばいい。そうではないから、僕らはふたりで歩いていくのだ。

「準備？　そんなもの必要ないわ。迷いがないなら今、出発よ」

　アシャはよくそう言って、即行動に移す人だった。そうやって、自分の人生を切り拓いていた。失敗も挫折も恐れずに。

「ただ一緒に手をつないで歩いていくだけよ」

　これが僕らにとっての結婚だった。

オキーフの言葉

　アシャはいつもコーヒーを片手に、その日のコーディネートをあれこれと決めるのが好きだった。

「ねえ、見て、このデニム。すてきでしょ。オキーフっぽくない？」

　アシャは、白いTシャツを、ハイウエストでストレートなデニムにタックインして僕に見せた。

427

　アシャはアメリカを代表する画家のジョージア・オキーフを
敬愛していた。オキーフのシンプルな服の着こなしには、服作
りにおいてかなり影響を受けていて、特に若い頃のデニム姿が
大好きだったようで、昔に撮られたオキーフのそんな写真は額
装して飾るほどだった。
「ねえ、わかる？　オキーフがデニムを穿いてオートバイの後
ろに乗っている写真とか、ほら、牛の頭蓋骨を手にして立って
いる写真。どちらもハイウエストなデニムでかっこよくて、か

わいいのよ」

　大好きなオキーフのことを語り始めるとアシャは止まらなか
った。

　オキーフがオートバイの後ろに乗っている写真は僕も大好き
だったのでよく憶えていた。

「裾を膝下まで無造作にロールアップしていて、白いスニーカ
ーを履いていたよね。彼女がニューメキシコでヒッチハイクし
た時の写真でしょ」

「そうそう、ストレートで太いデニムだからこそ、ハイウエス
トがかわいいのよ。牛の頭蓋骨を持った写真はシャンブレーの
シャツをタックインしてカーディガンを着ているんだけど、そ
のコーディネートも大好き」

　アシャは鏡の前でデニムのウエストをぐっと上げて、「今っ
てこういう気分よね。ちょっと前はスケーターみたいに腰ばき
もしたけど」とつぶやいた。

　僕はアシャの言葉にうなずくことができた。確かにそうだ。
特に女の子は、ストレートで太めのデニムを、ウエストでぎゅ
っと絞って穿くくらいが今はすてきに見える。トップスもゆっ
たりしたブラウスやTシャツを合わせるほうがいい。

　オキーフのように、白いキャンバスのスニーカーを合わせて、
アシャはご満悦だった。

　画家のジョージア・オキーフの、自分のやりたいことをやり
抜く強さは、コーディネートを真似して楽しんでいるアシャに
も備わっていた。

「成功するかしないかは全く関係ありません。大切なのは、自
分が知らなかったことを知るということ」

　オキーフが残したこんな言葉を、アシャは心から大切にして
いた。

　これから一緒に歩いていく。僕とアシャは、ただそれだけで
しあわせだった。

WOMEN ハイライズストレートジーンズ

美しいストレートシルエット

どなたにも美しく着こなせるストレートシルエットが自慢の、ハイライズストレートジーンズです。ストレートフィットに最適な12.5オンスの肉厚な生地は、身体のラインを拾わずにまっすぐな脚のラインを演出。ストレートがもっとも表現できるレングス設定にもこだわりました。

リラックスフィットながら、ウエスト、ヒップまわりがすっきり見えるデザインとパターンを何度も試作、フィッティングを繰り返してたどり着いたフォルムです。

ヴィンテージのような風合い

生地は世界に誇る日本屈指のデニムメーカー、「カイハラ社」と開発した最高品質デニムを使用。ヴィンテージデニムにも匹敵する本格的な見た目ながら適度なストレッチ性を持ち、快適な穿き心地です。

表情を決定づける加工は、ユニクロが開設したロサンゼルスの「ジーンズイノベーションセンター」で徹底的に研究。数十バージョンに及ぶサンプルからベストな色を選び商品化しました。手に取った瞬間に最高の風合いを楽しんでいただけるはずです。

084

どうだい？　似合っているだろ？

お母さんの笑顔

　パリからニューヨークへと向かう準備をしていた矢先のこと
だった。

　エチオピアの実家から、お母さんの病状が良くないと、アシャに電話があった。

　アシャは迷うことなく、ニューヨーク行きの便をキャンセルし、すぐにエチオピア行きの飛行機を手配した。

　八時間のフライト中、アシャは手の中に小さなお守りをずっと握り続けた。このお守りは、アシャがニューヨークで一人暮らしをはじめた時、お母さんが持たせてくれた水晶だった。

　お母さんが入院する病院に着き、ベッドに横たわる、やせほそった母の姿を見たアシャは、「最期までずっと一緒にいる」と心に決めた。

「お母さん、私よ、わかる？」

　お母さんの手を自分の頬に当てて、アシャが声をかけると、お母さんは静かに目を開き、にっこりと笑った。

　お母さんはアシャの手をぐっと握り返して、また目を閉じた。

「あまりよくないんだ…」と、そばにいたアシャの兄が言った。

　アシャにとってお母さんは、母であり、人生のメンターでもあった。

「やけどをしたからといって、火を恐れたらだめ。生きていくためには、火は必要なのよ……」

「人間はみんな、自分でやけどしてから、はじめて火の熱いことを知るの。すべて学びよ」

　ずいぶん前、ある男性との恋に後悔しているアシャに、お母さんはこう言って諭した。

「お母さんって、どうしていつもそんなに元気なの?」

　ある日、アシャはお母さんにこう聞いた。すると、「しょっちゅう泣いているからじゃないかな?　私は涙もろいから」と。お母さんは笑って答えた。

　そして、「悲しくなくても、ときどき泣かないと身体に悪いんじゃないかなと思うのよ。私」とおどけて言った。

　いつも元気で、自分を励ましてくれていたお母さんが、こんなふうに病院のベッドに横たわっている現実が、アシャにとっては信じられなかった。

「お母さん、私ずっとここにいるからね」

　アシャはもう一度お母さんの手を自分の頬に当てて声をかけた。そして、手の中にあったお守りの水晶を枕元に置いた。

お母さんの好きなシャツ

　アシャは病院に泊まり込み、お母さんの看病をし続けた。

　お母さんは、ときおり目を開けることはあったが、ほぼ昏睡状態で、いつ何が起きても不思議ではない状況だった。

「できるだけ家族がそばにいるようにしてあげてください」と医者は家族に告げていた。

　アシャのお父さんも仕事を他人にまかせて、お母さんのそばから離れることなく、その容態をずっと見守っていた。

　その間、アシャは、お母さんの枕元で、久しぶりに会ったお父さんといろいろな話をした。

「お父さんとお母さんは、結婚した頃ってどういう暮らしだったの?」

「とにかくお金がなかった。お父さんは自分で仕事をはじめた
ばかりだったけれど、なかなかうまくいかなくて、お母さんに
渡す毎月の生活費がほんとにわずかだったんだ。けれども、お
母さんはその都度、笑って、来月はほんのちょっとでもいいか
ら増やしてねと言って、お父さんを励ましてくれたんだ……」

「うちは貧しかったの？」

「ああ、ほんとうに貧しかった……。今では笑い話になるけれ
ど、その時、借りていた家の家賃は、これ以上ないくらいに安
かったんだ。それでも、私たちにとって払えない時が一度だけ
あった。お父さんはお母さんと、赤ん坊だったお前の兄を抱い
て大家さんの家へ行き、家賃を一カ月待ってくれないかとお願
いに行ったんだ。すると、大家さんは、来月二カ月分の家賃を
払うのは大変だろうから、少しずつ払ってくれればいいと言っ
てくれてね……」

「そんなことがあったのね……」

「その時、お父さんの涙は止めどなく流れた。そして、二度とこんな思いをお母さんにさせてはいけないと心に誓ったんだ。それからがむしゃらに仕事をして、やっとここまで成功できたんだ。あの時をきっかけにしてね」

　今お父さんはエチオピアでも有数の企業を経営し、成功者の一人として知られていた。

「お父さん、そのTシャツなつかしいね。昔からよく着ていたよね？」

　アシャは、お父さんの着ていた白いワッフル地のTシャツに手をあてて言った。

「これはいつかお母さんが買ってくれたものだよ。お母さんはこういうサラサラしたコットンの服が好きだったんだ」

　お父さんは自分の着ているTシャツを自慢げに見せて言った。

「お母さん、どうだい？　似合っているだろ？」

　お父さんはお母さんの手をずっと握って離さなかった。お母さんは安らいだ表情ですやすやと眠っていた。

MEN ワッフルクルーネックT
KIDS ワッフルクルーネックT

抜群のフィットバランス

　立体的な生地のデザイン性と、着心地の実用性を兼ねそなえたワッフルクルーネックTシャツです。ポイントはフィット感。これまで通りインナーとしての使用はもちろん、1枚でも存在感を発揮し、女性に着ていただいてもほど良いリラックス感のあるシルエットに仕上げました。

　身頃のバランス、肩まわりと襟の形状すべてにこだわり、フィッティングと修正をなんども重ねてようやく完成した自慢のフォルムです。

細部にこだわる

　これまでは、生地で身生地を挟み込み襟ぐりを作る「バインダー仕様」でしたが、襟と身生地を一緒に内側に折り込み、裏側からミシンで縫い合わせる「付け襟」に変更。Tシャツのように、インナーとして着用した時はトップスに響きにくく、1枚でも着られるのがポイントです。

　襟のへたりにくさもポイント。ワッフル生地特有の凹凸は、空気を含むので保温性が高く、肌との接触面積が減ることでサラサラの肌ざわりに。ニットのように1枚で、カーディガンを羽織ってワッフル生地の表情をちら見せするなど、コーディネートのアクセントとして幅広く活躍してくれるアイテムです。

085

日本の人が大好きなんです。

お父さんと会う

　僕とアシャはニューヨークで再会し、互いの気持ちをもう一度しっかりと確かめあい、結婚をした。僕は三十二歳で、アシャは二十九歳だった。

　結婚前、アシャは、お父さんに僕を紹介する機会を作ってくれた。お父さんはそのためにニューヨークまでやってきた。

　どんなふうに自己紹介したらいいのか。どんなふうに結婚の許しを得たらいいのか。これまでの人生の中でこんなに緊張したことはない。それよりも、アシャのお父さんはどんな人なのだろう。当然、初対面だった。

「お父さんは優しい人だから大丈夫。リラックスしてね。結婚を反対しているわけではないんだから」

「うん、わかってる。でも賛成しているわけでもないんだよね……」

「あなたに会いたいのよ。私も早く会わせたいわ。何を着ていこうかな。お父さんはきっとカジュアルだから、あなたもいつもの服でいいと思う」

アシャはその日が来るのを心から楽しみにしているようだ。

お父さんと僕らは、3rdアヴェニューにある「エッサベーグル」で待ち合わせをした。お父さんはこの店のサンドイッチが大好物だという。緊張している僕に気をつかってくれたのか、カジュアルな店を選んでくれた。格式張ったレストランなどでなく、僕は少しほっとした。

お父さんとの待ち合わせは午後二時。僕とアシャは十五分前に着いた。

「エッサベーグル」はニューヨークでも大人気のベーグル屋で、いつでも混んでいる。注文の前にテーブル席を確保しようと、店内を見渡すと、ベースボールキャップをかぶった男性が僕らに手を振っているのが見えた。

「やだ、お父さん。やっぱりもう来てるわ」とアシャが笑いながら言った。

「ああ、私、忘れてたわ。お父さんはせっかちだから、いつも待ち合わせ時間の三十分前に来る人なのよ。ごめんなさい。そのことを言い忘れてた……」

苦笑いしたアシャは走ってお父さんの元に駆け寄って、「来てくれてありがとう！」と思い切りハグをした。そして、「彼が私の大切な人よ」と言って、僕をきちんと紹介してくれた。

お父さんは「はじめまして。アシャの父です」と言って、戸惑っている僕を両手で引き寄せハグをしてくれた。

「どうぞどうぞ、座ってください。おすすめのサンドイッチを

今、買ってきますから」

　お父さんは店のカウンターに行き、三人分のサンドイッチを注文した。

「一緒に食べながらお話ししましょう。ここのサンドイッチは最高においしいんだ！」

　そう言って、お父さんは僕の肩をやさしく抱いてくれた。「ありがとうございます……」とぎこちなくお礼を言うと、「君はもう私の息子だから」と言って、僕の頭を自分の胸に引き寄せた。

日本人の誇り

　お父さんは、定番のクリームチーズとサーモンとトマトや、チキンやツナなどをバランスよく組み合わせたサンドイッチを注文し、三人でシェアできるように切り分けて、テーブルに並べてくれた。

「私は日本の人が大好きなんです。まだ若い頃、仕事で日本に行った時に出会った日本の人のことを、今でも忘れることはできません。こんなにすばらしい人たちが、この世界にいるのかと驚いたのです。大げさではないですよ」

　お父さんはベーグルを片手で持ちながら、こんなふうに話しはじめた。

「ある東北の農村を訪れた時のことです。私のような外国人に対して、どこの家庭でもお茶やお菓子でもてなしてくれて、何から何まで世話をしてくれたのです。言葉なんて通じなくても手振りでおもしろおかしく対話ができました。日本の人というのは、子どもから大人まで、笑うのが大好きなんですね。そこがエチオピア人と似ているんです。いつもにこにこ笑って、精一杯の親切をしてくれるんです。その姿に私は感動しました」

　お父さんは、日本人のことを、世界でもっとも礼儀正しい人

たちであると言い、自分が日本で経験したたくさんの感動を僕に話してくれた。

　それを聞いていたアシャは「こんな話を聞いたのはじめてよ。お父さんが日本の人を好きだなんて知らなかったわ」と言った。
「昔の日本人のよいところを僕らは忘れてしまっているかもしれません」と言うと、「いやいや、私はわかるよ。君がたしかにあの頃の日本人と一緒であることをね。日本人であることを誇りにしてください」とお父さんは答えた。

　この日、アシャは、白いレーヨンのブラウスを着ていた。
「アシャ。よく憶えているね……。今日、そのブラウスを着ているのは偶然ではないね」

　お父さんはアシャの手をとって、こう言葉をかけた。
「私、お母さんから何度も聞いているから忘れることはないわ。お父さんがお母さんとの結婚を許してもらうために、お母さんの両親に会いに行った時のこと」
「その時、お母さんが着ていたのも白いブラウスだったんだ。エチオピアで白は決意を意味する色。結婚してからも、お母さんは大事な時には必ず白いブラウスを着ていたね」
「うん、そう……」

　うなずいたアシャは、先日、亡くなったお母さんを思い出して涙ぐんだ。
「私は君たちの結婚を祝福するつもりで今日ここに来たんだよ」

　そう言いながら、ベーグルをおいしそうに頬張るお父さんの目にも涙が浮かんでいた。

　アシャは着ているブラウスに目をやり、「お母さんもきっと喜んでいるわ」とつぶやいた。

WOMEN レーヨン
スキッパーブラウス

最高の着心地

　新しく生まれ変わったレーヨンスキッパーブラウスです。最大の変化は、透けにくく、より綺麗に着こなせる素材に進化したこと。光沢感のある糸を使用しながらも、織り方を変えることで生地に厚みを出し、透け感を軽減。生地自体の目付け（重さ）も増えたことで美しい落ち感も生まれました。

　「肌ざわり」を大切に、袖を通した時のなめらかさ、お手入れを簡単にするイージーケア機能、エレガントな見え方、すべてのベストバランスを取り入れて開発した自慢の着心地です。

オールマイティに活躍

　肩を少し落としながらも、身幅を少し小さめにしたことでリラックスかつエレガントに見えるシルエットが特徴です。襟元は何度もサンプルを製作し、女性らしさを残しつつ最適な（下着が見えないような）開きに調整。短めの七分袖は、腕を曲げても袖元の切り込みから肘が見えにくいようなデザインに仕上げました。

　ビジネスシーンではスーツとセットで、プライベートではデニムと合わせて、また、デートやご近所着にもおすすめ。色、柄、デザインのバリエーションを豊富に取り揃えた、着まわし抜群の万能アイテムです。

086

そこにはこんなことが書いてあった。

育児とは

　子どもが生まれた時、僕とアシャは、この尊い宝ものであるいのちに対して、かぎりない愛情はもちろんのこと、この子がこれからの未来を生きていくために必要なことはなんだろうか、僕らは何を与えていくべきなのか。それをよく話し合った。

　まずはじめに確かめあったこと。それは、育児はふたりでやっていこう。どちらか一人の役割ではなく、一緒に考え、分かち合い、支え合ってやっていこうということだった。

　細かなことも含め、育児についていろいろと話していく中で、アシャが話してくれた印象的なことがあった。

「私ね。子どもの頃、一番嬉しかったことって、お父さんとお母さんが仲良くしていることだったの。一番悲しかったのは、お父さんとお母さんが喧嘩したり、仲良くしていないことだった。ふたりが仲良くしていること。それは私にとって、もっとも安心できることだったの。きっとどんな子どもでも、その感じ方は同じと思うわ」

　僕自身もそうだった。幼い頃、何がつらかったかというと、両親が言い争いをしているのをそばで聞いていることだった。不安で不安で仕方がなかった。そんな時は、まるで家が風吹く崖の上に建っているようにドキドキして怖かった。

「だからね。私こう思うの。育児に一番大切なことって、夫婦がすごく仲良くしていることだって。この子が少しずつ大人に

なっていくにつれて、結婚っていいな、自分も早く結婚したい
なと思えるように。そのお手本になれるかどうかわからないけ
れど、自分の家は絶対に大丈夫なんだ、と思ってもらえるよう
に、安らぎを感じるように、私たちの日々の関係を見せること
だと……」

「うん。そうだね。僕は母に言われたことで、こんな嬉しい言
葉がある。それはある日、学校の成績が下から数えるのが早い
くらいに悪かった時、『あなたはそのままでいいと思うの。お
母さんにとっては、ありのままのあなたが一番嬉しいのよ』と
言われたんだ。この時、勉強ができるとかできないとか関係な
く、ありのままの僕のことを好きでいてくれんだという母の言
葉に安心をしたんだよね」

「すてきな言葉ね……」

　そう言ったアシャは、僕の手を握って、ベビーベッドですや
すやと眠る赤ん坊を見つめた。

「そうは言っても育児ってむつかしいと思う。うまくできない
ことだらけだと思う。なぜならはじめてだから……」

「私のお母さんが亡くなる前に、残してくれた手紙があるの。
そこにはこれからの私たちに向けたお母さんなりのアドバイス
っていうのかな、育児や夫婦についてなど、そういうことがた
くさん書いてあったわ」

　アシャはそう言って、その手紙が入った封筒を僕に渡した。

子どもに教えたいこと

　封筒の中には、手紙と一緒に、一枚の写真が入っていた。

　その写真はアシャのお父さんとお母さんが一緒に写っている
ものだった。お父さんはデニムジャケットを着て、白いシャツ
にチノパンを穿いている。お母さんはレモン色のブラウスに白
いカーディガンにデニムのパンツだった。写真の裏を見ると、

アシャが生まれた年に撮られたものだった。

「この写真。ちょうど僕らと同じ歳くらいだね。アシャが生まれた時だから、今の僕らと同じタイミングだね」

　僕はアシャのお父さんのしあわせそうな表情をじっと見つめた。

「この頃って、お父さんとっても苦労していたんだよね。でも、すごくしあわせそうな顔をしている。お母さんと一緒にいることがすべてのちからになっていたんだね、きっと」

「うん。そうね……。デニムジャケットなんて着ちゃって」とアシャは笑った。

　僕はお母さんの手紙のある一節に目をとめた。そこにはこんなことが書いてあった。

「きっとこれから生まれてくる孫に向けて、あなたたち夫婦に教えておきたいこと。それはあなたたちの小さな子どもに教えてあげてもらいたいことです……」

　ここまで読んだ僕は、つづきをアシャに聞こえるように音読した。

「人は一人ひとり違うということをしっかりと教えてあげてくださいね。この世界にいる人はみんなあなたと違うということ。同じ人なんかいないのです。人はみんな違う。だからこそ、自分の考えていること、思うこと、感じていることは、言葉にして伝えなければいけない。そして、その反対に、自分以外の人の言葉にしっかりと耳を傾けること。そして、その考えや思いを、よいわるいと判断せずに、理解してあげること。これが大切。子どもの時に、世界の人はみんな考えていることや思っていることが違うと教えてあげてください。子どもの成長、そして学びは、そこからはじまるのですから……」

　僕が読んだ手紙を聞いたアシャは「小さい頃のことを思い出すわ……。このことって、お母さんによく言われたことよ。人はみんな違う。違うからあなたの思い通りにしようとしたらだ

め。よく話し合って、人のことを知りなさい、理解しなさいって。そうやって世の中を見つめなさい、と」

「ほんとうに大切なことだね……」僕はアシャが、いつも人の話をよく聞こうとする姿勢や、自分の価値観を人に押し付けようとしないことの理由がよくわかった。

「ね、写真撮らない？　うちの両親みたいに」

アシャは、窓の近くの棚に、フィルムの入ったカメラを置いて、セルフタイマーをセットした。

「あ、待って！」と言って、僕はクローゼットからデニムジャケットを取り出して羽織った。

僕とアシャは手をつないでカメラの前に立った。

カシャンとシャッターが降りた時、この写真には、どんな自分の顔が写ったのだろうと思った。

MEN デニムジャケット

絶妙なバランス

　よりスタイリッシュなデザインに生まれ変わったデニムジャケットです。生地は、「コーンミルズ社」とユニクロが共同開発したオリジナル。デニム特有の美しいタテ落ちと、従来のデニムにはないストレッチ感を融合させた自慢の素材です。

　ストレッチを入れすぎると、製品の加工や縫製時に歪んで波打ってしまうため、着心地のよさと縫製の仕立て栄えの両方を兼ね備えたベストバランスを探しました。

細やかな表情

　ユーズド感のあるリアルな表情は、ユニクロが誇るロサンゼルスの「ジーンズイノベーションセンター」で色味を作り上げたもの。袖や背面の色落ちなど細やかに調整し、店頭に並ぶデニムジャケットすべてが個体差なく同じクオリティになるようにこだわりました。また、身頃の加工や色によってステッチカラーを変えているのもポイント。

　たとえば68カラーのワンウォッシュには新品のような濃いめの金茶、63カラーには加工した色に合うような色あせ風のものを使用。カジュアルはもちろん、チノパンやトラウザーに、インナーはハイネックやモックネックなどを合わせた大人のきれい目カジュアルで着ていただくのもおすすめです。

087

で、どうやってこれを？
と彼女は聞いた。

パリで覚えたこと

　アシャの誕生日。僕らはハーレムのレストラン「アビシニア」に夕食を食べに出かけた。

　その日のアシャは、シャツドレスにお気に入りのパンプスを履いていた。

　これまでは服から靴までカジュアル志向な着こなしのアシャだった。けれども、パリ在住をきっかけに、いつものカジュアルさにエレガントなテイストを取り込むようになった。

　一番の変化は、カジュアルなコーディネートであっても、いつもパンプスを履くようになったことだ。

「パリで覚えたことだけど、女性にとって座り方や立ち方はとっても大事。そのために私が覚えたのはパンプスを履くこと。いまさらだけど、パンプスはどんなスタイリングにも合うってことを発見したの。これまで私にとってパンプスって、特別なものだったけど、パリでは日常靴なのよ」

　アシャにとってパンプスは、小さなカルチャーショックだったという。

「アビシニア」は、座卓のような低い椅子に座って、丸いトレーを囲んで食べる、僕らがお気に入りのエチオピア料理のレストランだ。ナイフもフォークもなく、インジェラという白いクレープのようなパンをちぎって、鶏肉のシチューやスパイシーな料理を包んで、手で食べるスタイルが人気。

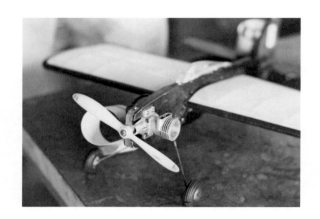

「誕生日おめでとう、アシャ。結婚して初めての誕生日がこんなふうに質素でごめん。結婚式もまだ挙げられなくて……」

　僕はアシャに小さな箱を手渡した。

「いいのよ。そんなこと。気にしないでね。プレゼント？　嬉しいわ。でも、無理しないでね。大丈夫？」

　アシャは喜びと心配が混ざった表情で僕の肩を抱き、「開けていい？」と言った。

「うん。気に入ってくれるといいんだけど……」

　箱を開けてプレゼントを見たアシャは、あまりに驚いたのか、口に手を当てたまま僕の目を見つめた。

「え？　これどうしたの?!」

　アシャは箱から指輪をそっと取り出して手の平にのせた。

「結婚指輪としてもらってほしい」と僕は言った。その指輪は、僕とアシャがお気に入りのソーホーのアンティークショップに非売品として、ずっと飾られていたものだった。以前から、この指輪にアシャが憧れていたのを僕は知っていた。

「絶対に売らないとあの店主が言ってたよね。どうやって手にいれたの？」

「このターコイズの指輪を結婚した妻にプレゼントしたいとお願いしたんだ。もちろん断られたよ。でも、僕は店主が必死になって探しているものを知っていたから、それと交換してもらえるように頼んだんだ」

「店主は何を必死に探していたの?」とアシャは聞いた。

　僕はアシャの左手の薬指に指輪を通してみた。サイズはぴったりだった。

パンプスの奇跡

　薬指にはめたターコイズの指輪をじっと見つめながらアシャは目をつむった。そしてこうつぶやいた。

「ほんとうに嬉しい……。どんなに高級な結婚指輪よりも、この指輪は私にとっては価値があるのよ。売るために作ったものではなく、きっとお守りとして作られたものでしょ。この緑がかったターコイズはもう採掘できないものだから、ネイティブアメリカンにとっては宝ものよ」

　僕はアシャが心から喜んでくれたことに、ほっと安堵をした。僕は物で愛情表現するようなタイプではないけれど、どうしてもアシャが欲しいものをプレゼントしたかった。一度は迷いながらも。

「で、どうやってこれを?」とアシャは聞いた。

「店主に聞いたんだ。この指輪は何となら交換してくれるのかって。そうしたら、『Hat Mine』という種類のターコイズだったら交換してやるって言うんだ。『Hat Mine』は『ラベンダーブルー』とも言われる、ターコイズの中でも最も価値の高い石で、これまで帽子一杯分しか採掘されていないことで知られているもの。それなら一粒で交換してやるってね」

「そんな希少な石を見つけたの?　まさか持ってたわけではないよね?」

「トーコさんを覚えてるよね。以前アシャに服をプレゼントしてくれた人」

「当然よ。忘れるわけないわ。私はトーコさん大好きだもの」

「実はこの前、トーコさんにアシャとの結婚を報告しに行ったんだ。そうしたら、すごく喜んでくれてね。その時に小さな革袋に入った小石をもらったんだ。それは、ずっと昔、トーコさんがニューメキシコを訪れた時に、ネイティブアメリカンから、あることのお礼でもらったらしく、その時、この石はいつか必ずあなたのところにやってくる、この石を必要としている人に贈るようにと言われたらしいんだ。『黒い髪の男』と言われたんだって。トーコさんは、今日がその時だと思ったんだって」

「そして、『これは私からでもあるけれど、それ以上の何か特別な運命のようなものから、あなたたちへのプレゼントよ』と言って、僕に革袋を渡したんだ。店主から『Hat Mine』と言われた時、僕ははっと思って、持っていた革袋から石を出してみたんだ。そうしたら、他のターコイズに比べて、はるかに濃いブルーの二粒の石を見つけた。それが『Hat Mine』だと僕はすぐにわかったんだ」

「なんだかおとぎ話みたい……。でも、すごいわ。ずっと前からこの指輪が私のところにやってくるのが予言されていたみたい……。この指輪にも何かストーリーがあるような気がするわ」

「パンプス履いててよかったわ！　パリの知り合いの女性が言ってたんだけど、『いつだってパンプスが奇跡を起こす』という言い伝えがあるらしいわ。そのくらい女性にとってパンプスはラッキーアイテムなんだって」

　満面の笑みでそう話すアシャを見ながら、僕は「Hat Mine」がもう一粒残っているのが気になって仕方がなかった。

WOMEN チャンキーヒールパンプス

生まれ変わったパンプス

美しい脚姿と快適な履き心地にこだわったパンプスです。あらゆる人の足形に合うパンプスを目指し、木型、パターン、インソールのアップデートを重ね、フィッティングと修正を何度も繰り返して生まれ変わりました。シルエットはきれいなポインテッドトゥ、履き口のラインを見直して甲の収まりと履き心地をアップ。

インソールには足裏にフィットするアーチクッションを採用して防菌防臭機能をプラス。さらに靴擦れしやすい踵の履き口部分にもやわらかクッションを追加しました。

万能パンプス

素材は高見えするマイクロファイバースウェードを使用した弱撥水仕様。本物の革靴と比べても見劣りしないクオリティが自慢です。トレンドを超えて普遍的に支持されるポインテッドトゥチャンキーヒールは、ジャケットにパンツスタイルなどの仕事着と合わせても、スキニーパンツやボリュームスカート、ワイドパンツなどカジュアルなオフ仕様の着こなしにも幅広く活躍してくれます。

屈曲性とグリップ性にすぐれたアウトソールを使用しているので、上品ルックスでもアクティブに使えるLifeWearです。

088

ブリーフにはこんな思い出がある。

今から、ここから

　目をつむるたびに、あの日のことをよく思い出す自分がいる。
　日本を発ち、サンフランシスコというアメリカの地をはじめ
て踏み、見上げた夜空、耳にした街の喧騒、いろいろな暮らし
が混ざりあった匂い、右も左もわからなかったけれど、今から
新しい一歩が始まる。なにがあろうとここから頑張るんだとい
う、夢と希望で僕の胸はふくらんでいた。

そう。あの日あの時、「今から」「ここから」と決意して僕は
歩き出した。

　よく考えてみると、「今から」「ここから」という、初々しい
感情はこれまでもあった。

　小学校の入学式。リトルリーグに入団した日。高校受験の日。
はじめて恋をしてデートをした日など。そんなふうに、自分の
ちからを振り絞って、「今から」「ここから」踏み出した小さな
一歩の記憶は忘れられない。

　日曜の早朝、僕はニューヨークのアパートの窓辺に座り、マ
グカップに淹れたコーヒーを飲みながら、ぼんやりと「今か
ら」「ここから」という思い出に耽っている。傍らには結婚し
たアシャと一人娘のニコがいる。暮らし自体は決して楽ではな
いが、ここニューヨークで書籍商として認められ、こうしてお
だやかな日々を送っている。

　そんなふうに落ち着き払っている自分がいる中、心のどこか
で、新たな「今から」「ここから」を求めている自分にも気づ
いていた。あの日あの時を懐かしんでいるようでは駄目だ。次
の景色を見にいこう。今ここで歩みを止めてどうするんだ、ゴー
ル地点のテープはまだまだずっと先だ、と叱咤する自分もい
た。そうなんだ、人生はまだはじまったばかり。

　僕はコーヒーを一口飲み、窓から見えるエンパイアステート
ビルを眺めた。そしてこうつぶやいた。「もっと先へ行こう」
と。

「さあ、どうしよう？」と、何か答えを求めるような時、一番
先に頭に浮かぶのは父の姿だった。

　父は、何かを決意し、新しい一歩を踏み出そうとしている時、
必ずすることがあった。

　まずは、髪をいつもより短く切ってさっぱりする。それから、
風呂に入って、身体を丹念に洗い、最後に清めるようにして冷
たい水を何度もかぶった。

こんな父の姿を見た時、新しく何かやろうとしているんだな、と子どもの僕にもよくわかった。

そして、父は用意してあった真新しい下着を身につけて、手入れが行き届いた服を着て、「よし！」と一言小さくつぶやき、はつらつとした表情で出かけていった。

その先へ行く

父はよくこんなことを言っていた。

「下着は半年。半年ごとに新しいものに変えたほうがいい。下着は、毎日着替えるものだから、どうしてもすぐに古びる。半年で入れ替えするのがちょうどいいんだ。贅沢なようだが、新しい下着は、気持ちも新しくしてくれるからそのほうがいい」

父は髪型についても一家言あった。「伸びてからでは遅い。伸びる前に切れ」と言って、二週間に一度、必ず理髪店に通い、子どもの僕にもそれを徹底させていた。

下着の入れ替えも、この言葉に通じていて、古くなってからでは遅い。古くなる前に新しいものに替えるという考えだった。

そんな父の元で育った僕であるから、半年ごとに下着を新しくするのはもはや当たり前になっていて、真新しい下着を身につけた時は、父のように「よし！」とつぶやく自分がいて笑ってしまう。

男の下着といえば、トランクス派かブリーフ派のどちらかに好みは分かれるようだが、僕はどちらも好きで、両方揃えて、その日の気分で選んでいる。

ブリーフにはこんな思い出がある。確か小学六年の時だったが、祖母の家に泊まりに行った際、ブリーフ一枚の裸になった時、僕が穿いていた赤いブリーフを見た祖母が、「すごくしゃれっ気があるわね」と言ったのだ。

その時、なぜ赤いブリーフを選んで穿いていたのかわからな

いが、下着姿を見られて「しゃれっ気がある」と言われたこと
に妙に照れた。それと同時に、普段、他人には見えない下着っ
て、だからこそ色や柄でいろいろと遊べて、服選びと同じよう
に、自由に楽しめるのが面白いなと思った。

　話を戻そう。

　そんな下着にまつわる記憶を思い出しながら、今、自分にと
って必要なのは、いつかの父がそうしていたように、髪をきれ
いに整え、身体を洗ってさっぱりさせて、新しい下着を身につ
けることだと思った。

　思い立ったが吉日。僕はイーストビレッジの理髪店へと行き、
髪を切ってもらった。その帰り道に、新しい下着（今はもっぱ
らブリーフ）を買い込んだ。

　アパートに戻った僕は、シャワーを浴び、いつもよりも丹念
に身体を洗って、バスルームの鏡の前に立った。気のせいかも
しれないが、昨日までの自分よりも初々しく見えた。

　クローゼットの引き出しの中にあるブリーフを、買ってきた
新しいものにすべて入れ替え、新品のブリーフを身につけた。

　自然と「よし！」という言葉が出た。「今から」「ここから」
という気持ちで、僕の胸はいっぱいになった。そう、あの頃と
同じように。

　ここまで来たけれど、ここからもっと先に進むんだ、と僕は
決意した。

「ここではなく、その先には何があるのか？」

　こんな衝動がいつだって僕を揺さぶるのだ。

MEN スーピマコットンボクサーブリーフ

最高の肌ざわり

　希少なスーピマコットンを使った贅沢仕上げのボクサーブリーフです。スーピマコットンとは、綿花の中でも最高級ランクに分類される超長綿繊維の中の上質綿のこと。しなやかでやわらかく、なめらかな風合いが特長です。

　素材の強みを活かし、最高の肌ざわりの生地を開発しました。美しい表面感と身体にフィットするストレッチ性、さらに防菌防臭機能付き。何度も試作を繰り返してたどり着いた自慢の生地です。

心地よさの追求

　直接肌に触れるものだから、細部にも徹底的にこだわりました。お客様の声をもとに「穿いていて心地よい」を目指し、毎年パターンの改善を続けています。

　ウエストゴムはサイドの縫い目をなくし、締め付け感が少ないストレッチゴムに変更。縫製糸や縫いしろの肌当たりのストレスがなるべく少なくなるように、脇線や後中心など、可能な限り縫製をなくしました。

089

旅行の時は
この動きやすいパンツがいい。

旅上手な母

　笑われるかもしれないが、旅先で何か困るようなことがあった時、いつも思い浮かぶのは母の顔だ。

　こんな時、母ならどうするだろう？

　そう自問して、これまで経験した旅先での様々なトラブルを乗り越えてきた自分がいる。

　そういう機会は滅多にないけれど、もし母を誰かに紹介するとしたら。もしくは、母がどんな人なのかと説明するとしたら、僕はきっとこう話すだろう。

　「料理が得意だけど、もっと得意なのは旅行です。旅行の準備、

旅行の楽しみ方、旅行先の選び方など、旅行という名のつくものならば、母はどんなことでもきっと得意です」

　僕自身、得意かどうかわからないが、旅行が好きであるのは間違いなく母の影響だ。

「旅を楽しむなら、その街の朝と夜を味わいなさい。ただの朝と夜ではなく、早朝と深夜ね。たとえば、朝は日の出の時間とか。夜は人が寝静まった深夜二時頃とか」

　僕がまだ外国に行ったことがない頃、母は何かの話の流れで僕にこんなふうに話した。

「どんな街でも早朝の風景が一番美しいのよ。そして、そんな朝早い時間に触れることのできる人の営み。たとえば、朝ごはんを出す店のキッチンに上がる湯気とか、眠たい目をこすって仕事に行く人とか、あらゆるところに一日をはじめるための、朝の一所懸命があるのよ。夜は深夜まで仕事をして疲れた人が、家に帰る前に立ち寄るコーヒースタンドとか、普通の人が働いていない時間に働いている人の姿とか、深夜にしか見られない人の営みがあるし。お母さんは外国に行くと、必ず早朝と深夜に街を散歩するの。人も車も少ないから、なんだか街を独り占めしてるような気分になって楽しいわ」

　そう話しながら母は、いつかの旅の風景を思い出すように目をつむって微笑んだ。

「私の友だちのほとんどは旅先で出会った人よ。外国に行ったら、その街の人にできるだけ話しかけること。話しかけて知り合いになって友だちになるのよ」

　家にはよく外国から母あての手紙が届いた。それは皆、旅で出会った友だちだと母は言った。英語が話せない母がどんなふうに人に話しかけ、どんなふうにその人たちと友だちになったのか不思議で仕方がなかった。

「言葉は『Let's』だけでなんとかなるのよ。お母さんは、なんでも『一緒に』と笑顔で誘うの。そうすると、たいていの人

は『OK!』と言ってくれて、食事でも、散歩でも、買い物でも一緒に楽しんでくれるものよ。私のできる英語は『Let's』と『Thank you』だけ。それで友だちになっちゃうの」

そう言って母は笑い転げた。

母の旅スタイル

僕がニューヨークで過ごしている時、一度だけ母が一人で突然訪ねてきたことがあった。

僕が風邪を引いて熱を出し、寝込んでいることを電話で伝えた数日後のことだ。

母曰く、友人に会うために、たまたまニューヨークに来たから、顔を見に来たということだった。

その日のニューヨークは大雪の日だった。しかも、母は両手に荷物を持っていた。

「はいこれ」と言って母は僕に荷物を手渡した。荷物を開けてみると、お餅がどっさりとあり、おせんべいなどのお菓子や、インスタントみそ汁などが入っていた。

「お餅なんてこっちでは焼けないよ」と言うと、「大丈夫よ。はい、これも」と笑顔で言って、もうひとつの荷物を僕に手渡した。みるとそれはオーブントースターだった。

「なんでオーブントースターなんて持ってきたの？」と僕が驚くと、「あると助かるでしょ。これからも」と母は澄ました顔で答えた。

そして「じゃあね。私、用事あるから」と言ってそっけなく帰っていった。

僕はそんな母に呆気にとられて後ろ姿を見送った。母らしいといえばそうなのだが、母はきっと僕に会うためだけにニューヨークに来たに違いなかった。泊まっていたホテルの部屋で小さなオーブントースターで焼いたお餅を僕は涙を拭きながら食

べた。

　別れ際に母の後ろ姿をまじまじと見た時、やっぱりいつもの
パンツを穿いていた。母には旅行をする時の定番の着こなしと
いうか、スタイルがあったのだ。必ず穿いていたのが、細身の
くるぶし丈のパンツだ。

「旅行の時はこの動きやすいパンツがいいの。飛行機の中で楽
だし、ネイビーとベージュの二着あれば、どんな服にも合うか
ら便利。とにかく旅行では、このパンツを基準にして、持って
いく服を選ぶといいのよ。パンツに合う靴、パンツに合うブラ
ウス、パンツに合うジャケットというようにね」

　そうなのだ。母から教わった知恵というか、服でもインテリ
アでも、何かを揃える時のコツがここにある。

　自分が気に入った「これ」というものを起点にして、それに
合わせて他のものを選んでいく方法だ。そうすると、あまり悩
まなくて済むし、旅では、とにかく持っていくものが増えずに
助かるのだ。

　僕は母に手紙を書いた。

「お母さん、この前はありがとう。まさかニューヨークでお餅
を焼いて食べられるとは思わなかったです。おいしかったです。
おかげで風邪は治って熱も下がりました。けれどもあの日、お
母さんはどこに泊まったのですか？　友だちのところですか？
いつもの旅スタイルをしていたので、きっとニューヨークを楽
しんだと思っています。いつもの『Let's』で。ではまた……」

WOMEN EZYアンクルパンツ

きちんと快適に

　すっきり美脚なのにラクに穿けるEZYアンクルパンツです。新たに開発した、厚さのある生地を採用。季節を問わずながく着用していただけるようになりました。

　ウエストゴムは、パンツの生地に色を合わせているだけのように見えますが、ゴム自体に生地の糸を一緒に織り込んでいるので自然な統一感だけでなく高級感もあります。また、ゴムにカーブをつけて女性の身体のラインにほどよくフィットするように工夫。何度も試作を繰り返して生まれた自慢のディテールです。

万能パンツとして

　お尻部分のもたつきを解消して後ろ姿もきれいに、前後のバランスも修正してより美脚に見えるシルエットに生まれ変わりました。股部分も立体的にしてストレスフリーな穿き心地。ベーシックからアクセントまで色柄豊富な展開も魅力です。

　ブラウスにパンプスで通勤に使用したり、定番のスーピマコットンTシャツとスニーカーを合わせて肩ひじ張らないスタイルなど幅広くコーディネートできるのが一番の魅力。すっきりシルエットと上品な素材感はどんなトップスとも相性抜群です。

090

目の前のことを受け入れること。

青い羽の蝶

　休日の朝、家族三人でブロンクス動物園へと出かけた。

　僕はいつものデニムに白いシャツを着て、カーディガンのように軽い、薄手のジャケットを羽織った。初夏のニューヨークは心地よいあたたかさに満ちていた。

　ブロンクス動物園は、世界で四番目に大きい動物園として知られている。アシャのお気に入りは、特設されたバタフライガーデンという、世界の珍しい蝶が放たれている施設だ。

　大きくて、美しくて、ふわふわと自由に飛び回る蝶という存在は、自分のクリエーティブの原点だとアシャは僕に話した。

「蝶のようにゆったりと、そしてやさしく自由に空を舞うように人生を歩むってすてきよね。私は蝶のようでありたいの」

　娘のニコの目の前を青い羽をした蝶が何かを誘うようにしてふわふわと飛んでいた。

　ニコは蝶に導かれるように先へと歩いた。その方向には池があった。

「あ、そっちに行っては危ないからだめだよ」と僕が言うと「いいじゃない。蝶とニコが行きたいところへついていきましょうよ」とアシャは言った。

　青い羽の蝶はバタフライガーデンを案内するかのようにニコの前をさらに飛んでいった。

「うん、そうだね」

こんなふうにアシャは、起きたことを素直に受け入れ、その時の自分の直感を信じて生きてきた。

「もちろん良い時も、良くなかった時もある。けれども、ひとつも失敗はないし、すべて学びになってる。否定したり、拒否したりするのは簡単。でも私は、できるだけ受け入れたいの。目の前で起きていることを……」

　なかなか自分ではそうできない僕は、そんな純粋なアシャが大好きだった。

　アシャは『ナルニア国物語』という本をいつも手元に置いて読んでいた。小さい頃、お母さんがよく読み聞かせをしてくれた本だという。今はその本を、自分がしてもらっていたように、娘のニコに読んで聞かせるのだった。

「『ライオンと魔女と衣装だんす』というストーリーがあってね、四人のきょうだいがナルニア国に着いた時、小鳥が四人を誘導するように目の前を飛んでいくシーンがあるの。きょうだいは直感的にその小鳥の行くほうに歩くんだけど、きょうだいの一人のエドマンドだけが、そんな鳥についていくのはダメだと反対するの。でもね、最終的にはその小鳥についていったおかげで、たくさんの出会いやすばらしいことが起きたのよ」

　僕はアシャがいつか話してくれたそんな言葉を思い出し、蝶についていくニコを見守った。

　すると、バタフライガーデンの少し開けた場所のベンチに座っている女性の肩に、青い羽の蝶は羽を休ませるようにして止まった。

「蝶がここに止まったよ！」とニコが笑顔で言った。

奇跡の再会

　ジャケットとシャツのすき間を、夏のそよ風が通り抜けていく。

「そのジャケットいいね。ほんとに気に入っているのね。いつも着ているし」と隣を歩くアシャは言った。

バタフライガーデンの蝶が舞う小道は、ほんとうに夢見る気分に浸れるすばらしい場所だ。

僕らを誘うように飛んでいった青い羽の蝶は、ベンチに座る女性の肩に止まっていた。

ニコが蝶に顔を近づけて、じっと見ていると、女性が気づいて、ぱっとこちらを振り返った。そして「こんにちは」とニコに挨拶をした。

「こんにちは。肩に蝶々が止まっているの」とニコが言うと、「あらまあ、なんてきれいな蝶々なんでしょう」と言った。すると、蝶はまたふわりと浮き上がって、どこかに飛んで消えていった。

僕らがニコのもとに歩み寄ると、「こんにちは。いい日ですね」と、女性は僕らにも挨拶をしてくれた。女性は五十代くらいで、品のよい真っ白なブラウスにロングスカートを穿き、首には鮮やかな青いスカーフを巻いていた。

「あら、あなた……。飛行機で一緒だった、あなたじゃない？

まあ、なんてすてきなんでしょう。またお会いできるなんて！」

　女性はアシャの顔を見て言った。

「まあ、嬉しい。なんて不思議なの？　またお会いできるなんて！」とアシャは驚いた。

　アシャと女性は嬉しそうにハグをして、再会を喜びあった。

「あの後、私、あなたにどうしても、もう一度会いたいと思っていたのよ。けれども、連絡先を聞かなかったのであきらめかけていたの。だから、ほんとうに嬉しいわ」

　女性の名はヘイリーと言い、シアトルでアパレル事業を営んでいて、どうやら仕事で訪れたパリからニューヨークへの飛行機で、隣に座ったアシャと出会ったらしい。

「実は、私もヘイリーさんのことをずっと考えていたんです。でもこうして偶然お会いできるなんてほんとうに奇跡のよう。びっくりです……。青い蝶が引き合わせてくれたみたい……」

「私ね、あなたが飛行機の窓から空をずっと見つめながら話してくれた、これからの未来に向けた、あなたの夢が頭から離れなかったのよ」

　ヘイリーさんは、アシャの手を握り、「あなたが私を救ってくれたのよ……」と言った。

　ふと見上げると、さっきの青い蝶が高いところを舞うようにふわふわと飛んでいた。よく見ると、蝶の羽の色は、僕の着ているジャケットの色と同じだった。

MEN ドライライトウェイトジャケット

カジュアルなジャケット

薄手なのにきちんときまる、ドライライトウェイトジャケットです。生地は軽くて着心地のよい、ストレッチ素材を使用。汗が乾きやすいドライ機能をプラスしているので、Tシャツや半袖シャツの上からサラッと羽織っても快適です。

デザインとフィットを一新。これまでのテーラードジャケット型から、よりカジュアルな着こなしやスタイリングを楽しめるシルエットに生まれ変わりました。ワークジャケットのディテールを参考にしたポケットの形状やダブルステッチの仕様など、こなれたデザインがポイントです。

大活躍の一着

リラックスシルエットが特徴ですが、ジャケットとしての品位を損なわないように何度もフィッティングを重ねたベストバランスが自慢です。ゆとりあるデニムと合わせた上品なカジュアルスタイルや、同色のパンツを選んでセットアップ、夏はショートパンツと合わせるのもおすすめです。

カーディガンやシャツの代わりに取り入れてみるのもアリ。休日のお出かけはもちろん、旅先での着用など、いろんなシーンでコーディネートを格上げしてくれるLifeWearです。

091

あなたはどんな夢を持っているの?

ヘイリーさんの手

　出会いというのは不思議なもので、求めてできることではなく、いつだって自分の心が素直さに満ちて、やさしい気持ちでいる時に、前触れなく、花びらが一枚、目の前を舞うようにやってくる。それこそ奇跡のように。

　パリからニューヨークへと飛び立った飛行機で、ふたりは隣同士に座った。

　ヘイリーさんは体調を崩していたようで、席に座った途端にブランケットで身体を包み、目を閉じていた。窓側に座ったアシャは、お母さんを亡くしたばかりで、途方もない悲しみに暮れて、静かに窓の外を見つめていた。

　アシャはなぜかヘイリーさんのことが気になって仕方がなかった。ヘイリーさんから香る匂い、それはどこか懐かしい石鹸の匂いのような、アシャにとって心地良い匂いだったことと、隣に座っているだけで、不思議な安心感があったからだ。

　離陸して二時間ほど経った頃だろうか、飛行機が大きく揺れた時、隣にいるヘイリーさんが座席の肘置きを手でぐっと摑んだのがわかった。そして、何回かため息をつき、閉じたまぶたに力を込めていた。

　アシャは自分も飛行機の揺れが苦手なので、隣に座ったヘイリーさんが大きな揺れのたびにそうしてしまうのはよくわかっていた。

　何度か大きな揺れが続いた後、急降下するように機体がガクっと落ちた時、ヘイリーさんの口から「キャッ」と小さな声が出た。その時、アシャはとっさにヘイリーさんの手を握った。機体は上がったり下がったりを繰り返し、揺れはひとつも収まらなかった。

「ありがとう……」とヘイリーさんはアシャに言った。飛行機が揺れている間、ふたりはしっかりと手を握り合った。

　どのくらい時間が経ったのかわからないが、飛行機の揺れが無くなり、アシャとヘイリーさんは、どちらからともなく、握りあった手をゆっくりと離した。

「ほんとうにありがとうございました。あなたが手を握ってくれたおかげで気持ちが安まりました……」とヘイリーさんは言った。

「いいえ、私も揺れるのが苦手なんです。自分が怖くて思わずあなたの手を握ってしまいました。こちらこそありがとうございました……」

　アシャが恥ずかしそうに笑うと、ヘイリーさんもはじめて笑顔を見せた。

　ヘイリーさんは自分の着ていた水色のカーディガンを脱いで、きれいに畳み、それを枕のように頭のあたりに置いて、アシャのほうに顔を向けて、「もう一度手をつないでもらっていいか

しら」と言った。

「はい。実は私もそうしたかったんです」アシャはヘイリーさんの手を握った。ヘイリーさんの手は小さくて、細くて、けれども、ぬくもりがあった。

「どうしてニューヨークに？」

ヘイリーさんはアシャに聞いた。

水色のカーディガン

飛行機は、さっきまでの揺れが嘘のようにおだやかに飛行を続けていた。

「わかります。私もよくそうやってカーディガンを畳んで枕みたいにします。落ち着きますよね」とアシャは笑った。

「そうなの。こういう薄手のカーディガンってさわり心地もいいから、こうして枕にして顔を置くと安心するのよ。飛行機はほんとうに苦手だわ」とヘイリーさんは言って目をつむった。

「どうしてニューヨークへ？」ともう一度アシャに聞いた。

アシャは僕とのこと、パリに学びに行ったこと、そして家族のこと、母のことを淡々と物語の読み聞かせのように話した。その間、ヘイリーさんはずっと目を閉じて、アシャの話を静かに聞いていた。

「あなたと手をつなぎながら、あなたの話を聞いていたら、子どもの頃、同じように自分の妹と、いつまでもこうしておしゃべりしていたことを思い出すわ……」とヘイリーさんは言った。

ヘイリーさんはコップの水を一口飲み、「あなたはどんな夢を持っているの？」とアシャに聞いた。

「私、たくさん夢があったんです……。ほんとうにたくさんの夢が……。たしかにそれは自分の夢でした。けれども、私、そういういろいろな願望を、夢だと思っている以上、叶わないような気がしてならないんです。なので、今は夢という言葉がど

うもしっくりこないんです。絶対にそうしてみせる。夢で終わらせない。こうなればいいなと思っているだけで満足しないで、望むことは必ずできるんだと信じるようにしているんです。夢を語るなら、『Just Do it!』って言葉があるけれど、まさにそれ。私にとっての夢は、私のリアルな未来なんです」

　アシャは自分でも何を言っているかわからなくなりながらも、これからの人生に対してこうやって歩んでいくんだという決意のような考えをヘイリーさんに話した。

「私は、とにかく自分が一番得意なことを、思い切りこの世界にぶつけたい。自分が大切な人を思い切り愛したい。照れずに、恥ずかしがらずに思い切りそうする。ただそれだけを精一杯やる」

　アシャは窓から見える空の景色を見つめながら言った。

「実は私、パリでたくさんの悲しい思いをして、ニューヨークに行くのよ。悲しさの理由は、自分の夢を誰かが叶えてくれると勘違いしていた自分がいたからよ、きっと。夢があれば生きていけると思ってたの。けれども、何ひとつ思い切りできない弱い自分がいたの……」ヘイリーさんはそう言って、枕にしたカーディガンに顔をうずめた。

　アシャはヘイリーさんの手をぎゅっと握って、「Just Do it……」とつぶやいた。

　アシャは隣に座ったヘイリーさんのいい匂いが心地よくて仕方がなかった。そして今日はじめて会った人とは思えない親しみが湧いていた。

　ニューヨークに着き、別れた後も、ヘイリーさんの水色のカーディガンがいつまでも記憶に残っていた。

WOMEN UVカットスーピマコットンVネック カーディガン

こだわりが満載

　なめらかな肌ざわりと美しい風合いが自慢のUVカットスーピマコットンVネックカーディガンです。素材に使用しているスーピマコットンは、世界の綿の中でたった1%しか採れない希少な天然素材。特長である絹のような光沢としなやかさを活かしながら適度な肉感を実現するため、あらゆる工程に徹底的にこだわって開発しました。

　さらに、UVカットとマシンウォッシャブルの機能も追加。LifeWearとしての実用性とファッション性、お客様の日々の暮らしに寄り添えるカーディガンを目指しました。

女性らしさを大切に

　女性らしい繊細なシルエットかつ、着やすさを追求した立体的なパターンが特徴です。中でもアームホールと袖山には気をつかいました。また、ベーシックでありながらトレンドも意識したネックラインは、何度も修正を重ねて完成した絶妙なデザインです。

　ハイライズボトムにはカジュアルにタックインしてセーター感覚で、ウォッシュドデニムやリラックスドレスに羽織ってカジュアルに。きれい目なパンツに合わせてオフィスウェアとして。旅先で肌寒い時は肩がけなど、常に身近にある存在としてお役に立てるはずです。

092

ニューヨークに着いたら、まずは
パジャマを買うわ。

ヘイリーさんのパリ

　人生とは、晴れの日だけでなく、雨の日も、どしゃぶりの日も、寒い日もある。そしてまた、雨の日やどしゃぶりの日や寒い日にだって、晴れの日に負けない美しさがある。どんなに悲しい日にでも、明日という希望がある。

　アシャは幼い頃に、父親から聞かされたこんな話を、パリからニューヨークへと向かう飛行機で、隣に座ったヘイリーさんに話した。

　長いフライト中、ヘイリーさんはアシャに自分のことをポツリポツリと話した。

　有名な女性雑誌の編集者だった頃、パリに暮らす一人の作家にラブレターを書いた。すると、作家からすぐに返事が届き、ヘイリーさんの聡明な文章を褒め、あなたは編集者よりも作家になるべきだと勧められ、パリに呼ばれた。夢を抱いてパリに移ったヘイリーさんは、作家とすぐに恋仲となり、ふたりで暮らすようになった。それが五年前のこと。

　ヘイリーさんは、女性に必要な成功術を、ストーリー仕立てにした本を書いた。するとそれが世界的ベストセラーとなった。

　アシャはその本のタイトルを聞き、自分も読者の一人だとわかった。そんな有名な本の作家が、今、自分の隣に座っていて、こうして話をしていることが不思議で仕方がなかった。

　ヘイリーさんは話を続けた。自分の書いた本がベストセラー

　になったことで、収入が増え、有名になり、暮らしが変わった。いつしか抱いていた夢を忘れ、自分は特別な人間だと勘違いし、うぬぼれるようになった。どんな仕事もお金になると思って引き受けた。二冊目の本を出版したところ、ほとんど売れなかった。三冊目の本はもっと売れなかった。ヘイリーさんは、自分が世間から飽きられてしまったことに気がついた。すでに、自分のことを作家と呼ぶ人は誰もいなかった。

　ヘイリーさんは自分が何のために仕事をしてきたかと自問した。そして、作家になるという夢よりも、有名になりたい、お金が欲しいという気持ちが強かった自分を恥じた。しかし、時遅く、自分の華やかな暮らしから生まれたバッシングや、世間から貼られたレッテルをはがすことはできなかった。恋人の作家も去っていった。そうしてパリに別れを告げ、ニューヨークに帰ることにしたという。

　アシャは、ヘイリーさんのパリでの出来事を聞き、自分の五

年間と重ね合わせた。そして、仕事とは何か。夢とは何か。一番大切なことは何かとあらためて自問し、自分が感じるその断片を、ヘイリーさんに話し始めた。

ご褒美パジャマ

アシャは、自分が過ごしたパリでの日々に思いを馳せた。
「私もパリという場所に夢を抱いた一人でした。パリが私の夢を叶えてくれると思いこんでいたんです。けれども、それは大きな間違いでした。服の勉強のためにやってきましたが、人間関係や環境の変化に悩み、仕事も思うようにいかず、毎日毎日、もうやめてニューヨークに帰ろうかと思っていたんです。そんな時、私をパリに連れてきてくれた恩人がこんなふうに諭してくれたんです。『チャンスやラッキーというのは、求めたり、待っていても一生やってこないのよ。チャンスやラッキーというのは、いつだって試練や困難の先にあるもの。試練や困難を乗り越えた人にこそ与えられるの。だから今、自分が苦しいのなら、その先には必ずチャンスがある、と思って頑張るのよ』と。その時から私はこう思うようになりました。これからはチャンスやラッキーは自分から取りに行く。それは試練や困難を避けずに挑むってことってね。そう思ったら、なんだか楽しくなってきたんです。仕事も日々の暮らしも。だって、この試練の先にはチャンスが待っているんですから……」
アシャはヘイリーさんの目をじっと見つめて話した。
「そうね。あなたの言う通り。私は試練と困難から逃げてばかりいたわ。だから、チャンスもラッキーも離れていってしまったのよ、きっと」
「でも、ヘイリーさんはニューヨークに帰って、これから心機一転、再スタートできますよ。これも父が私に話してくれたことですが、何度でもやり直せばいいんだと。何度やり直しても

いい。振り出しに戻ることは、いいことなんだと」

「そうなの？　本当？」とヘイリーさんは言った。

「はい。何度でもやり直す。その先にもチャンスやラッキーは
あるんですよ、きっと。私ね、苦しい時に自分にプレゼントす
るんです。何だと思います？　パジャマです。今日一日よく頑
張ったというご褒美。新しいパジャマを着て眠るって、とって
もしあわせな気持ちになるんですよ。ぜひ、ヘイリーさんも試
してみてください。実は私パジャマを何着も持っているんです
よ。彼とお揃いのもあるわ……」

　アシャが笑いながら話すと、ヘイリーさんも笑った。

「私、ニューヨークに着いたら、まずはパジャマを買うわ。そ
れと、試練と困難の先にチャンスがあるって、私も信じる。あ
とは、何度でもやり直す。このふたつの大切なことを忘れずに
頑張るわ。ありがとう」

　ヘイリーさんはそう言って、アシャにハグをした。

　窓にはニューヨークの摩天楼が広がっていた。

WOMEN パジャマ

極上の着心地

肌にサラリと心地よく、リラックス感たっぷりのパジャマです。生地は、清涼感がある素材を使用。リラックスタイムや睡眠タイムに極上の着心地を約束します。

すっきりと見せるシルエットながらも、身体の動きがある部分には適度なゆとりを持たせた独特のフィット、なるべく肌に縫い目が当たらないように考え抜いたステッチワークも自慢です。

オンでもオフでも

スリープウエアとしての快適性と、コーディネートウエアとしてのファッション性を両立したデザインが魅力です。さらにボタニカルやドット、ギンガムチェックやストライプなど、トレンドを意識した色柄を豊富にご用意。

セットアップで着用すればご自宅での楽しいリラックスタイムを、シャツ感覚でボトムスをEZYシリーズやウルトラストレッチ系パンツに穿きかえれば、そのまま外出も可能です。旅先へのお供としてもオススメしたいLifeWearです。

093

ジャックは目をキラキラと輝かせた。

ジャックのシャツ

　ブロンクス動物園での、不思議な再会を喜んだアシャとヘイリーさん。ふたりは連絡先を教えあい、あらためて会う約束をした。

「ヘイリーさんは私と仕事をしたいって言ってくれた。ずっと忘れずに憶えていてくれたのが嬉しいわ……。編集者だった経験を活かして、アーティストのマネージメントをしたいんですって。私の作る服を一度見てもらって、これからのことを一緒に考えてもらおうと思うの」

「よかったね。アシャが服を作ることに専念できて、ヘイリーさんが広めてくれるんだったら、そんな嬉しいことはない。感謝だね」

　アシャは「うん。ほんとうに感謝……」とうなずいた。

　こんなふうに、時が過ぎても、磁石のように引き寄せあう人と人の不思議な関係がある。それを感じた時は、思い切って何かを始めたほうがいい。

「そういえば、ジャックから久しぶりに連絡があったんだ。大きな仕事があるのでちょっと手伝って欲しいんだって。アシャがそうだったように、こんなふうに自分を思い出してくれるってほんとに嬉しいな。ジャックとまた会えるっていうだけで最高だ」

　しばらく会っていなかったジャックと再び一緒に仕事ができ

るのはほんとうに嬉しいことだった。僕にとって彼こそ磁力を
感じる人だった。

　数日後、僕とジャックは、イーストヴィレッジの老舗コーヒ
ースタンドで待ち合わせをした。ジャックは、ここ数年間、ニ
ューヨークを離れ、ポートランドでブックハンターの仕事をして
いた。

「久しぶりだね。元気そうでなによりだ。しかし、ニューヨー
クは何もかもせわしいね。みんな歩くの速すぎだよ。歩いてい
ても、どんどん人に追い抜かれていくよ」

　生粋のニューヨーカーだったジャックだが、今ではすっかり
ポートランドのゆったりしたライフスタイルが身についていた。

「実はポートランドにある、老舗の書店から仕事を依頼された
んだ。僕らが最も得意とする、希少本のコーナーを店内に作り
たいらしい。その品揃えとセレクト、空間作りをやってくれと。
まあ、喜んで引き受けたんだけど、ポートランドに、なかなか
いいパートナーがいなくてさ。単に値段の高い古い本を集める
のではなく、自分のセンスで見つけた本を集めたいんだ。そこ
で君を思い出したんだ。どう思う？」

　ジャックは、ドーナツを四分の一に手でちぎって口に放り込
み、コーヒーを一口飲んだ。彼のこのスタイルはひとつも変わ
っていなかった。

「ところで、相変わらずトラッドな服を着てるんだね。シアサ
ッカーのシャツか。若い頃、夏といえば、毎日シアサッカーの
シャツが好きでよく着ていたよ」とジャックは言った。

「ジャック、これは君が僕にくれたシャツだよ。忘れたのか
い？　君がアパートに残した服だよ」

「え！　そうだったか。どこかで見たことあるシャツだなと思
ったんだ。なるほど、そうか。君はまだ僕の服を持っていてく
れてるのか。それはよかった……。実は着替えがなくて困って
いるんだ。服を少し調達させてもらっていいかな」

ジャックは僕の着ているシアサッカーのシャツをしげしげと見て「うん、いいシャツだ」と何度もうなずいて「ニューヨークってボタンダウンが似合うな」と言った。

ジャックの夢

　アメリカンクラシックとも言える、トラディショナルな服の着こなしはジャックから教わった。
「いいかい。きれいで清潔感のある服を、カジュアルに着崩すんだ。自分でアイロンをぴしっとかけたシャツを、Tシャツとショートパンツのスタイルに、ボタンを外してジャケットのように着るとかね。必ず袖はまくる……」
「どんなスタイルでも、靴には気を使うといい。靴にはその人の暮らし方が表れるんだ。クルマのホイールと一緒だよ。クルマっていうのは、ホイールがピカピカだと大事に乗っているのがわかるし、どんなクルマでもすてきに見える。ホイールが傷だらけだったりオイルで汚れていると、どんなにいいクルマでも、いいクルマに見えないんだ。それと一緒。だから靴は大事……」
「カジュアルなパンツは、とにかくロールアップするといい。足首がほんの少し見えるくらいがすっきりしていいんだ。ショートパンツでも僕はロールアップする。だから、カジュアルパンツは少し大きめのサイズを選ぶといい……」
　こんなふうに僕は、ジャック直伝のアメリカンクラシックを会得していった。
「で、どうだい？　仕事のためにしばらくポートランドに来ないかい？　暮らすところはいくらでもあるから心配しなくてもいい。一カ月くらいでいいと思う。アシャとニコも一緒で」
「今、ロサンゼルスやサンフランシスコのクリエーターやアーティストが、どんどんポートランドに移住しているんだ。家賃

も安くて広いからね。とにかく住みやすいよ。きっと気にいると思う」

　ジャックは僕ら家族をポートランドに誘った。

「これはまだ僕のアイデアだけど、希少本ルームは、店というよりも、あたかも家のリビングのようなインテリアにしたいんだ。クラシックなね。壁一面に本棚があって、大きなソファがあって、そこでは最高においしいコーヒーや紅茶があって、ゆっくりと本を楽しめるというような……一時間十ドルの入場料をもらうんだ。で、本を購入してくれた人には、本の代金から十ドルは引いてあげる、とか……」

　ジャックは、いつかこんな本屋をという夢のかたちを、そこで実現させようとしていた。

「すごくいい。本を売るだけでなく、その場所での心地よい体験、時間を売るってことだね。本が買えないとしても、一時間、店の人からもてなしを受けながらセレクトされた本の品揃えを学べたり、希少な本をゆっくりと楽しむだけでも価値はあると思う。作り上げるのは、本を愛する人のためのパラダイスだね」

「うん、そのとおり。僕はインターネットで体験できない豊かな時間を生み出したいんだ。ぜひ君に手伝ってほしい。君がいないと、きっとこれはできないんだ」

　ジャックはドーナツをもうひとつ口に放り込んで、コーヒーをごくりと飲んで僕の肩に手を回し、「やっぱりシアサッカーは気持ちいいな」と言った。

　ジャックは目をキラキラと輝かせていた。

MEN ドライシアサッカーシャツ

夏を涼しく

　夏のカジュアルスタイルにぴったりなドライシアサッカーシャツです。素材をアップデート。生地に凹凸を入れて肌に当たる部分を減らし、さらりとした肌ざわりを追求。ふっくらと軽やかに、爽やかな着心地を実現しました。

　さらに汗をかいても乾きやすいドライ機能をプラス。お洗濯後の乾きが速いのも魅力です。そしてチェック、ストライプなどトラディショナルな柄バリエーションを豊富にご用意。夏の着こなしの幅を広げてくれるLifeWearです。

夏の日常着

　シルエットはトレンドを加味したリラックスフィット。着る人を選ばないサイズバランスが自慢です。ショートパンツと合わせて夏のリラックスウェアとして、リネンパンツをロールアップしてカジュアルスタイルを楽しむのもおすすめです。

　ボタンダウン仕様の小さめ襟のデザインは、クールビズにもお使いいただけます。ご親族の記念日や父の日のギフトにも是非。洗いざらしをさらりと羽織って涼しく過ごす。夏の日常着としてワードローブに加えたい1着です。

094

ジェーンは右手を差し出した。

ポートランドの朝

　朝起きると、アシャからのメールで、自分がもうすぐ三十五歳を迎えることに気がついた。まったくもって自分の誕生日を忘れていたのだ。そうか、三十五歳か……と思った。三十五歳の自分は、日本を離れ、今アメリカのポートランドにいる。

　ふと、自分にとってこの十年とは何だったのかと考えた。

　あてもなくアメリカにやってきて、書籍商という仕事を覚え、日本とアメリカを行き来し、アシャと結婚し、一人娘を授かった。

　ポートランドの空はとびきり青かった。その空をぼんやりと眺めていたら、十年は濃厚な時間だったとしみじみ思えた。何を成し遂げたわけではないが、自分を褒めてやりたい。まあまあ、よくやってきたなと。

　たしかにいろいろなことがあった。いろいろあったけれど、それはこれから生きていくための基礎体力作りのようなもので、今わかっているのは人生とはこれからということ。

　やっとスタート地点に立った。いや、立てたような気がする自分がここにいる。自分には、時間とアイデアと体力がたっぷりとある。愛する家族もいる。「何かがやれる。やり遂げられる」僕の心はそんな根拠のない自信で満ちていた。

　今日はランチタイムにジャックとピザ屋で待ち合わせをしていた。それまでポートランドのダウンタウンを少し歩こう。

街は緑が多く、歩道は清潔だった。朝早くからオープンしていたカフェでラテを買い、窓際の椅子に腰を下ろした。テーブルの上には誰かが忘れていったのか、チャールズ・ディケンズの『OUR MUTUAL FRIEND（互いの友)』が置いてあった。

　なにげなく手に取り、ぱらぱらとめくっていくと、あるページの角が大きく折られていて、そこに書かれた一節に薄い鉛筆で線が引いてあった。

「世の中には役に立たない人間なんて一人もいないんだ。誰もが他の人の重い荷を軽くしているんだ」

　僕はその一節が自分の心の琴線に触れるのを感じた。

　三十五歳を迎えようとしている今、自分にとって、ディケンズの書いたこの言葉は、何を暗示しているのだろう。何を気づかせようとしているのだろう。このタイミングで、こんな不思議なことが起きるのかと僕は驚いた。

　どんな仕事であっても、必ずどこか誰かの重い荷を軽くしている。困っている人を助けている。仕事とはそのためにある。僕はそんなふうに解釈した。なんてすばらしい言葉なのだろう。ああ、僕はこの言葉と出会うためにポートランドに来たような気さえした。

　一人で深く感動し、本を閉じ、テーブルに置くと、一人の女性が何かを探している様子でテーブルにやってきた。

「あ、やっぱりそこに置き忘れていたんだわ。ありがとう！うっかり忘れてしまって……」と女性は微笑みながら言った。

書店員のジェーン

　女性は肩をすくめて申し訳なさそうにして、テーブルから本を手に取り、コットンのトートバッグにしまった。

「いい本ですね」と声をかけると、「ありがとう……」と女性は言った。

「少しだけ読ませてもらったんです。なんだかとっても元気を
もらいました」と僕が言うと、「ディケンズは『クリスマス・
キャロル』が有名だけど、これもいい本よ。おすすめします」
と女性は言った。
「ちょっとここに座っていいですか？　忘れ物を探すついでに、
ボーイフレンドと待ち合わせしたんです」
　女性はジェーンと名乗った。真っ白なブラウスを着て、ゆっ
たりとしたチノパンを穿いていた。とてもシンプルだけど、上
質さを感じさせる着こなしが、ポートランドという街に似合っ
ていた。
「ポートランドは旅行ですか？」とジェーンが聞いたので、
「ニューヨークから友人に会うために来たんです。もしかした
らポートランドで仕事をするかもしれません」と答えた。
「仕事？」

「はい、書籍商なので本屋の手伝いを」

「ちょっと待って。私は書店員よ。本屋で働いているの、すぐそこにある大きな本屋よ。あなた日本人よね」

ジェーンは嬉しそうにひとしきり笑ってから、「なんて偶然なのかしら！　もう少しするとあなたの友だちがここに来るわよ。私のボーイフレンドの」と言った。

「ジャックのこと？」と僕が聞くと「そう、もうすぐ来るわ。あなたたち今日の昼に待ち合わせしてるんでしょ。あなたのことはジャックからよく聞いているわ。ニューヨークで活躍していることも。もう一度、挨拶させて。はじめまして。ジェーンです」

ジェーンは右手を差し出した。

「はじめまして！　こんなことってあるんですね。朝、カフェで一冊の本に出会って、そこにあった言葉の一節に感動していたら、その本が、親友のジャックのガールフレンドの持ち物だったなんて……。いやあ、世界が狭く感じました」と僕は笑った。

「ようこそ、ポートランドへ。この街はそんなミラクルがたくさん起きる街よ」とジェーンは微笑んだ。

「あなたたちのプロジェクトも聞いてるわ。それは私の働く本屋のプロジェクトなのよ。ジャックとあなたが作る本屋を、この街のみんなが楽しみにしているのよ」

彼女の言う「この街のみんなが」という言葉と、あのディケンズの一節が、僕の中で重なり合った。

窓から差し込む朝の光に包まれたジェーンのブラウスが、きらきらとまぶしく見えた。

WOMEN ドレープブラウス

美しいベーシック

しなやかな素材感が生み出すドレープが魅力のドレープブラウスです。生地は薄くてやわらかいレーヨンブレンドを採用。ポイントは、フロントから見たらプレーンなTシャツ型、バックにはプリーツが入っているところ。シルエットはソフトで丸みのある印象に仕上げました。

どなたでも着こなしやすいシンプルベーシックにこだわりながらも、ふわりと揺れる軽やかさとクリーンさで、女性を美しく見せることを目指したデザインが自慢です。

女子力を後押し

きれいに見えるデザインと、さりげなく体型をカバーできるシルエット。両方を兼ね備えたブラウスは他になかなかありません。さらにドライ機能とイージーケアもプラス。忙しい毎日を軽やかに過ごしたい女性にぴったりのアイテムです。

ベーシックカラーに加え華やかなパステルカラーも多数ご用意。オフィスカジュアルはもちろん、清潔感あるタウンユース。そして旅先へのお供にもおすすめしたいLifeWearです。

095

仕事はもっと楽しくなる。

キャサリンのドーナツ

ポートランドを訪れて一週間が過ぎた。

僕のためにジャックが用意してくれた家は、ダウンタウンから車で十五分ほど離れた閑静な住宅地にあった。リビングとベッドルームがふたつあるだけの、こぢんまりした平屋の住宅だった。

この家が気に入ったのは、隣に自家製パンを焼くカフェがあったことだ。ここで僕は、毎朝朝食をとり、のんびりとくつろいだ。店主は、キャサリンという名の三十代の女性だった。三日目から言葉を交わすようになり、僕らはすぐに仲良くなった。

ある朝、客の少ない時、僕とキャサリンは一緒にコーヒーを飲みながら、互いの仕事のことや、これまでの歩みを語り合った。

小さなカフェを一人で切り盛りし、しかも、パンケーキやサンドイッチといったメニューがとびきりおいしくて、訪れる客に対する彼女の献身的でやさしさに満ちた態度に、僕はとても興味を抱いていた。店には、近所で一人暮らしをするお年寄りの常連もたくさんいて、その一人ひとりにいつも「何か困ったことない？」と彼女は声をかけていた。

「あなたの仕事ぶりを毎朝見ていて、ほんとうに感動しています」と言うと、彼女は嬉しそうな表情を見せてから、「いえ、私は仕事をしているだけよ」と答えた。

「仕事？」と聞くと「はい、そうです」と彼女は言った。

「私、こう思うんです。しあわせの条件って、誰かから愛されることよね。これはみんな同じ。そしてもうひとつ、仕事において、正しい目的を持って、それを精一杯、追求すること。これも人がしあわせになる大切な条件だと私は思っているの。あなたが見てくれた私の仕事という名の商売は、私なりの目的であり、きっと信念でもあるんだと思う」

　長い髪を小さく束ねて、清潔に洗われたエプロンを腰に巻き、早朝からパンを焼いて、一人ひとりの客に家族のように接している彼女の口から商売という言葉が出たのも意外だった。けれども、正しい目的を持つことが、しあわせの条件だとはっきりと言葉にした彼女に、僕は憧れを抱いた。

「正しい目的って言葉にできる？」と僕は聞いた。すると、彼女は悩むことなく、こう即答した。

「そうね。お金儲けではないことは確かで、私の商売の目的は、目の前の人の何かを、今よりもっとよくするための働き、もしくは活動とでも言うのかな。プロジェクトかもしれない。で、どうしたらもっとよくなるんだろうというアイデアの実行というのかな。うまくいかないことだらけだけど、それによって私自身の内面も成長できるわ」

「キャサリン、話してくれてありがとう……。君の店がこんな

にあたたかな場所である理由がよくわかったよ」

「あ！　そうだ。今朝ドーナツ揚げてみたのよ。あなた、初め
てここに来た日にドーナツはありますか？　って聞いたよね。
ちょっと味見してみて」

　彼女は厨房からドーナツをひとつ持ってきて、ナプキンに包
んで僕に渡した。

「おいしかったら明日も作るね！」彼女は満面の笑顔で僕に言
った。

変な習慣

　正しい目的を持ち、それを精一杯、追求すること……。

　キャサリンのこの言葉が、いつまでも僕の心の中に残った。

　僕は改めて商売の基本を考えた。どんな商売であっても、信
用関係がなければ成立はしない。前にも進まない。人と人が信
じ合うことで商売は続いていく。

　では、商売の目的とは何か。それはお金儲けの手段と思われ
がちだけど、決してそうではない。嘘のない正直さと、誠実さ
をもって、今日、人が、今より、少しでも良くなるための一所
懸命という働きが信用を生み、その感謝の表れとして対価が支
払われる。だから正しい商売とは、日々繰り返される感謝の交
流なのだ。

「私には、この小さなカフェで起きることすべてに責任がある
の。その責任を負うことが私にとってのしあわせであり、達成
感でもあると思うわ……」

　キャサリンはこんなふうにも僕に語った。

　誰しも自分なりの正しい目的があり、それによって生まれた
大なり小なりの信用関係があり、負っている責任もあるだろう。
しかし、それを自分の言葉で正しく語り抜くことができるのか
というと、決して簡単なことではない。日々、与えられた環境

の中で無意識に行っていることが多いからかもしれない。ただ
ひとつ言えるのは、キャサリンのようにしっかりと語れる人は、
日々そのことを真剣に考え続けているからこそ語れるのであっ
て、そういう人こそが成功者である。

　正しい目的を「考え続ける」ことが、商売の希望でもあり、
商売の未来を作るのだろう。

　キャサリンとの出会いは、仕事に悩む、いや、今、自分が向
き合っている書籍商という商売に悩んでいた僕にとって、大き
な恵みとなった。

　ここポートランドで、ジャックと進めるプロジェクトにおい
て、正しい目的とは何か。負うべき責任は何か。このふたつを
自分の言葉でしっかり語れるかどうかが大切だとわかった。
「どんな仕事であっても、自分の仕事が、世の中の人に影響を
与えるということを受けいれなさい。そうすれば、仕事はもっ
と楽しくなる」という父の言葉を、僕は思い出した。

　父で思い出したことがもうひとつある。

　二十歳になった頃、「おい。ちょっと裸になってみろ」と父
に言われ、戸惑っていると「早くパンツ一丁になってみろ」と
もう一度言われた。父は笑っていた。

　言われた通りパンツ一枚で父の前に立つと、「太っていても
痩せていてもいい。毎朝パンツ一丁になって、鏡の前に立って、
しげしげと自分をよく見ること。健康法のひとつだ。覚えてお
くといい」と父は言った。

　今でも毎朝、パンツ一枚になった裸の自分を鏡に映して、し
げしげと見るのが習慣となっている。

　ポートランドでもそうしている自分が可笑（おか）しくて仕方がない。

MEN エアリズム
トランクス&ボクサーブリーフ

極上の快適さ

　汗ばむ季節に、いつでもさらりと快適なエアリズムトランクス&ボクサーブリーフです。こだわり抜いたのは、身につけていることを忘れてしまうぐらいの「着心地ゼロ」感覚。薄さ、軽さ、肌面の気持ち良さを追求し続けてたどりついた自慢のアイテムです。

　生地の肌ざわりは、極上のなめらかさ。ウエストゴムは薄くて軽いものを、ステッチには肌あたりの極力少ない特殊な縫製仕様を用いています。さらに涼しい着心地を体感できる接触冷感、ストレッチ、抗菌防臭などの機能も充実。

スタイルに応じて

　トランクス、ボクサーブリーフ（前開き・前閉じ）の2種類に無地、柄など豊富なカラーバリエーションを展開しています。股上浅め&股下短めのローライズは、タイト目なパンツでもももたつかずすっきりと。

　通常のエアリズムよりさらに2倍の通気性が自慢のメッシュタイプは、アウトドアやスポーツ、暑さの厳しいシーンに最適です。

096

勝利の女神がついている。

運を味方につけよう

　ジェーンは、ポートランドの朝のまぶしい光に目を細めながら、「ジャックはそろそろ来るわ……」と言った。

　ポートランドのカフェは、サロンのように客同士のつながりがあり、家庭的であたたかな雰囲気に満ちていた。

「おまたせ！　ジェーン」という懐かしい声が聞こえたので後ろを振り向くと、ジャックが立っていた。

　僕が「やあ」と手を上げると、「なんてこった！」とジャックは驚いて、僕を両手で引き寄せてハグをした。偶然ジェーンと会った経緯を話すと、「世界が狭いのか、街が狭いのか、すごいなあ」とジャックは大笑いした。

「あのさ、ふたりに話したいことがあるんだけどいいかな？」

　カウンターでコーヒーを買ってきたジャックは、なんだか秘密の告白をするかのように僕とジェーンに語りかけた。

「昨夜すごくいい話を聞いてさ、誰かに話したくて仕方がないんだ」

「どんな話？」とジェーンが聞いた。

「いや、とりとめもない話なんだけどさ。昨日、僕が尊敬している経営者に会ったんだ。ポートランドで成功している一人なんだけど、どうしてあなたは成功できたんですか？　って僕は聞いたんだよ。そしたら、彼はこう言うんだ。運だよ、と。みんな仕事を一所懸命やっている。けれども、どこで差がつくか

というと、最後は運だと思うと……」

「なるほどね。運……」とジェーンは言った。

「そう、運。で、僕はさらに聞いたんだ。では、その運を味方につけるにはどうしたらいいか？　ってね。そうしたら彼はこう言ったんだ。顔、そして目だと。おもしろいだろ？」

「顔？　目？」と僕は聞いた。

「うん、どんなにつらいことや大変なことがあっても、暗い顔をしていてはダメ。いつも元気で明るい顔を作って仕事をする。そういう人の目はいつでもキラキラしている。そんなふうに目の輝きのある人に、勝利の女神は微笑むんだって」

　ジャックは話を続けた。

「で、僕は、いい顔ってどんな顔ですか？　って聞いたんだ」

「その人が言うには、一番いい顔っていうのは、生まれたばかりの赤ん坊の顔なんだって。ありのままで嘘のない、そのまん

まの顔。彼は僕にこう言ったよ。生まれたばかりの自分を思い
出して、そういう顔してごらん。赤ん坊の時の笑顔を思い出し
て仕事をやってごらん。そうしたら、運が自分にきっと味方し
てくれるぞと。な、すごいいい話だと思わないかい？　生まれ
たばかりの頃の自分の顔を思い出してやってみるっていうのが、
僕はなんてすてきなことだろうと感動したんだ……」

　ジャックは興奮しながら、「だから、僕もこれからは、でき
るだけいい顔を作って生きようと思ったわけさ。運を味方につ
けるために」と言った。

「あなたは充分いい顔をしているし、目もキラキラと輝いてる
わ」

　ジェーンはこう言ってジャックを抱きしめた。

おしゃれの秘密

　ジャックは、嬉しそうな顔をしてコーヒーを一口飲んで、窓
から見えるよく晴れた青い空を見上げていた。

「もちろん能力や努力も大事なんだけど、最後のひと押しは、
運なんだろうな……」

「あなたには勝利の女神がついているわ。なぜなら、あなたは
素直ですもの。昨夜聞いた話をこんなに感動して話すあなたは
すてきよ」とジェーンは言った。

　ジャックは、洗いたての白いポロシャツの下にTシャツを着
て、丈の短いコットンのチノパンを穿いていた。そして、いつ
ものようにベルトと靴はきちんと手入れがされたものをつけて
いた。

　いつだって彼はこういったベーシックな服を清潔に着こなし、
すっと力を抜いた姿勢がほんとうにすてきだった。その顔もな
んともあどけなくて少年のようだった。

　ジャックと僕は、大して年齢は変わらないけれど、僕にとっ

てジャックは、こんなふうに大人になりたいと思わせる人の一人だった。

「いつも不思議だなあと思うことがあるんだ。たとえば、僕が着ているシャツも、ジャックが着ているシャツもそんなに変わらないんだけど、どう見たって、ジャックのほうがすてきに見えたりするんだ。それはなぜなんだろう？　ずっといい服に見えて、こんなふうに着れたらいいなと思うんだけど……」

「ああ、僕もよくそう思うことがあるよ。この人みたいに着こなしたいなとか、大していい服を着ているわけではないのに、なんでこの人は、こんなにおしゃれに見えるんだろうとかね」

　ジャックは、ジェーンの肩に手を回しながら言った。

「おもしろいのは、おしゃれな人ほど、自分ではおしゃれをしているつもりがないんだよね。僕が思うに、おしゃれな人は、自分の好きな服と、自分に合うサイズをよく知っていて、なんというか……、服を着ることに無理をせず、楽しんでいる感じ。だからか、そういう人はいつも心地よさそうなんだ。その心地よさそうな雰囲気がおしゃれに見えるというかね。あとは、その人なりの身だしなみの哲学を持っていることかな」

「ジャックはファッションについて、いつも何に気をつけてる？」と僕は聞いた。

「うーん。僕がずっと気をつけているのは姿勢かな。立ち姿、座り姿、歩き姿、食べる姿、くつろぎ姿に、控えめな優雅さというか、美しさを感じさせるような、気取らない姿勢でありたいと思っている。まあ、だらしくなくないように、というかね……」

「あら、あんなに晴れていたのに、雨が降ってきたわ……」と、ジェーンが窓の外を見て言った。

「ポートランドでは、雨のことを、恵みの雨っていうんだ。コーヒーをもう一杯飲んでいこうよ」とジャックは言った。

コンパクトアンブレラ

丈夫で安全に

　すべてを一から見直して開発したコンパクトアンブ
レラです。笠は環境負荷の少ないフッ素フリーの撥水
加工を採用。骨組みは一般的な6本ではなく8本にして、
より安定感が生まれました。

　中棒は、強度が高く変形しにくいアルミマグネシウ
ム合金を使用。形状も、丸ではなく楕円の多面体なの
で折れにくいのが特徴です。傘を開くための"はじき"
部分は、金具が壊れてケガをしないように、押し引きだ
けで開閉できる、ワンタッチ開閉技術を用いています。

便利で使いやすく

　笠部分は回転式。これは強い雨風の中でも安全に
使っていただけるように風を受け流す機能です。雨天
時の人混みで傘同士が接触しても回転するので安心
です。ハンドルは何度も形状やサイズを調整して握り
やすさを追求。

　傘袋は間口を広げて出し入れしやすいデザインに。
紛失を防ぐため傘本体にバックルで着脱可能な伸縮
コードを付けました。さらにコードには反射性のある糸
を織り込み視認性をアップ。地球環境に配慮した素材
と加工、壊れにくくて機能的。長く愛用いただけるユニ
クロの傘は、環境負荷の軽減にも貢献できると考えま
す。

097

新しい友だちを見つけるように。

旅とTシャツ

　朝は必ず一杯のコーヒーを飲むのが習慣だったが、ポートランドに来てからは紅茶を好むようになった。

　ニューヨークではコーヒーによる目覚めのスイッチが必要だった。なぜかポートランドではそれを必要とはしなくなった。

　こんなふうに旅をしているとわかることがある。それは、どこに行ってもその街ならではの朝の時間があり、そこに求める自分の過ごし方も変わるのだ。

　僕はこんなふうに自分の好みや習慣を変えるのは嫌いではない。それが自由ってものだし、その小さな変化が、新しい世界を見せてくれることだってある。

　毎日こうでなきゃいやだ、って思うことくらいつまらないことはないし、たとえば何か問題があっても解決しないという選択肢もある、ということも大切なのだ。

「旅先で文章を書く気分ってどんな感じだい？」とジャックが聞いた。

　数年前から僕は、日々の生活で感じたことや思ったこと、記憶にとどめておきたい出来事などを文章にして残していた。日記というよりもエッセイに近いものだ。

　日々の暮らしの中で出会う、すてきだなとか、大切だなとか、これは真実だなとかと感じた、とても抽象的な気づきや思索を、自分なりの言葉や文章で、目で読めるものにする行為と言おう

か、それまで誰も言語化していなかった複雑な感情をシンプルに表す取り組みとでも言おうか、とにかくいつもペンとノートを持ち歩いて、スケッチでも描くように文字を綴っていた。

「旅先では、より自分らしくなれるというか、もっと心の深いところが見えるような気がするんだ。一人の時間が増えるからかな。そして、その深いところにある自分の宝物のような感情、それは強さだったり弱さだったりする、普段見つめようとしない自分自身の核のような何か。それとしっかり向き合おうとする自分がいる気がする……」

僕はジャックにこう答えた。

「なるほど。自分とは何か。それに向き合おうとする気持ちはわかるな。たとえばだけど、僕の場合はTシャツを着ること。それが、君にとっての旅先で書くことに近いように思うんだ」

ジャックは着ているTシャツのネックのステッチをさわりながらこう話した。この日、ジャックはコットンの、生地がしっかりとした、お気に入りのTシャツを着ていた。

「僕にとってTシャツはこれ以上ないシンプルな服。自分を隠せないというか、一番ありのままの自分でいられるという心地よさがありながらも、自分のいろいろなところが見えてしまう怖さもある。でも、自分というのは誰もがそうであるように完璧ではなく、いいところも、そうでないところもあるのが自然であって、そういう自分が好きになれるというかね。まあ、もっとも自分らしくいられるってことかな。要するに、旅の気分とTシャツを着る気分は似ているってことさ……」

Tシャツとは、服ではあるけれど、単なる服を超越した哲学のような何かを秘めた、すごい服だなと僕は思えた。

あの日のTシャツのように

はじめて選んだ服は何かと考えてみた。すると、迷うことな

くTシャツだと言える自分がいる。幼い頃の、NFLのフットボールチームのマークがプリントされたTシャツだった。あのTシャツくらい大事にしたものはなかった。

「新しいTシャツを選ぶのって、新しい友だちを見つけるような感じがするわ……」

僕とジャックの会話をそばで聞いていたジェーンが言った。

その言葉に僕もジャックもうなずいた。

「不思議よね。Tシャツって何故か捨てられないし、ボロボロになっても着たいのよ。それだけ愛着があるというか、やっぱり友だちに近い存在なのかも。だから、ジャックが言うように、一番自分らしくいられるし、リラックスできる服なのよ」

「昔、単なるインナーウェアだったTシャツを、服として着るというのはきっと革命的なことだったのよ。普段着とはこうでなくてはいけないという常識を変えたというかね。Tシャツを着て出かけるというのは、今では当たり前だけど、昔は考えられなかったと思うわ。プリントしたメッセージやサインで、個人のスタイルを表現する服としても発明だったのよね、きっと」

「そうだね。誰もが服を楽しめるということを、Tシャツは人々に教えてくれたんだよ」とジャックは言った。

僕はアシャを思い出した。パリで服作りを追求した彼女だったが、今はTシャツのみを自分で作り、自分なりの服の新しい意味を見つけようとしていた。いろいろな服を作り続けて、結局、彼女はTシャツに立ち戻ったのだ。

「どんなに偉い人でも、家に帰ればTシャツを着る。いや、着たくなる。その時に、着たいと思うTシャツを作りたいとアシャはよく言っているよ。そしてまた、作るのが一番簡単で一番難しい服であるともね……」

「まあ、誰もが自分を大切にするために、自分を見失わないために、自分を元気にするために、旅に出るというのはよい方法

のひとつなんだろうね。そして、Tシャツを着るということは
それに近いんだよ」とジャックは言った。

「どんな人でも絶対に似合うのもTシャツだよね。人種や体型
や職業、生き方や思想も関係なく、似合うのよ……」とジェー
ンは答えた。

　僕はノートを開き、いつかの出来事を綴ったページを読み返
した。それははじめてアメリカに着いた日、雨の中をさまよっ
たサンフランシスコの夜の出来事のことだった。僕は旅先で雨
に濡れ、歩き疲れた自分をあたためてくれた一枚のTシャツを
忘れることはなかった。

　あの時のTシャツのように、今、自分が書いている言葉や文
章が、いつか世界のどこかで旅をしている誰かのことをあたた
められたらいいなと思った……。

WOMEN リラックスフィット
クルーネックT

新しいベーシック

　リラックスフィットクルーネックTは、毎日の着こなしの基本に新しさを与えるTシャツです。シルエットはよりカジュアルでゆったりとしたフィット。ボーイフレンド的なボクシーカットが特徴です。

　首まわりはリブの付け襟仕様、袖口と裾は丈夫かつハンドステッチのようにあたたかみある天地ステッチを採用。細部までこだわり抜いたディテールが自慢です。メンズに見られる本格的なつくりと、女性らしいクールな仕上げ、絶妙なバランスを探しました。

オールラウンダーとして

　生地はさらりとした肌ざわりのハイツイストコットンを使用。やわらかすぎず、硬すぎずの質感が魅力のコットン100%素材です。カラーバリエーションはベーシックな定番色に加えスモーキーなアクセントカラーを多数ご用意。サイズ展開も豊富です。

　控え目な色味はジャケットの下に着用してオフィスカジュアルに、アクセントカラーはデニムやフレアスカートと合わせてクリーンに、ブロックテックパーカの下にさらりとスポーティに。スタイリングとサイジングによってあらゆる表情を見せてくれるLifeWearです。

098

やっぱり夏は日本のステテコよね。

思い切りのハグ

　よく晴れた日曜日の朝、ニューヨークからアシャとニコがやってきた。しばらく、ポートランドで暮らすつもりだ。

　僕らはダウンタウンにある、自然派スーパーマーケットに隣接したデリカテッセンで遅めの朝食を取ることにした。

　フルーツ好きのニコは、小さくカットされたいちごやメロンやオレンジを好きなだけボウルによそってご満悦だった。

「思い切りハグをして……」

　サンドイッチを食べ終えたアシャが、僕のそばにやってきて言った。

「私のために。ニコのためにもね……。ハグに照れないで……」とアシャは耳元でささやいた。

　僕の悪いクセは、ハグに照れてしまうことだった。特に家族に対するスキンシップは、照れを理由にスキップしてしまう時があった。

　夫婦の仲の良い姿を、いつも子どもにたっぷりと見せること。これがふたりの約束だった。それが子どもにとって一番のしあわせだと思っていたからだ。

　子どもは些細なことでも不安になりがちだ。ニューヨークとポートランドに家族が離れ離れに暮らして、しばらく会っていなかったからこそ、今、夫婦がしっかりとハグをして、互いに愛し合う気持ちを確かめる必要があった。

ニコが生まれてからというもの、僕とアシャは、どうやって育てていこうかと何度も何度も話し合ってきた。ふたりとも悩んだり迷ったりの連続だった。しかし、とにかくたくさん話し合って、ふたりの気持ちや考えを一緒にしようと努めた。

　そうやって僕らが見つけた大切なこと。それは、将来のしあわせよりも、今日、今のこの瞬間が子どもにとってしあわせであるように精一杯、接しようということだ。

　そして、親の期待を押しつけるのもやめよう。とにかく、自分たちが子どもと一緒にいる時間を、心から大切にしたいという気持ちでいようと。

　僕はアシャをぎゅっと抱きしめ、そのまま彼女とハグを続けたまま見つめ合った。ニコのほうに振り向くと、ニコはプイと横を向いて嬉しそうに微笑んでいた。

　そのあとに「おいで……」とニコを引き寄せて、ぎゅっとハグをして、「大好きだよ」と言って身体を離した。すると「もっとハグして！　お母さんよりも長く！」とニコは言った。

　そんなふたりの姿をアシャは嬉しそうに見つめていた。ふたりとハグをしたことで、僕自身の心もポカポカとあたたまり、それこそ、今、この瞬間が最高にしあわせなひとときとなった。「やっぱりみんなで食べるのが一番おいしいね！」とニコは言った。

　いつも元気なニコだけど、こんなふうに僕ら夫婦の仲の良い姿を見せると、もっと元気になって、顔色もぱっと明るくなるのだった。

　お父さんはお母さんが大好き。そしてお母さんもお父さんが大好きであることを、目に見えるようにたっぷり見せることは、子どもにとってほんとうに安心できることだと改めて思った。

　親は子どもを元気にし、また子どもは親を元気にしてくれる。それはまず、親が子どもの今この瞬間を、思い切りしあわせにしようとする気持ちがあってのことなのだ。

我が家のステテコ

　幼い頃、父はよく僕を落語に連れていってくれた。落語のあとにおいしいものを食べさせてくれるのが実に嬉しかった。

　寄席がある繁華街を、着物を着た父とふたりで歩くのは大好きだった。好奇心旺盛だった僕は、見るものすべてについて、「あれは何？」「これは何？」と父に聞いては困らせた。しかし父はそのひとつひとつをていねいに答えてくれた。

　ある日、いつものように落語を聞きに行った時、落語家の噺の中に「ステテコ」という言葉が出てきて、僕はその言葉の意味を父に聞いた。

「下着だよ。ほらお父さんも穿いている」と父は言って、自分の着物の裾を開いて見せてくれた。「ああ、それのことなのかあ。ステテコって変な名前だなあ」と僕は笑った。

　僕は落語の帰り道、「ステテコ、ステテコ」という噺家が歌うように言った言葉を憶えて、ずっと口ずさんでいた。父も一緒に歩きながら口ずさんでくれた。

　そんなステテコの思い出がある僕だが、ポートランドにステテコを持ってきていた。もちろん着物の下に穿く昔ながらのものではなく、リラックスウェアとして作られた、肌ざわりの良いコットン製のステテコだ。

　これまで何人の外国人に「その気持ち良さそうなパンツはなんだ？」と聞かれたかわからない。その都度、「日本の昔からある下着のひとつで……」と言葉が詰まり、イージーパンツだの、ハーフパンツだのと説明するのだが、結局「ジスイズ・ステテコ」と言って、「ステテコはステテコでしかなく、これは日本の伝統的な日常着」と少し強引に説明をしていた。

　今回、アシャもニコも自分のステテコを持ってきていた。そして、ジャックが借りてくれた家に戻ると、ふたりはすぐにステテコに着替えた。

「やっぱり夏は日本のステテコよね」とアシャは言った。

暑い日は、部屋の中で家族全員がステテコを穿いている時があるが、まさかポートランドでもその光景が見られるとは思わなかった。

アシャが初めてステテコをはいた時のことを今でもよく憶えている。最初は穿くのをためらっていたアシャだったが、ステテコに足を入れた途端に「わあ、気持ちいい。こんなに楽な部屋着は他にはないわね！」といたく感動して、それからはなんの抵抗もなく、いつしかお気に入りの服となっていた。故郷エチオピアにも似たようなパンツがあり、その懐かしさもあったようだ。

「ステテコは日本古来のルームウェアだけど、きっと世界中の誰もが気に入る服のひとつよね。生地や柄を選べば、外も歩けるわ」

ニコは、僕が教えた「ステテコ、ステテコ」をふざけて歌うようにつぶやいていた。

MEN ステテコ

夏の必須アイテム

　日本の伝統的下着として愛されてきたステテコをユニクロがアップデート。カジュアルで外穿きしやすいスクラブシャンブレー（無地／ストライプ）、部分的に織りの変化をつけ、通気性と表面感が特徴のパナマチェック、伝統的な絞り染め、草木染めをイメージした和柄プリントシリーズ。そして新たに開発した「エアリズムメッシュ素材」を用いたエアリズムステテコ。

　毎シーズン、素材や色柄バリエーションを豊富にご用意する夏のLife Wearです。

夏の快適を追求

　ステテコならではの膝下丈に、やわらかくて心地よいコットン100％素材を使用。生地が重なるポケット袋をメッシュにして、軽量感と速乾性を工夫。さらにウエストのゴム裏をパイル状にして肌当たりを軽減、フロントは前開きで便利です。

　サラリと快適なエアリズムステテコは、ドライ、消臭、接触冷感、抗菌防臭、ストレッチなどの機能が満載。ボトムスの下に穿いても邪魔になりません。ご自宅でのリラックス時はもちろん、ワンマイルウェアとして、ジム帰りやシャワー後に、旅先などシーンに合わせて夏を快適に過ごせるアイテムです。

099

ニューヨークから持ってきた宝もの。

一枚の写真から

　ニューヨークからポートランドに持ってきた荷物の中に、アシャがずっと大切にしてきたものがあった。

「1935 Happy Days at Camp Grable」と記された一枚の古ぼけたモノクロ写真だ。

　僕とアシャが知り合った頃、小旅行に出かけたペンシルバニアのアンティークショップで手に入れたもので、キャンプ場のコテージの前で十人の少女が写った写真だ。

　サマーキャンプの思い出として撮られたものだろう。十代になったばかりの可憐な少女たちが、夏の装いでおしゃれをして、にこやかな笑顔でカメラのレンズを見つめている。

　アシャはこの写真をフォトフレームに入れて、ずっと自分の机の上に飾っていた。

「ここに写っている十人の少女は、髪型も顔も、身体つきも、笑顔も、みんな違っていて、そして着ている服もみんなそれぞれで違うの。この写真を見るたびに思うのよ。おしゃれってこうあるべきよねって……。そして、誰もがもっと自由におしゃれを楽しむべきだって。こんなふうに、髪の色も、肌の色も違ったあらゆる人の、それぞれの自分らしさを引き立てるのが、ほんとうの意味でのおしゃれであって、服の持っているちからだと思うの……」

　アシャはこう言って、写真をうっとりと見つめた。

写真の中で、右端に、ギンガムチェックの丈の短いワンピースを着た少女が立っている。アシャはこの少女の装いと佇まいをいたく気に入っていた。

「この子の服は、いたってシンプルで普通なんだけど、すごく上質よね。ほんの少し洒落ていて、心地よさそうで、きっと彼女はこの服が大好きだから、写真を撮る日に着たんだと思う。こんなふうに大好きって思われるような服を私も作りたい」

　服の資料や、参考になる古いファッション雑誌や書籍は山のようにあるけれど、自分が学んでいる服作りの思いは、このたった一枚の写真の中にすべてあるとアシャは言った。

　この少女たちが、アシャの服作りの原点であり、アシャはこの少女たち一人ひとりと対話をするように服作りを学び続けた。

「この子たちが成長して、大人になった時に大好きと思う服ってどんな服だろう？　そんなことを考えると楽しくなるの。そして、こうも思う。この子たちは今、みんな九十歳くらいでしょ。どんな服を着ているのかな？　と……」

よい服とは

　もうひとつ、アシャがニューヨークから持ってきた宝ものがあった。生前、アシャのお母さんが、アシャに送ったたくさんの手紙だ。

　そこには、アシャが一人の女性として、また妻として母として、これからの未来を生きていくために必要な人生哲学のような教えがたくさん書かれていた。

　その中に、服作りをするアシャへのアドバイスとして、おしゃれについて書かれたものがあった。それをよくアシャは僕に読み聞かせてくれた。

「服を着るにあたって、誰にとっても体型の良し悪しはすごく大切。けれども、体型よりも大切なこと。それは内面から表れ

る自信のある美しさ。自分の欠点にとらわれずに、自分の個性
と合った服、そして、自分の体型をよく知って選んだ服を着れ
ば、痩せている人も太っている人も、どんなに美しい着こなし
ができるでしょう。アシャに伝えたいのは、服というのは、人
が着ることではじめて美しくなること。そして、着る人が心か
ら安心できる服は、その人にとって最上の服だと思うわ……」

　お母さんは若い頃、小さな仕立て屋で働いていたことがあり、
仕事や客を通じて、服やおしゃれについて実地で学んだのだ。
だからこそ、服作りを学び始めたアシャに、お母さんはいろい
ろなことを伝えたかったのだろう。

「よい服というのは、それを着ている人に自信を与え、着てい
る人を素晴らしいと思わせる服のこと」これがお母さんがアシ
ャに残した言葉だった。

　アシャはもう一度、十人の少女が写った写真を見て、「彼女
たちは、自信と希望に満ちて、みんなそれぞれ個性があって、

ほんとうに素晴らしいわ。お母さんが言っていることはほんとね」と言った。

「あと、お母さんはこうも言っていたの……」と言って、アシャが僕に話してくれたとても大好きな話がある。

　それは「ブラウス一枚で一年間過ごせることができる人がいたら、それは素晴らしいベストドレッサーである」という話だ。

　高価なブランド服を着る人がベストドレッサーではなく、生活の工夫と知恵があり、服を着ることを楽しむ人なら、誰もがベストドレッサーになれるという、このお母さんの言葉は、それこそ本当のおしゃれとは何かを言い得ている。

　僕は、男のおしゃれについて、お母さんがどんなふうに考えていたのか知りたいと思い、アシャに聞いた。

　アシャは手紙の束から一通の手紙を抜き出し、「ここに一言だけ書いてある。おしゃれというよりも男らしさのことだけど。どうやら、アメリカ合衆国初代大統領ジョージ・ワシントンが書き残したものらしいわ……」と言った。僕はそれを読んでもらった。

「男らしさとは、清潔の中の無造作である」

　僕は深い感銘を受けた。この言葉は、これまで出会った多くの人たちが僕に与えてくれた、男としての教えを一言で言い表していた。

　僕はアシャを引き寄せハグをして「ありがとう」と言った。

　僕らの旅は、まだはじまったばかりだった。

MEN ドライEXクルーネックT&
ドライEXショートパンツ

超快適の追求

　画期的な素材「ドライEX」を採用したドライEXクルーネックTシャツ&ドライEXショートパンツです。「ドライEX」とは、瞬時に汗を吸収して肌をサラサラに保つ超速乾機能と、汗をかいた後の臭いを抑える抗菌防臭機能を持ち合わせた高性能素材。

　Tシャツ、ショートパンツ共にサイドの縫い目のないデザインにすることで肌当たりは抜群。何度も細かくパターンを調整して完成した自慢のフォルムです。特に汗をかく場所(Tシャツは脇下、背中、袖下など。ショートパンツは太腿横から腰上にかけて)に通気性の良い編地を配置し、より快適に着用いただけるようにこだわりました。

あらゆるシーンに超快適を

　ドライEXクルーネックTシャツは、ネックテープを細めにして色味を揃えた仕上げ。スポーツはもちろん、デニムやチノパン、アウトドアショートパンツとの合わせにも相性抜群。幅広くお使いいただけるデザインが自慢です。

　ドライEXショートパンツは、ランニングや外出時に携帯やカードを入れられるように、右横にジッパーポケットを付けました。もちろんご自宅でのリラックス時にもおすすめです。ジムでの運動、フェスやキャンプ、スポーツカジュアルに、そして旅先へも。あらゆるシーンを快適にするLifeWearです。

何年もずっとこんな同じ感じさ。

土曜日が待ち遠しい

毎週土曜日の朝、一週間分のグラノーラを焼く。

アメリカで出会って大好きになった料理が三つある。ひとつはパンケーキ。もうひとつはシーザーサラダ。そしてグラノーラだ。

どれもいたって簡単な家庭料理だけど、簡単であるからこそ、こだわりやアレンジが自由自在で、自分好みにおいしく作ろう

と思うと面白いくらいにはまってしまう。

　服で一番好きなのはTシャツだけど、シンプルなTシャツ一枚をすてきに着こなすのが、意外とむつかしいように、グラノーラもおいしく作るのはむつかしい。だから楽しい。毎週土曜日が待ち遠しい。

　グラノーラのこだわりはなんですか？　とよく聞かれる。作り始めた頃は風味だった。ほんのりした甘さに、隠し味の塩がアクセントとなって、注いだミルクやヨーグルトに混ざり合うシナモン。その調合を試行錯誤した。

　そんなふうに作り続けて、ある時、気づいた。グラノーラのおいしさは風味ではなく、食感であると。スプーンですくって口に入れ、食べた時の、硬くもなくやわらかくもないおいしいと感じる食感。焼き立てであることがよくわかって、食べれば食べるほど、ずっと食べていたくなるような食感が、グラノーラの極みであると発見した。

　話は変わって、土曜日という休日の待ち遠しい楽しみがもうひとつある。仕事を忘れて、一番楽で、一番自分らしく、一番好きな服を着ることだ。

　白のポケットTシャツの上に、大好きなストライプのボタンダウンシャツをジャケットのようにはおる。どちらも二サイズ大きめ。服の中で身体が泳ぐくらいがいい。ボトムはネイビーのスウェットパンツ。ジャストサイズでバランスをとる。ソックスはラインの入ったスポーツソックスが気分。

　グラノーラをオーブンで焼いている間に、普段なかなか手にとらない写真集やアートブックをぱらぱらと見ていると、すっと心が安らいでいく。

　旅の目的は、到着することではなく、旅をしているという感覚を得ることであると誰かが書いていたが、土曜日という旅を、僕はいつもこんなふうに楽しんでいる。

自由とは何か

　アメリカの好きな街のひとつに、ノースカロライナ州のアッシュヴィルがある。

　自然豊かなグレートスモーキー山脈の麓に位置し、古くからアーティストやミュージシャンのコミュニティが街のカルチャーを育てた歴史があり、全米で最も住みたい街の一位にもなったことがあるというから興味深い。

　アッシュヴィルの郊外には、かつてアメリカで最も自由なアートカレッジと言われた、伝説のブラック・マウンテンカレッジがあった。

　昔から僕と友人は、ブラック・マウンテンカレッジに憧れを抱いていて、一度、その場所を見てみたいと願い、夏のある日、遠路はるばる車で出かけたのだ。

　現在ブラック・マウンテンカレッジは無く、湖の畔にいくつかの建物を残していたが、跡地は子どもたちのためのサマーキャンプ場になっていた。

　そんなアッシュヴィルで出会ったすてきな老人がいた。老人は小さな書店とカフェを営んでいた。

「大切なのはなりたい自分をイメージをすることさ。できるだけ具体的に。イメージさえできれば、それは必ず実現できる。とにかくイメージをすること。学びとはすべてそのためのもの……」と、老人は若い僕らに語ってくれた。

　それは「自由ってどういうことですか？」と聞いた答えだった。

　それからずっと経った今でも、僕は老人が語ってくれたその言葉を忘れていない。そしてその意味を考え続けている。老人はサンダルにスポーツソックスで、ショートパンツを穿き、Tシャツの上にカーディガンを着ていた。そのスタイルは、実にスタイリッシュで、年齢を超えた自由さに満ちていた。

「何年もずっとこんな感じさ」と老人は笑った。

　そんなアッシュヴィルの思い出があって、いつしか休日は、ショートパンツにカーディガンという、いわばアッシュヴィルスタイルが僕の定番になっている。

　なりたい何か、やりたい何か、それをしっかりとイメージさえできれば、イメージをし続ければ、できないことはない。そう自分を信じること。あきらめないこと。

　老人が教えてくれた「自由」の答え。僕は一生忘れないだろう。

　明日のために……。

特別編 **4**

休日も自分らしく

　マイ休日スタイルその1。ボタンダウンの襟ボタンを外す。シャツはジャケットのようにはおるのも好き。これだけで休日っぽくなる。

ピシッと清潔感で

　ポケットTは大きめがいい。大きめだからこそ、アイロンをかけて、ぴしっとしたのがいい。アイロンなんてと笑わないでください。

ボトムはシックに

　休日の定番、スウェットパンツは、だらしなくならないようにジャストサイズを選ぶといい。ネイビーとブラックを愛用しています。

ポケットが好き

「ポケットは何のためにあるか知ってるかい？自由を持ち歩くために作られたんだよ」という老人の話を、僕は信じている。

万能なカーディガン

　Tシャツにカーディガンを着た時の、首元のすっきりして涼しげなバランスが好き。暑い日でも1枚はおると上品に。

いつもロールアップ

　ショートパンツはゆったりした大きめサイズを選ぶ。そして必ず、無造作にロールアップする。足元はいつものスポーツソックス。

UNIQLO LifeWear 100

¥3,990＋消費税　<u>P.87</u>

016　MEN ヒートテックニットキャップ＆MEN ヒートテックニットグローブ
¥990＋消費税　<u>P.92</u>

017　MEN シームレスダウンパーカ
¥12,900＋消費税　<u>P.97</u>

018　フリースルームシューズ
¥990＋消費税　<u>P.102</u>

019　MEN ヒートテッククルーネックT（9分袖）
¥990＋消費税　<u>P.107</u>

020

MEN
エクストラファインコットンブロードストライプシャツ（長袖）
¥1,990＋消費税
エクストラファインメリノクルーネックセーター（長袖）
¥2,990＋消費税
ストレッチセルビッジスリムフィットジーンズ
¥3,990＋消費税
イタリアンサドルレザーベルト
¥2,990＋消費税
パイルラインソックス
¥390＋消費税　<u>P.112</u>

021　MEN スリムフィットジーンズ
¥3,990＋消費税　<u>P.117</u>

022　MEN オックスフォードシャツ（長袖）
¥1,990＋消費税　<u>P.122</u>

MEN ドライカラークルーネックT（半袖）
MEN ドライカラーVネックT（半袖）
¥590＋消費税　P.197

038　MEN プレミアムリネンシャツ（長袖）
¥2,990＋消費税　P.202

039

MEN
クルーネックT（半袖）
¥1,000＋消費税
スーピマコットンクルーネックT（半袖）
¥1,000＋消費税
ヴィンテージレギュラーフィットチノ
¥2,990＋消費税
イタリアンサドルレザーベルト
¥2,990＋消費税
パイルベリーショートソックス
¥390＋消費税　P.209

040　WOMEN ブラロングフレアワンピース（ノースリーブ）
¥2,990＋消費税　P.214

041　MEN 感動パンツ
¥3,990＋消費税　P.219

042　KIDS イージーショートパンツ
¥990＋消費税　P.225

043　MEN ドライカノコポロシャツ（半袖）
¥1,990＋消費税　P.230

044　ハーフリムサングラス
¥1,500＋消費税　P.235

073

MEN
ストレッチウールジャケット（スリム・オールシーズン）
¥12,900＋消費税
ストレッチウールパンツ（オールシーズン）
¥5,990＋消費税
ネクタイ
¥1,500＋消費税
ファインクロスブロードシャツ（レギュラーカラー・長袖）
¥2,990＋消費税　P.381

074　WOMEN コットンカシミヤVネックセーター（長袖）
　　　¥2,990＋消費税　P.385

075　MEN スウェットフルジップパーカ（長袖）
　　　¥2,990＋消費税　P.390

076　WOMEN ハイウエストチノワイドストレートパンツ
　　　¥2,990＋消費税　P.395

077　MEN コンフォートジャケット
　　　¥5,990＋消費税
　　　BOYS コンフォートジャケット
　　　¥3,990＋消費税　P.400

078　MEN ウルトラストレッチスキニーフィットジーンズ
　　　¥3,990＋消費税　P.405

079　MEN ベリーショートソックス＆ショートソックス
　　　¥390＋消費税　P.410

080　WOMEN エクストラファインコットンAラインワンピース（ストライプ・7分袖）
　　　¥3,990＋消費税　P.415

081　MEN デニムシャツ（長袖）
　　　¥2,990＋消費税　P.420

082　MEN EZYアンクルパンツ（ウールライク）
　　　¥2,990＋消費税　P.425

083　WOMEN ハイライズストレートジーンズ
　　　¥3,990＋消費税　P.430

084　MEN ワッフルクルーネックT（長袖）
　　　¥1,990＋消費税
　　　KIDS ワッフルクルーネックT（長袖）
　　　¥990＋消費税　P.435

085　WOMEN レーヨンスキッパーブラウス（7分袖）
　　　¥1,990＋消費税　P.440

086　MEN デニムジャケット
　　　¥3,990＋消費税　P.446

087　WOMEN チャンキーヒールパンプス
　　　¥2,990＋消費税　P.451

088　MEN スーピマコットンボクサーブリーフ
　　　¥590＋消費税　P.456

089　WOMEN EZYアンクルパンツ
　　　¥2,990＋消費税　P.461

090　MEN ドライライトウェイトジャケット
　　　¥3,990＋消費税　P.466

091　WOMEN UVカットスーピマコットンVネックカーディガン（長袖）
　　　¥1,990＋消費税　P.471

092　WOMEN パジャマ（半袖）
　　　¥2,990＋消費税　P.476

093　MEN ドライシアサッカーチェックシャツ（ボタンダウン・半袖）＆
　　　MEN ドライシアサッカーストライプシャツ（ボタンダウン・半袖）
　　　¥1,990＋消費税　P.481

094　WOMEN ドレープブラウス（半袖）
　　　¥1,990＋消費税　P.486

本書は2017年6月〜2019年7月に
ユニクロオフィシャルサイトで掲載された
LifeWear Story 100を元に改稿、
編集を加えた作品です。

本文及び商品リストに掲載されている商品と価格は
ユニクロオフィシャルサイト掲載時のものであり、
現在販売されていない商品も含まれています。

協力　株式会社 ユニクロ

松浦弥太郎 まつうらやたろう

1965年東京生まれ。エッセイスト。クリエイティブディレクター。(株)おいしい健康・共同CEO。「くらしのきほん」主宰。COW BOOKS代表。2005〜2015年『暮しの手帳』編集長。NHKラジオ第1「かれんスタイル」パーソナリティ。さまざまなメディアで高い審美眼による豊かで上質な暮らしを提案している。著書に『伝わるちから』『しごとのきほん くらしのきほん100』『今日もていねいに。』『即答力』『泣きたくなったあなたへ』ほか多数。
https://kurashi-no-kihon.com

LifeWear Story 100

着るもののきほん100

2020年2月1日　初版第1刷発行

著者	松浦弥太郎
発行者	飯田昌宏
発行	株式会社小学館
	〒101-8001　東京都千代田区一ツ橋2-3-1
	編集 03-3230-5720　販売 03-5281-3555
編集	齋藤 彰
DTP	株式会社昭和ブライト
印刷所	凸版印刷株式会社
製本所	株式会社若林製本工場